LES
LOIS DE LA VIE

ET

L'ART DE PROLONGER SES JOURS

Typographie Firmin Didot. — Mesnil (Eure).

LES
LOIS DE LA VIE

ET

L'ART DE PROLONGER SES JOURS

PAR

J. RAMBOSSON

LAURÉAT DE L'INSTITUT (ACADÉMIE DES SCIENCES)
OFFICIER D'ACADÉMIE
ANCIEN PRÉSIDENT DE LA CLASSE DES SCIENCES DE LA SOCIÉTÉ DES ARTS
SCIENCES ET BELLES-LETTRES DE PARIS

« J'ai cru trouver au moins bien des compagnons dans l'étude de l'homme, puisque c'est celle qui lui est propre. J'ai été trompé, il y en a encore moins qui l'étudient que la géométrie. » (Pascal, *Pensées*, 1re part., IX.)

PARIS

LIBRAIRIE DE FIRMIN DIDOT FRÈRES, FILS ET Cie

IMPRIMEURS DE L'INSTITUT, RUE JACOB, 56

1871

UN MOT AU LECTEUR.

Le vrai progrès consiste dans le perfectionnement de l'homme.

Que l'on donne à l'homme des organes plus forts et plus sains et une intelligence plus puissante : immédiatement de nouvelles découvertes, des arts nouveaux, des industries inconnues prendront naissance, et laisseront bien loin tout ce que nous avons de plus avancé et de plus grandiose sous ce rapport.

Cependant, que sait-on sur les lois qui doivent régir l'homme et présider à son perfectionnement? — Bien peu de chose; moins, bien moins que sur celles qui peuvent régénérer, perfectionner les plantes et les animaux. — On s'occupe de ces derniers avec intérêt, et de l'homme avec indifférence. — C'est triste.

Les ouvrages traitant de ce sujet important et élevé, où les intelligences d'élite ont déposé le résultat de leurs travaux et de leurs veilles, sont peu feuilletés. — Peut-être est-ce quelquefois parce qu'ils sont peu compris? — Les amans sincères de la vérité, et du progrès par la vérité, ne doivent pas voir là une raison de se rebuter; au contraire, leur ardeur doit-être d'autant plus grande qu'il y a plus à faire, et l'on me pardonnera si j'ai l'austère et modeste ambition de joindre mes efforts aux leurs.

L'étude de l'homme, soit au physique, soit au moral, a

a

toujours été pour moi une étude spéciale et de constante prédilection : mes goûts et mes instincts m'y portaient naturellement, et en écrivant ces pages, j'ai encore sous les yeux des cahiers de notes sur mes impressions, sur mes expériences, sur l'observation de moi-même et de ceux avec lesquels j'ai pu me trouver en relation qui datent de vingt-cinq et de vingt-huit ans. Je n'étais encore qu'adolescent, et déjà j'étais frappé de me trouver tantôt dispos, gai, intelligent; tantôt triste, sombre, abattu, sans disposition pour le travail. Je ne tardai pas à m'apercevoir de l'influence des temps, des lieux, des aliments, et plus tard en observant les autres, celui des tempéraments. — J'ai été de bonne heure persuadé que tous ces phénomènes, toutes ces dispositions étaient la conséquence de grandes vérités immuables, de grandes lois, et que l'homme en les connaissant, pouvait, jusqu'à un certain point, dominer les mauvais jours.

Mes goûts, mes tendances naturelles ont été favorisés par mes études. Depuis une vingtaine d'années, ma position m'a facilité l'exécution de nombreux et lointains voyages, et me forçant en quelques sorte d'être au courant de toutes les découvertes, de toutes les nouvelles de la sciences, elle m'a permis de faire converger les lumières qui venaient de toutes parts, sur ces graves questions, et il est à remarquer que les sciences qui semblent entre elles les plus étrangères s'éclairent souvent; la comparaison de leurs lois fait naître des lumières inattendues : c'est surtout en physiologie que les connaissances générales sont utiles, et même nécessaires, car cette science demande des notions à toutes les autres; j'ai pu voir les choses par moi-même et éclairer mes doutes auprès des maître les plus illustres et les plus autorisés. — Il m'a donc été facile de donner sur chaque point le progrès le plus récent de la science, tout en exposant les résultats de mes expériences, de mes investigations personnelles.

Bien que j'aie apporté tous mes soins à ne puiser qu'aux

sources les meilleures et les plus sûres, et à n'attribuer à chaque fait que sa juste valeur, j'ai pensé qu'il m'était permis, à l'exemple des maîtres justement appréciés, de donner entrée aux citations littéraires, philosophiques et anecdoctiques; car, loin de nuire à la science, elles reposent l'intelligence et donnent de l'attrait à la vérité grave et sévère. D'ailleurs cette forme est plus accessible à tous.

J'ai inséré dans cet ouvrage le résumé de plusieurs mémoires communiqués à l'Académie des sciences et à l'Académie de médecine, entre autres sur *les lois de la vie*, sur *les alliances consanguines*, travail dans lequel j'ai fait intervenir quelques éléments négligés jusqu'alors et qui me semblent apporter une solution à ce grave problème (*Comptes rendus de l'Académie des sciences*, tome LXII, p. 886); sur *les aliments*, mémoire lu à l'Académie des sciences le le 12 mars 1866; un autre sur le même sujet, présenté en mon nom par M. Blanchard de l'Institut, le 2 avril 1867, et à l'Académie de médecine par M. Béclard, le 26 mars 1867. Plusieurs parties ont également été publiées par nos revues et nos journaux les mieux autorisés : par le *Correspondant*, années 1868, 69 et 70; par l'*Opinion médicale et scientifique*, la *Santé publique*, etc., etc., et appréciées avec une bienveillance tout à la fois flatteuse et encourageante, qui m'inspire assez d'assurance pour présenter sans trop d'appréhension cet ouvrage au public.

On a été justement étonné de mes expériences sur les aliments, à cause du point exceptionnel où elles ont été poussées; cet étonnement s'est manifesté par quelques critiques bienveillantes. Je crois donc tout naturel de donner ici une courte explication sur les circonstances qui m'ont conduit à les faire.

Au début de ma carrière, arrivant à Paris avec toute l'insouciance bienheureuse et les illusions fécondes que l'on a à vingt ans, et un manuscrit sur le lequel se fondait mon espoir, je pensais que l'or me serait presque inutile, aussi ma bourse était-elle légère. Cependant, après avoir vu plusieurs éditeurs, je fus convaincu qu'il était plus facile de faire un manuscrit que de le placer. — Alors, préférant la lutte aux offres avantageuses qui m'étaient faites, mais qui auraient pu compromettre mon indépendance, il fallut compter. Je recueillis toutes les puissances de mon âme afin de délibérer en moi-même sur ce que j'avais à faire et me dresser un plan de conduite. Puisqu'il faut lutter, luttons avec intelligence, me suis-je dit. — Je me rappelai mes anciennes expériences sur les aliments qui me servirent à m'indiquer un régime des plus économiques, et pouvant autant que possible soutenir mes forces physiques, et surtout mes forces morales qui m'étaient si nécessaires. — La base de ma nourriture fut le pain, que j'arrosais tantôt de vin, tantôt de café, tantôt de thé, etc. Ce régime, seulement entrecoupé de temps en temps par quelques repas moins pythagoriciens, dura plusieurs mois.

Des expériences aussi longues et aussi rigoureuses me permirent de voir avec une clarté parfaite ce que je n'avais senti qu'assez obscurément dans mes expériences d'amateur, et me conduisirent à formuler les principes généraux que je donne aujourd'hui succinctement. — Mes travaux divers me mirent ensuite promptement à flot; mais les résultats de mes dernières expériences me donnèrent de l'enthousiasme pour en recommencer de nouvelles, seulement je les ai faites plus restreintes, avec plus de loisir et plus de méthode.

Je ne puis donner ici qu'une faible partie de mes observations; les autres seront publiées en temps et lieu.

Cet ouvrage était achevé et allait être livré au public
au début des événements affreux qui ont amené sur la
France les malheurs si grands qui nous accablent et
nous oppressent, sans cependant nous ôter le courage.
Les tristes circonstances qui nous entourent prêtent à
notre travail une nouvelle opportunité; car il étudie les
grandes lois de la vie, intimement liées aux grandes lois
de la morale, et, sans s'écarter de son sujet, il sonde les
causes funestes qui préparent et accompagnent la décadence des peuples et les influences qui les régénèrent.

Malgré tout, notre espoir dans la patrie n'est pas
anéanti; il est même d'autant plus grand que nous
sommes tombés plus bas, et que la France sent davantage l'éminente nécessité d'un recueillement profond et
solennel, pour panser ses blessures saignantes et mettre
en action tout ce qui lui reste de ressources, afin de
réparer le passé et d'assurer l'avenir. Sous ce rapport,
nous serions heureux si notre livre pouvait être de
quelque utilité; il paraît dans un moment propice pour

cela. Les événements qui viennent de s’écouler, en sanctionnant les conséquences implacables qui découlent des lois auxquelles le monde moral, aussi bien que le monde physique, est soumis, et qui font l’objet d’une grande partie de notre travail, donnent à notre livre une parfaite actualité, et le mettent pour ainsi dire à l’ordre du jour.

L'ESSENCE DE LA VIE

ET

SES MANIFESTATIONS

DANS LES DIFFÉRENTES PARTIES DE L'ORGANISME

L'ESSENCE DE LA VIE

ET SES MANIFESTATIONS.

CHAPITRE I.

L'essence de la vie.

I

La question de la connaissance du principe de la vie est certainement une des plus hautes, des plus importantes et des plus difficiles que l'on puisse se poser.

Cependant, grâce à l'avancement, au progrès des sciences en général, on peut arriver à des données certaines quoique restreintes sur ce sujet, non-seulement par l'observation attentive des faits, mais surtout à l'aide des sciences comparées, qui, au moment où on y songe le moins, jettent de vives clartés sur des questions insolubles par l'étude directe.

Les philosophes et les savants se sont fourvoyés pendant longtemps dans la recherche de la connaissance des substances , et ils avaient abandonné cette question, croyant que toutes les peines que l'on se donnerait à ce sujet seraient vaines, que jamais l'esprit humain ne pourrait arriver à l'essence même des êtres, et que la connaissance des phénomènes et des lois qui les régissent était seule de son domaine, et formait la base de toutes ses richesses intellectuelles.

L'essence des substances nous a donc été célée jusqu'à ce jour; mais la science moderne n'a pas dit son dernier mot, et elle nous ramène à l'étude de ces hautes questions.

A chaque instant les plus profonds mystères soulèvent une partie de leurs voiles, tantôt par les efforts de nos investigateurs animés du feu sacré, souvent aussi par le simple effet du hasard.

Depuis cinquante ans l'horizon intellectuel s'est tellement étendu, qu'il serait bien imprudent de vouloir déterminer, à l'heure qu'il est, les vérités destinées à rester enveloppées de ténèbres pour l'esprit humain.

Essayons de préciser l'état de nos connaissances sur les substances et les phénomènes, pour nous rendre ensuite un compte plus exact du principe de la vie.

II

La substance se cache sous les phénomènes.

Prenons par exemple un morceau d'or. — Quelle

est la substance, l'essence de cet or? c'est-à-dire la chose qui le constitue réellement et sans laquelle il ne serait plus?

Ce n'est pas la forme, car la forme pourrait être changée, modifiée, sans que ce morceau d'or cessât d'être. Ce n'est pas la couleur ni la résistance qu'il oppose, car cette couleur et cette résistance pourraient aussi être changées, modifiées sans que son existence fût compromise.

En un mot, ce qui constitue réellement l'or ce n'est aucun des phénomènes qu'il peut nous présenter, car tous ces phénomènes sont susceptibles d'être changés, modifiés, sans que l'or cesse d'être.

Il en est de même pour un corps quelconque.

Ainsi la substance se dérobe sans cesse à nos regards sous le vêtement des phénomènes; c'est un Protée qui nous échappe quand nous croyons le saisir par quelque endroit.

« L'existence même des êtres n'est révélée à notre esprit que par les phénomènes qui les manifestent, et les phénomènes sont tout ce qui peut arriver jusqu'à lui. Sur eux seuls il peut agir, soit pour les connaître, soit pour constater les circonstances ou les conditions dans lesquelles ils se produisent[1]. »

Mais s'il nous est impossible de connaître directement la substance, nous ne pouvons cependant douter de son existence, et aussitôt qu'un phénomène nous frappe, nous supposons spontanément qu'il appar-

---

[1] Introduction à l'*Étude de la médecine expérimentale*, par M. Claude Bernard.

tient à quelque substance, comme l'effet à une cause, et cela, par une loi naturelle de notre intelligence, loi qui s'impose nécessairement à notre raison et qui porte la certitude avec elle.

Les lois de l'analogie nous conduisent de même à regarder comme identiques les substances qui produisent des phénomènes identiques, et comme différentes les substances qui produisent des phénomènes différents.

Ainsi, on regarde comme substance identique à l'or tous les corps qui nous présentent l'ensemble des phénomènes reconnus dans l'or, et comme substance identique au diamant tous les corps qui nous présentent l'ensemble des phénomènes reconnus dans le diamant; de même pour les autres corps.

C'est donc par l'étude attentive des phénomènes que l'on arrive à des classifications intelligentes.

III

Malgré la différence immense qui se trouve dans les corps offrant le plus de contraste entre eux, les physiciens qui étudient spécialement la matière ont reconnu quelques phénomènes communs à tous, tels que l'*étendue* et l'*inertie*.

Ainsi, les gaz les plus éthérés, les solides les plus lourds, les cristaux les plus limpides, les masses les plus informes, présentent quelques caractères communs qui indiquent une parenté commune dans leur essence, et qui les font rattacher à une même substance que l'on nomme *matière*.

Les philosophes, qui étudient spécialement le principe intellectuel, étincelle sacrée qui nous rapproche de Dieu, y ont reconnu des phénomènes tout à fait opposés à ceux que nous présente la matière : *l'unité* et *l'activité*, et aucun qui lui soit commun avec elles.

Ils ont donc conclu de là, toujours par la loi de l'analogie, qu'il y avait deux substances tout à fait opposées, de même que les phénomènes qu'elles présentent : la substance *matérielle* et la substance *spirituelle*.

IV

Bien que la science compte un grand nombre de corps simples, cela ne veut pas dire que ces corps soient réellement simples, indécomposables, et que leur essence matérielle soit différente.

M. Dumas répétait à l'Académie des sciences, à l'occasion d'une note de M. Despretz, une chose connue de tous les chimistes :

1° Que les corps appelés *simples* sont ceux qui, ayant résisté jusqu'à présent à toutes les forces connues, sont considérés comme les éléments pratiques de la chimie ;

2° Que rien ne prouve néanmoins que ce soit là des éléments vrais, les derniers éléments des corps ;

3° Qu'il n'y a même aucun moyen de le prouver.

« Les corps qui résistent à l'action de toutes les forces connues qu'on leur applique pour les décomposer, doivent être appelés simples et élémentaires par la chimie, ajoute M. Dumas, mais il est clair que cette dénomination, justifiée et nécessitée par les expériences faites jusqu'à présent, ne saurait lier l'avenir et signifier une simplicité telle qu'il soit jamais impossible de la réduire, par d'autres puissances d'analyse inimaginables pour nous, à des composants doués d'une simplicité plus grande encore. »

Ainsi tous les moyens employés jusqu'ici pour décomposer les corps : dissolution, fusion, volatilisation, feu électrique, réactif chimique, et les forces quelconques dont nous disposons, tout cela est impuissant pour opérer la décomposition des corps réputés simples ; mais il n'en reste pas moins vrai de dire que nul ne pourrait prouver que cette décomposition soit impossible en principe. On est incapable de démontrer maintenant qu'on ne les décomposera jamais.

V

De grands penseurs croient à la possibilité de l'unité de substance pour tous les corps, c'est-à-dire qu'ils admettent que tous les corps pourraient être formés d'une seule et même substance : il suffirait qu'ils différassent entre eux par le groupement des atomes, par la disposition des molécules, d'une manière analogue à ce que nous offre par exemple le charbon ordinaire et le diamant, pour présenter les phénomènes les plus divers.

Un grand nombre de faits viennent à l'appui de cette théorie, entre autres la doctrine des équivalents.

On a constaté que, partout et toujours, les corps se remplacent en quantités déterminées dans les combinaisons chimiques; on a ainsi découvert la loi des *nombres proportionnels*, et une théorie nouvelle en est sortie, c'est la doctrine des *équivalents*. On doit entendre par équivalents les quantités relatives et proportionnelles des corps qui se substituent les unes aux autres dans les combinaisons.

Après avoir déterminé avec une rigueur parfaite les équivalents des corps réputés simples et les rapports constants de poids selon lesquels ils se combinent, les savants les plus distingués, M. Dumas entre autres, ont été naturellement portés à se demander si tous les corps ne seraient pas formés d'une seule et même matière qui donnerait naissance à leur diversité, par un groupement varié de ses atomes, soumis à des lois constantes.

Les diverses propriétés que peut présenter un corps réputé simple tendent également à démontrer l'unité de composition de la matière : « Les grandes découvertes de la science moderne, dit M. H. Sainte-Claire-Deville, depuis Mitscherlich, ont en effet prouvé qu'un corps simple peut présenter plusieurs états allotropiques, suivant l'expression de Berzélius : le nombre de ces états est illimité. Ainsi nous appelons *phosphore* un corps simple qui, en se

combinant avec l'oxygène, donne de l'acide phos-
phorique. Mais quand on étudie le phosphore lui-
même, on voit qu'il possède divers états. Un certain
nombre de propriétés constitue le phosphore rouge
de Schrotter; un autre ensemble constitue le phosphore blanc. Si l'on prend le soufre, dont les états si
nombreux ont été observés avant les états du phosphore, on rencontre dans la multiplicité des propriétés si différentes des divers soufres, dont le plus intéressant a été découvert par mon frère, l'argument
le plus puissant que l'on puisse fournir aux partisans de l'unité de composition de la matière[1]. »

V I

Cette manière de voir devient générale, et toutes
les recherches de la science tendent maintenant à la
démontrer.

Il y a quelque temps, nous écoutions avec émotion et un vif intérêt M. Lamé faisant ses adieux
à l'Académie des sciences; le vénérable savant pro-
clamait, dans ce moment solennel, l'insuffisance de
la théorie de l'attraction newtonnienne, en même
temps qu'il engageait ses successeurs à étudier l'é-
ther, qui doit rendre raison de tous les phénomènes
imparfaitement expliqués jusqu'ici.

Un grand nombre de savants illustres partagent
sur ce sujet les idées de M. Lamé : le père Secchi,

[1] Comptes rendus de l'Académie des sciences du 3 janvier 1870, p. 21.

directeur de l'Observatoire romain, dirige ses profondes investigations dans ce sens; il expose dans ses écrits les motifs nombreux et puissants qui poussent à embrasser cette hypothèse comme une vérité : pour lui, cette matière très-subtile, invisible et impondérable, répandue partout, et qu'on nomme l'éther, est la substance universelle, primordiale, univoque dont tous les corps connus ne sont que des modifications partielles; ces corps si variés ne seraient en définitive que le résultat de la condensation et du groupement divers des atomes de l'éther, d'après des lois invariables.

Ainsi les atomes d'oxygène, d'hydrogène, d'azote, de carbone, de fer, de plomb, d'or, etc., ne seraient que de l'éther à des degrés différents de concentration. L'expression corps simple voudrait dire : groupement particulier de l'éther, et les corps jouissant des propriétés les plus opposées seraient identiques quant à la matière.

La possibilité de l'unité de substance matérielle une fois admise, on serait presque obligé de reconnaître que les alchimistes pouvaient avoir raison, qu'ils ne couraient pas après un vain rêve, et qu'il n'a tenu qu'à bien peu de chose peut-être pour que l'on vît sortir des merveilles de leurs fourneaux et de leurs alambics. La question moléculaire des corps est pleine d'avenir, et celui qui soupçonnerait tout ce qu'il est possible d'obtenir de la matière en agissant seulement sur ses molécules, sur ses atomes, redeviendrait peut-être alchimiste.

VII

Les phénomènes que présentent les substances ne sont pas si tranchés, que l'on puisse de prime abord classer les êtres qui les manifestent.

C'est ainsi que la nature de quatre forces immenses, qui sont partout, qui agissent partout, est restée si mystérieuse jusqu'à ce jour, que les physiciens, non plus que les philosophes et les théologiens, ne savaient s'il fallait les regarder comme spirituelles ou matérielles : ces forces sont l'*électricité*, la *chaleur*, la *lumière*, et le *magnétisme*.

Dans cette incertitude, et pour plus de facilité dans les explications des phénomènes qu'elles présentent, on les a considérées jusqu'à ces derniers temps comme des fluides, fluides *impondérables* ou *impondérés* et incoercibles. On abandonne cette dénomination, maintenant que ces forces sont mieux étudiées. En physique, à cause de leur importance, on leur donne le nom générique d'*agents de la nature*.

On les définit ainsi :

L'*électricité* est l'agent qui donne à certains corps frottés la propriété d'attirer les petits corps environnants;

Le *calorique* est l'agent qui produit en nous la sensation de la chaleur;

La *lumière* est l'agent qui produit en nous la sensation de la vision;

Le *magnétisme* (magnétisme minéral) est l'agent qui donne à certains corps, naturellement et sans l'auxiliaire du frottement, la propriété d'attirer d'autres corps.

L'*électro-magnétisme* est l'action réciproque de l'électricité et du magnétisme.

A l'heure qu'il est, la science arrive à démontrer que les différences encore récemment admises, comme essentielles entre les diverses forces de la nature, n'existent pas ; que ces forces ont, au contraire, des liens étroits de parenté et de filiation ; qu'elles peuvent s'engendrer l'une l'autre, naître les unes des autres ; en un mot, que chaque force de la nature peut se transformer en toutes les autres.

Peu de questions sont susceptibles de jeter autant d'étonnement dans l'esprit humain que les transformations de ces diverses forces. Elles font arriver aux conséquences les plus surprenantes et les plus grandioses. Il suffit de citer, comme exemple, une des transformations les plus simples, pour en faire comprendre toute la fécondité.

VIII

La chaleur produit de la force mécanique, et la force mécanique produit de la chaleur. — Là où la chaleur disparaît, le mouvement se produit, et réciproquement, lorsque le mouvement s'arrête, il y a développement de calorique. Cette transformation se produit avec une exactitude mathématique [1].

La chaleur engendrée par un corps qui tombe croît proportionnellement à la simple hauteur et au carré de la vitesse.

Dès que l'on connaît la vitesse et le poids d'un projectile, on peut donc calculer sans peine la quantité de chaleur développée par l'extinction de sa force motrice.

Connaissant le poids de la terre comme nous le connaissons, et la vitesse avec laquelle elle se meut dans l'espace, un simple calcul doit nous donner la quantité exacte de chaleur qui naîtrait si la terre était arrêtée brusquement dans son orbite ; le nombre de degrés par exemple que cette quantité de chaleur communiquerait à un globe d'eau d'un volume égal à celui de la terre.

Mayer et Hemlholtz ont exécuté ce calcul, et ils ont trouvé que la quantité de chaleur engendrée par ce fait suffirait non-seulement pour fondre la terre entière, mais pour la réduire en grande partie en vapeur.

Ainsi, le seul fait de l'arrêt brusque de la terre dans son orbite amènerait les éléments à l'état de fusion par une chaleur ardente. Et si après extinction de son mouvement, la terre, comme il arriverait nécessairement, allait tomber sur le soleil, la quantité de chaleur engendrée par ce nouveau choc serait égale à la chaleur développée par la combustion de 1,600

---

[1] On peut consulter sur ce sujet l'important ouvrage de M. John Tyndall, traduit de l'anglais par M. l'abbé Moigno.

globes de charbon solide, égaux en volume à la terre.

Ces calculs peuvent nous donner une idée des flots de lumière imprévus que peut jeter l'étude de la transformation des forces sur des questions jusqu'à ce jour restées enveloppées de ténèbres, et dont l'étude directe serait impossible.

IX

Qui aurait osé penser, il y a quelques années, sans se croire en délire, suivant l'expression de M. le docteur Maximin Legrand, que la chimie arriverait à l'unité de substance pour tous les corps, et la physique à l'unité de force pour tous les mouvements?

M. Grove, entre autres savants distingués, a montré, avec une érudition rare et une sagacité extrême, comment le mouvement, la chaleur, l'électricité, la lumière, le magnétisme, l'affinité chimique et les autres modes de force moins bien définis, peuvent tour à tour engendrer tous les autres.

C'est également la doctrine suivie par le R. P. Secchi dans son traité de l'*Unité des forces physiques*. D'après lui, la force unique de laquelle dérivent toutes. les autres résiderait dans les mouvements que le Créateur aurait primitivement imprimés à l'éther, et que cette substance conserverait et communiquerait en vertu de l'inertie [1].

[1] Voir *les Mondes scientifiques*, t. XX, p. 97.

Bien que l'on regarde comme parfaitement démontré que les divers agents de la nature ont une fraternité commune, qu'ils sont naturellement convertibles l'un dans l'autre, nous ne connaissons encore que très-peu de chose du mode précis de cette conversion. Nos idées sont très-obscures quant à la nature du changement que le mouvement doit subir pour apparaître sous forme ou d'électricité, ou de chaleur, ou de lumière, etc.

Ainsi, d'après la science actuelle, une seule substance matérielle simple, l'éther, par sa condensation, par le groupement divers de ses atomes, produirait tous les corps variés que nous connaissons.

Une seule force qui pénètre, sature l'éther, produirait tous les phénomènes qui frappent nos sens, les divers phénomènes n'étant que des mouvements produits par cette force soumise à des lois rigoureuses et mathématiques.

Pas un atome ne s'anéantit, pas un mouvement ne se perd : il y a sans cesse transformation.

Voilà la sublime simplicité où la science arrive!

X

Lucrèce était frappé déjà de la diversité des effets que l'on peut obtenir par un petit nombre de causes : il l'aurait été bien davantage s'il avait connu ce que la science nous révèle aujourd'hui : « Car, dit-il, les principes à l'aide desquels ont été construits le ciel, la mer, la terre, les fleuves et le soleil, sont les mêmes qui, mêlés avec d'autres et diversement arrangés, ont formé les grains, les arbres et les animaux. « Ne remarques-tu pas, dans ces vers que tu lis, les mêmes lettres communes à plusieurs mots? Cependant les vers et les mots diffèrent beaucoup, soit par les idées qu'ils présentent, soit par le son qu'ils font entendre : telle est la différence que met entre les corps l'arrangement seul des éléments. » Lucrèce affectionnait cette comparaison, il l'a répétée aux livres I et II.

Aristote, rendant compte des doctrines de Leucippe et de Démocrite, rapporte également cette comparaison : « Les atomes, dit-il, sont comparés par Leucippe et ses disciples aux lettres de l'alphabet : avec les mêmes lettres on peut composer une tragédie ou une comédie; tout dépend de l'ordre suivant lequel on les arrange[1]. »

La science a pour objet la vérité, c'est-à-dire Dieu même et ses œuvres, il n'est pas étonnant que plus elle approche de son objet, plus elle découvre de simplicité et de grandeur. Il est digne de la toute-puissance d'arriver à ses fins les plus diverses et les plus élevées par les moyens les plus simples.

Sous toutes les forces diverses de l'univers matériel on arrive donc à reconnaître une seule puissance, dont l'essence est l'unité et l'activité; c'est-à-dire ce

---

[1] Aristote, *De generatione et corruptione.*

qui, suivant l'*École*, constitue les propriétés essentielles de la substance spirituelle.

C'est donc la substance spirituelle qui agit sur la matière, qui la fait *subsister*, qui lui fait produire des phénomènes et la met en rapport avec nous.

Cette substance spirituelle agit directement ou indirectement : si elle agit directement, c'est l'auteur même de l'univers qui se manifeste substantiellement ou personnellement dans tous les phénomènes matériels; si c'est indirectement, c'est par un mouvement transmis qui se transforme suivant des lois régulières et stables.

XI

La constatation de l'essence des agents de la nature nous a révélé celle de la vie.

Le *principe de la vie*, que l'on peut définir *l'agent qui produit les phénomènes qui se manifestent dans les corps vivants*, présente en effet des analogies frappantes avec chacun des agents de la nature.

Après un examen approfondi et comparé des phénomènes que nous offre la vie avec ceux que présentent la lumière, la chaleur, le magnétisme, l'électricité, on est obligé d'admettre que l'essence de la vie est un mouvement analogue à celui de ces agents. Elle ne se développe que sous leur influence et peut même être remplacée momentanément par l'électricité. Il y a dans les phénomènes que nous présente la vie, comme dans ceux que nous présentent les agents de la nature, transformation des forces.

Ce mouvement qui constitue la vie soit dans la plante, soit dans l'animal, soit dans l'homme, est-il produit directement, immédiatement, par ce que l'on appelle une âme, l'âme de la plante, l'âme de l'animal, l'âme de l'homme? Est-il personnel dans chaque être, ou n'est-il qu'un mouvement ne faisant qu'un avec le mouvement universel, une transformation de ce mouvement?

La vie et l'intelligence ne font-elles qu'un? ou l'intelligence est-elle un être à part?

Ce sont là des questions qui méritent une étude spéciale et qui dépassent les bornes que nous nous sommes imposées dans ce travail[1].

Malgré ces profonds mystères qui se dévoileront peut-être au moment où on s'y attendra le moins, on peut constater que la science a fait un pas immense. Elle ne connaissait pas l'essence de la vie; cette question était regardée par elle comme impénétrable : grâce aux sciences comparées, on sait maintenant que cette essence est un mouvement.

On le voit, à mesure que l'intelligence avance vers les limites de l'horizon du monde intellectuel, cet horizon s'agrandit, et des problèmes nouveaux succèdent aux problèmes résolus.

[1] Nous en traitons spécialement dans un ouvrage en préparation.

CHAPITRE II.

Principales lois de la vie. — Les natures d'élite et les natures vulgaires.

I

Le principe de la vie est régi par des lois et communique au corps qu'il anime des propriétés spéciales qui en sont la conséquence.

Plus il se manifeste de vie dans un être, plus il nous captive, et le prix que nous attachons à l'existence se mesure juste sur la quantité de vie que nous possédons; chacun peut se convaincre de cette vérité par une observation attentive sur soi-même.

L'abondance de cette force rend l'homme propre à toutes les jouissances, à toutes les entreprises; elle sème l'existence de joie et de bonheur; mais d'un autre côté rien n'est plus capable de produire l'ennui et le dégoût de l'existence que la diminution de cette force précieuse.

La vie soustrait le corps qu'elle possède aux effets de la putréfaction et du froid. Il faut absolument qu'elle ait disparu même dans son état latent, pour que la putréfaction puisse avoir lieu.

Dès qu'un corps perd la force vitale, il rentre dans le domaine du monde inorganique; il obéit aux lois

et aux affinités de la nature inaminée, il se décompose
en ses éléments ; ordinairement il en résulte la putréfaction qui, seule, peut nous convaincre que la force
vitale a entièrement disparu d'un corps organisé.

II

La vie gouverne la matière. Les molécules des
corps vivants changent sans cesse. Les molécules
anciennes sont résorbées et remplacées par des
molécules nouvelles. C'est le principe de la vie qui
préside à ce changement, à cette mutation continuelle de la matière.

Ceci est parfaitement démontré, principalement
par les ingénieuses expériences de M. Flourens que
nous rapportons ailleurs, chap. IV.

La vie maintient la forme de la matière. Au milieu
de ce renouvellement continuel de la matière, la vie
maintient constamment, inaltérablement, le même
moule, la même forme. On le voit, ce qu'il y a de
plus variable et de plus corruptible dans les corps
vivants, ce sont les éléments qui les composent ; et
ce qu'il y a de plus permanent, de plus stable, c'est
la force qui les anime.

« La matière des corps vivants, dit Cuvier, est
dépositaire de la force qui contraindra la matière
future à marcher dans le même sens qu'elle. Ainsi,
la forme de ces corps leur est plus essentielle que la

matière, puisque celle-ci change sans cesse tandis que l'autre se conserve [1]. »

Cette loi de la vie qui maintient la forme de la matière, et sans laquelle les organes présenteraient les anomalies les plus étranges, n'avait pas échappé à Lucrèce ; il exprime ces idées à sa manière :
« Ne crois pas pourtant que les atomes de toute espèce puissent se lier ensemble : les monstres seraient plus communs dans la nature. On verrait tous les jours des corps humains terminés en bêtes féroces, des branches touffues s'élever du corps d'un animal vivant, des substances terrestres unies à des substances marines, et des chimères redoutables, dont la gueule armée de feux dévasterait toutes les productions de la terre. Si ces prodiges n'ont pas lieu dans la nature, c'est que tous les êtres formés de certains éléments, par une certaine force génératrice, conservent, en s'accroissant, chacun son espèce particulière [2]. »

Il y a donc dans un corps vivant une force invisible qui maintient la *permanence* des formes et opère la *mutation* continuelle de la matière.

III

La vie a plusieurs lois qui lui sont communes avec les agents de la nature ; ainsi elle peut, comme l'é-

---

[1] *Rapport historique sur les progrès des sciences naturelles*, p. 200.
[2] Lucrèce, liv. II.

lectricité et comme le calorique, exister dans un état libre ou dans un état latent. Comme eux, elle peut se trouver dans un corps sans se montrer d'aucune manière, jusqu'à ce qu'une circonstance détermine son développement. Plusieurs savants, M. Hufeland entre autres, ont étudié ces rapports; nous y ajouterons nos propres observations.

Même lorsque la vie est développée, ses manifestations peuvent être interrompues et enchaînées pendant des temps considérables, que la science actuelle ne peut déterminer.

Mais c'est surtout avec l'électricité que la vie présente des analogies frappantes.

De même que l'électricité se trouve dans toutes les molécules de la matière, la force vitale remplit toutes les parties du corps organisé vivant, soit solides, soit fluides.

L'électricité semble quelquefois ranimer des organes dans lesquels la vie paraît tout à fait éteinte.

Ayant mis l'agent électrique en rapport avec les muscles de la face hébétée et à demi paralysée d'un vieillard, chaque muscle répondant à une passion spéciale produisait des phénomènes incroyables, au passage de l'électricité qui venait remplacer la vie presque éteinte.

On a vu, sous l'action combinée des fils d'une pile, les muscles d'une tête de supplicié éprouver de si effroyables contractions que les spectateurs fuyaient épouvantés. Sous une influence analogue le tronc de la victime se soulevait en partie; ses mains s'agitaient, elles frappaient les objets voisins, et soulevaient des poids de quelques livres.

Les muscles pectoraux imitaient le mouvement respiratoire; tous les actes de la vie, enfin, se reproduisaient avec tant d'exactitude que l'on se demandait si l'expérimentateur ne commettait pas un acte coupable, et s'il n'ajoutait pas de nouvelles souffrances à celles que la loi avait infligées au criminel qu'elle venait de frapper.

Les insectes eux-mêmes, soumis à ces épreuves, donnent d'intéressants résultats. Les fils de la pile, par exemple, accroissent de beaucoup la lumière des vers luisants; ils restituent le mouvement à une cigale morte, ils la font chanter!

Le courant électrique a rappelé à la vie des animaux asphyxiés depuis plus d'une demi-heure. En faisant agir ce même courant sur des organes convenables on a rendu le mouvement, la respiration, et jusqu'aux fonctions digestives à des corps récemment privés de la vie.

Mais tous ces signes de résurrection se sont toujours évanouis aussitôt que le courant a été arrêté.

L'électricité a une analogie si frappante avec la force vitale, que leurs principes ont été considérés comme identiques par plusieurs physiologistes.

Les courants galvaniques et magnétiques, en leur qualité de stimulants spéciaux du système nerveux, ont encore l'immense avantage de rappeler à la vie, mieux que tout autre moyen, les individus tombés dans un sommeil léthargique.

En les employant sur des personnes qui meurent subitement, sur les noyés, sur les asphyxiés par le charbon, par le chlororoforme, etc., on parvient souvent à réveiller un reste de vie, qui, sans cela, finirait par s'éteindre complétement ; ou, ce qui est plus affreux, ne se manifesterait spontanément que trop tard, quand déjà le corps serait plongé dans le silence du tombeau.

Il n'est donc pas étonnant que l'on ait essayé l'application du courant électrique pour la guérison des maladies, et que, dans beaucoup de cas, l'on ait obtenu d'heureux résultats ; cependant ce courant fatigue et épuise quelquefois le malade.

Ces études des analogies de la vie et de l'électricité, qui ne sont encore que dans l'enfance, méritent sans doute d'attirer l'attention des physiologistes, elles promettent de féconds résultats pour le soulagement des maladies, et de grandes lumières pour le progrès des sciences.

IV

La *lumière* et la *chaleur* présentent de même une affinité bien remarquable pour la vie.

Lavoisier avait parfaitement compris l'influence de la lumière sur la vie lorsqu'il disait : « L'organisation, le sentiment, le mouvement spontané, la vie, n'existent qu'à la surface de la terre et dans les lieux exposés à la lumière. On dirait que la fable du flambeau de Prométhée était l'expression d'une vérité philosophique qui n'avait point échappé aux anciens. Sans la **lumière**, la nature était sans vie, elle était morte et inanimée : un Dieu bienfaisant, en apportant la lumière, a répandu sur la surface de la terre l'organisation, le sentiment et la pensée. »

En général on peut dire que chaque créature a une vie d'autant plus parfaite qu'elle jouit davantage de la lumière ; il paraît même que la vie n'est possible que sous son influence, car dans les entrailles de la terre, dans les cavernes profondes où règne une nuit éternelle, on ne rencontre que des corps inorganiques.

Là rien ne respire, rien ne jouit du sentiment ; on ne trouve tout au plus que quelques espèces de moisissures ou de lichens qui sont le premier degré de la végétation, le plus imparfait, et on s'aperçoit, en y regardant de près, que la plupart de ces plantes équivoques ne croissent que sur le bois pourri ou dans son voisinage. Et même, à la surface de la terre, que l'on prive un végétal ou un animal de la clarté du jour, quelque nourriture qu'on lui donne, quelque soin qu'on lui prodigue, on le verra successivement perdre sa couleur et toute sa vigueur, cesser de croître et se rabougrir.

L'homme lui-même, lorsqu'il est privé de la lumière, devient pâle, mou, débile, et finit par perdre toute son énergie, comme l'attestent les exemples, malheureusement trop nombreux, des personnes qui ont été renfermées pendant longtemps dans un cachot ; et, en outre, les maladies qui atteignent les mineurs, les marins de la cale des navires, les ouvriers des manufactures mal éclairées, et les habitants des caves, des rez-de-chaussée ou des rues étroites.

« L'influence que l'astre radieux exerce sur la végétation est donc plus grande qu'on ne le soupçonnait autrefois, dit M. Radau. Il ne fournit pas seulement la chaleur qui couve les germes déposés dans le sol, il entretient aussi la respiration des plantes et, en quelque sorte, leur croissance. Or, nos aliments et nos combustibles proviennent directement ou par voie de transformations successives du règne végétal; on peut donc dire qu'ils représentent une somme de force vive empruntée au soleil sous forme de vibrations lumineuses au moment où se sont groupés et combinés les éléments dont les plantes sont faites. La force qui a été emmagasinée par ce lent travail des affinités chimiques se retrouve, au moins en partie, dans les efforts mécaniques que l'animal accomplit sans cesse et par lesquels il dépense une partie de sa propre substance; elle se retrouve aussi dans le travail des machines qui sont alimentées par la houille; elle se transforme en chaleur lorsque du bois est brûlé dans un foyer, ou une substance nutritive brûlée dans le sang d'un être vivant qui respire, mais qui ne se meut pas. C'est ainsi que la lumière, en faisant croître et prospérer les plantes, prépare aux habitants de la terre leur nourriture et crée pour eux une source intarissable de puissance mécanique [1]. »

[1] Radau, *les Derniers progrès de la science*, p. 46.

V

La chaleur, qui n'est peut-être que la lumière sous une autre forme, n'est pas moins nécessaire à la vie; elle seule est capable d'en développer le premier germe.

La chaleur donne la vie et la vie produit de la chaleur : un lien indestructible unit ces deux phénomènes, mais il serait difficile de déterminer lequel des deux est la cause et lequel est l'effet; ce que nous savons, c'est que partout où il y a de la vie, il y a aussi plus ou moins de chaleur.

Quand l'hiver a plongé la nature entière dans une mort apparente, il suffit de la douce température du printemps pour la réveiller et ranimer toutes les forces engourdies.

Chaque printemps vient, comme le souffle inépuisable de la divinité, répandre la vie sur notre globe; sous son influence tout s'anime : nos champs dénudés se couvrent de verdure et de fleurs, les oiseaux font retentir nos bois de leurs joyeux concerts, la brise embaumée nous apporte ses aromes bienfaisants, tout frémit, bourdonne et chante.

Plus on s'approche des pôles et plus on semble s'avancer dans l'empire de la mort; on finit par rencontrer des régions où il n'existe aucune espèce de plantes ni d'insectes et qui ne peuvent être habitées que par des baleines, des ours ou autres animaux capables d'engendrer de la chaleur, de la conserver assez puissamment pour lutter contre les glaces et les frimas de ces contrées.

Un œuf, une graine qui possède la vie, gèleront plus tard qu'un œuf, qu'une graine dans lesquels cette force est détruite.

Plusieurs plantes poussent et donnent des fleurs à travers la neige et dans un terrain gelé; la plante et même la fleur restent intactes jusqu'à ce que la vie cesse.

Beaucoup d'animaux passent tout l'hiver dans un état d'engourdissement sous la neige et sous la glace sans geler. Hunter fit congeler de l'eau dans laquelle il y avait des poissons : aussi longtemps qu'ils vécurent, l'eau, ailleurs congelée, resta fluide autour d'eux, et forma une véritable caverne; ce ne fut qu'au moment où ils moururent que la congélation se fit entièrement. Ce phénomène repose principalement sur la propriété qu'a la force vitale de développer de la chaleur.

VI

Chose remarquable, la vie paraît adhérer moins fortement là où elle existe en plus grande quantité et en plus grande perfection, et c'est dans les êtres où elle se manifeste en moindre quantité et moins parfaitement qu'elle se montre plus tenace : c'est ce qui se remarque dans toute l'échelle animale.

Les zoophites, dont le corps ne consiste que dans un estomac garni d'une ouverture qui fait l'office de bouche et d'anus en même temps, ont une vie extrêmement dure et presque indestructible.

Tout le monde sait combien il est difficile d'éteindre la vie chez le rotifère, le tartigrade, l'angillule, etc., dans tous les animaux, en un mot, par lesquels commencent les premières et les plus élémentaires manifestations de la vie. Les animalcules que nous venons de nommer peuvent être contractés, déformés, dans un état de mort dont les apparences sont complètes pendant plusieurs années, et reparaître ensuite pleins de vie.

On a remarqué depuis longtemps que les animaux à sang froid ont presque tous la vie plus dure que les animaux à sang chaud; et si l'on veut suivre nos classifications modernes naturelles, qui comprennent toute la zoologie, depuis les plus obscurs débuts de l'organisation animale progressivement, jusqu'aux plus avancées, on remarquera en général que la vie est plus enchaînée dans les organisations les moins complètes, les moins parfaites, et qui la possèdent en moindre quantité, que dans les organisations plus complètes, d'une plus haute perfection, et qui la possèdent en plus grande quantité.

Cette loi, qui peut être regardée comme générale pour les animaux, est encore vraie sous certains rapports quand on l'applique à l'homme, chez lequel elle se développe en conséquences fécondes.

VII

Les voyageurs ont remarqué que les sauvages de

toutes les contrées supportent généralement les coups, les blessures, presque avec impassibilité, ou du moins sans en être affectés au même degré que les organisations des pays civilisés.

Moi-même, pendant mes excursions lointaines, j'ai été témoin de choses bien surprenantes sous ce rapport.

A l'île de la Réunion, par exemple, où se rencontrent des travailleurs, des noirs de tous les pays du monde, on peut faire des observations curieuses et intéressantes sur le sujet qui nous occupe.

Les grands propriétaires sont souvent obligés de faire examiner attentivement par le médecin leurs anciens esclaves émancipés ou leurs travailleurs nouveaux, pour deviner leurs maladies; autrement, il y en a qui se laisseraient mourir sans se plaindre, insensiblement, sans souffrance apparente.

Un jour, j'étais fort étonné d'entendre M. Desbassayns, vénérable créole, alors président du conseil général de l'île de la Réunion, donner des ordres précis et réitérés à son *commandeur*, pour qu'il examinât avec soin et qu'il priât le médecin d'examiner avec lui tel ou tel noir; car, disait-il, ils ont le germe de quelques maladies; je crains que nous ne les enterrions bientôt.

Puis il entrait dans le détail des affections qu'ils pouvaient avoir et donnait des indications pour les soigner; rien n'échappait à l'œil perspicace de ce vénérable vieillard.

Surpris d'une sollicitude qui me paraissait exa-

gérée : « Comment donc ! dis-je à M. Desbassayns,
mais s'ils avaient telle maladie, est-ce qu'ils ne se
plaindraient pas? est-ce qu'ils iraient au travail? ne
seraient-ils pas les premiers à demander du secours?

— Mais non, reprit-il, ils iraient jusqu'au bout,
mornes et silencieux comme vous en voyez là!
La vie s'échapperait de leur organisation peu à peu,
et s'éteindrait insensiblement sans qu'ils poussent
une plainte, sans qu'ils profèrent un mot. »

Il est évident qu'il y a des exceptions, mais ceci
est très-curieux comme caractère.

Nos paysans participent un peu à cette immunité
à l'égard de la souffrance. Les exemples, à l'appui
de cette proposition, seraient faciles à citer.

M. Alfred Firmin Didot, qui a été à même d'observer nombre d'ouvriers malades ou blessés, me disait
qu'il avait été souvent frappé de voir l'insouciance
et l'espèce d'impassibilité avec laquelle un certain
nombre supportait les lésions les plus graves, et ceux
qui paraissaient le moins souffrir étaient justement
ceux qui étaient le moins développés sous le rapport
intellectuel et moral.

M. Itard, ancien médecin de l'institution impé-
riale des sourds-muets de Paris, a fait sur ces infortunés des observations qui intéressent cette étude et
que j'ai été à même de vérifier ailleurs.

Il a remarqué que le sourd-muet, abandonné dans
nos campagnes, n'était doué que d'une sensibilité
très-médiocre lorsqu'il arrivait dans nos établissements, et que cette sensibilité se développait à me-

sure qu'il entrait dans le monde de la civilisation.

Ainsi, lorsque l'individu se perfectionne par le développement de ses organes les plus nobles et qui influent sur tout l'individu, *la vie qui semblait comme enchaînée dans chaque molécule, dans chaque particule de la matière, se dégage, prend de l'essor, circule plus librement.*

VIII

On vient de voir qu'il y a des analogies frappantes et même des similitudes parfaites entre les lois qui régissent les agents de la nature et celles qui régissent le principe de la vie.

En étudiant ces analogies et ces lois nous croyons en avoir aperçu une qui embrasse tous les phénomènes physiologiques objet de cette étude, et sur laquelle l'attention des physiologistes ne s'est pas encore arrêtée d'une manière spéciale ; cette loi, cependant, peut être féconde en conséquences.

On sait que les corps sont plus ou moins bons conducteurs de la chaleur.

Que l'on mette, par exemple, en communication avec une source de chaleur un caillou et un morceau de métal : le caillou ne sera que légèrement effleuré par la chaleur, lorsque le métal en sera déjà pénétré.

Mais, en revanche, que l'on fasse cesser la communication du caillou et du métal avec la source de chaleur dans le moment où l'un et l'autre en seront pénétrés : le métal sera déjà froid lorsque le caillou conservera encore presque tout son calorique.

Ainsi il y a des substances qui s'incorporent promptement la chaleur, mais qui la perdent aussi promptement ; il y en a d'autres qui se l'incorporent lentement, mais qui la perdent aussi lentement.

En d'autres termes il y a des corps qui sont bons conducteurs de la chaleur et d'autres qui en sont mauvais conducteurs. Entre celui qui est le meilleur conducteur de la chaleur et celui qui l'est le moins, il y a une infinité de degrés intermédiaires dans lesquels on peut classer les différentes substances.

Ce qui a lieu pour la chaleur a également lieu pour les autres agents de la nature.

Et de même qu'il y a des corps qui sont plus ou moins bons conducteurs de la lumière, de la chaleur, du magnétisme, de l'électricité, il y a des organisations qui sont plus ou moins bons conducteurs de la vie. Nous expliquerons notre pensée.

Quelle magnifique étude à faire sur les individus relativement à leur degré de conductibilité de la vie !

Cette seule étude pourrait donner des notions assez grandes pour permettre de classer *à priori* les individus suivant le genre, la nature de leur intelligence et de leur capacité, et donner ainsi des indices précieux sur la richesse, la distinction de leur organisation.

IX

Entrons dans quelques détails.

Depuis l'individu qui est le moins bon conducteur de la vie, jusqu'à celui qui l'est le plus, il y a une infinité de degrés, et chaque énergie de caractère avec toutes ses conséquences y trouve sa place.

Il suffit de jeter un coup d'œil sur les divers individus, pour voir qu'on peut les classer en deux grandes catégories :

Première catégorie. Il y a des organisations qui, dans leur état normal, ne dépensent leur activité, ne se fatiguent, ne s'affaiblissent que lentement, que progressivement; mais aussi qui ne peuvent se délasser, reprendre des forces, revenir en un mot à leur état normal que lentement, progressivement, difficilement. *Ces organisations sont mauvais conducteurs de la vie.*

Seconde catégorie. Il y en a au contraire qui dépensent leur activité par flots, se sentent fortes jusqu'au bout, et, une fois leurs forces épuisées, tombent tout à coup; mais en revanche elles se délassent, se réparent, se fortifient promptement, facilement. *Ces organisations sont bons conducteurs de la vie.*

Les organisations mauvais conducteurs de la vie appartiennent aux personnes dont le caractère physique et le caractère moral sont uniformes, modérés, toujours au même diapason; elles ne tombent dans aucun extrème; elles ne sont que rarement plus ou moins fatiguées ou plus ou moins bien qu'à l'ordinaire; elles possèdent une quantité et une intensité de vie à peu près uniformes. Elles gardent bien la vie, mais si malheureusement des circonstances viennent à l'affaiblir, elles ne peuvent la renouveler qu'avec infiniment de peine.

Ce sont là les natures vulgaires, communes, étrangères à tout sentiment de poésie; natures destinées à vivre uniformément, sans excès d'aucun genre.

Les organisations bons conducteurs de la vie appartiennent aux personnes dont le caractère physique et le caractère moral sont changeants, variables; dont les pensées et les sentiments éprouvent des hauts et des bas. Portées naturellement aux extrèmes, elles y tombent si elles ne se font violence; elles passent facilement d'un état de fatigue, d'angoisse, à un état de repos, de bien-être. Elles possèdent une quantité, une intensité de vie qui changent et se modifient promptement : un nuage qui passe, une contrariété légère les affectent; elles sont aujourd'hui au bord du tombeau, et demain elles seront rajeunies comme si elles venaient de renaître.

Les natures, les caractères dont cette loi donne la raison, n'ont pas échappé à l'observation perspicace de la Bruyère :

« L'homme du meilleur esprit, dit-il, est inégal; il souffre des accroissements et des diminutions; il entre en verve, mais il en sort : alors, s'il est sage, il parle peu, il n'écrit point; il ne cherche pas à

imaginer ni à plaire. Chante-t-on avec un rhume ?
Ne faut-il pas attendre que la voix revienne ?

« Le sot est automate....., il est uniforme; il ne
se dément point; qui l'a vu une fois, l'a vu dans tous
les instants et dans toutes les périodes de sa vie.....
il est fixe et déterminé par sa nature et j'ose dire
par son espèce. Ce qui paraît le moins en lui, c'est
son âme, elle n'agit point, elle ne s'exerce point :
elle se repose [1]. »

X

Les organisations bons conducteurs de la vie constituent les natures d'élite; les seules, lorsqu'elles
savent se modérer, capables de grandes choses; les
vrais savants, les vrais artistes, les vrais hommes de
lettres, les vrais philosophes, les génies et les poëtes,
sont, par excellence, doués de cette organisation. Ce
sont aussi les seules natures capables de faire les
grands scélérats, car pour marquer profondément
d'une manière quelconque, il faut avoir une grande
puissance d'action, de grandes facultés; il y a cette
seule différence entre les premiers et les seconds, que
les uns appliquent leurs forces à ce qui est bon, et les
autres à ce qui est mal. Plutarque avait le sentiment
de ces lois physiologiques : « Les grands caractères
ne sauraient produire rien de médiocre; et comme
l'énergie qui est en eux ne saurait demeurer oisive,

[1] La Bruyère, *de l'Homme.*

toujours ils sont en branle comme les vaisseaux battus par les flots et par la tempête, jusqu'à ce qu'enfin ils soient parvenus à des habitudes fixes. Or, comme il peut arriver qu'un homme sans expérience dans l'agriculture méprise une terre qu'il verra couverte de broussailles, de plantes sauvages, d'eaux extravasées, de fanges et de reptiles, tandis que le connaisseur tirera de ces signes mêmes, et d'autres semblables, des preuves de l'excellence de cette terre, de même les grands caractères sont sujets, dans leurs commencements, à pousser des fruits mauvais et désordonnés; et nous qui ne pouvons supporter ce que ces fruits ont d'épineux et d'offensant, nous imaginons qu'il n'y a rien de plus pressé que de réprimer par le fer cette fausse végétation : mais celui qui en sait plus que nous, voyant déjà ce qu'il y a dans ces esprits de bon et de généreux, attend l'époque de la raison et de la vertu, où ces tempéraments robustes seront en état de produire des fruits dignes d'eux[1]. »

Platon exprime également cette pensée : « Nous affirmons que les âmes les plus heureusement douées deviennent les plus mauvaises de toutes par la mauvaise éducation. Croyez-vous donc, en effet, que les grands crimes et la méchanceté consommée partent d'une âme vulgaire et non d'une âme pleine de vigueur, dépravée par l'éducation[2]? »

---

[1] Plutarque, *Délais de la justice divine*, etc., trad. de J. de Maistre, p. 18.

[2] Platon, *Républ.*, liv. VI.

Le maître de Thémistocle, qui avait étudié la nature de son élève, lui répétait souvent : « Mon enfant, tu ne seras pas un homme médiocre ; et il faut que tu deviennes extrême, ou dans le bien ou dans le mal[1]. » Plus tard, en parlant de lui-même, Thémistocle disait que les poulains les plus fougueux deviennent les meilleurs chevaux, quand ils sont domptés et bien dressés.

XI

La catégorie des hommes bons conducteurs de la vie présente vraiment des phénomènes bien étranges :

Voyez cet homme plein de force, de joie, d'enthousiasme : la vie anime toutes ses fibres, l'existence n'est plus pour lui que bonheur et réussite ; mais revoyez-le demain, et peut-être aujourd'hui même : l'abattement comprime ses traits, une mélancolie profonde voile son regard ; que de tristesse dans sa physionomie ! L'appréhension, l'indécision, le vague le plus complet s'est emparé de lui, il ne voit plus qu'amertume sur la terre, le bonheur a disparu !

Et, chose étrange, toute sa vie se passera dans ces alternatives de force et de faiblesse, de courage et d'abattement, de joies et de tristesse inouïes, si bien exprimées par Chateaubriand lorsqu'il dit :

[1] Plutarque, *Vie de Thémistocle.*

« Mon humeur était impétueuse, mon caractère inégal, tour à tour bruyant et joyeux, silencieux et triste. Je rassemblais autour de moi mes jeunes compagnons, puis je les abandonnais tout à coup pour contempler la nue fugitive ou entendre la pluie tomber sur le feuillage [1]. »

C'est là le type de ces organisations qui se remplissent de vie en un instant et qui peuvent aussi la perdre en un instant.

Il est bien remarquable que la plupart des grands hommes n'ont pas fait leurs études dans les colléges, ou qu'ils ont été généralement de mauvais écoliers; leur nature changeante, variable, leur rend impossible une vie soumise à des règlements monotones.

XII

Ces natures au caractère mobile qui donne le diapason de la passion humaine à tous les degrés; tantôt pleines de feu et de verve, tantôt froides et glaciales, sont ce que le vulgaire appelle de tristes caractères, des fous, car souvent

Le génie est chez nous la suprême folie [2].

« L'extrême esprit est aussi de la folie, comme l'extrême défaut. Rien ne passe pour bon que la médiocrité [3]. »

[1] Chateaubriand, *Mémoires d'outre-tombe.*
[2] Blanchecotte, *Rêves et Réalités.*
[3] Pascal, *Pensées.*

Ces natures-là ont besoin que la sagesse leur vienne en aide, qu'elle leur donne la force de retenir et de maîtriser leur caractère; alors elles font les saints et les héros, les grands hommes en tous genres. Seules, elles sont susceptibles de jouissances et de douleurs sublimes, seules elles sont capables de sentir tout ce que renferme la vie humaine. Lamartine dépeint parfaitement ces natures d'élite dans les lignes suivantes :

« Les hommes doués d'une sensibilité excessive jouissent plus et souffrent plus que les natures moyennes et modérées. J'ai participé à ces excès d'impression dans la mesure de mon organisation. Ceux qui sentent plus, expriment plus aussi : ils sont éloquents ou poëtes. Leurs organisations paraissent faites d'un métal plus fragile, mais plus sonore que le reste de l'argile humaine. Les coups de la douleur y frappent, y résonnent, y prolongent leurs vibrations dans l'âme des autres. La vie du vulgaire est un vague, un sourd murmure du cœur; la vie des hommes sensibles est un cri, la vie du poëte est un chant [1]. »

Chateaubriand les dépeint également à sa manière. « Je cherchais surtout dans mes voyages les artistes, et ces hommes divins qui chantent les dieux sur la lyre et la félicité des peuples, qui honorent les lois, la religion et les tombeaux.

« Ces chantres sont de race divine, ils possèdent le seul talent incontestable dont le ciel ait fait pré-

---

[1] Lamartine, *Confidences*.

sent à la terre. Leur vie est à la fois naïve et sublime ; ils célèbrent les dieux avec une bouche d'or, et sont les plus simples des hommes ; ils causent comme des immortels ou comme de petits enfants ; ils expliquent les lois de l'univers et ne peuvent comprendre les affaires les plus innocentes de la vie ; ils ont des idées merveilleuses de la mort, et meurent sans s'en apercevoir, comme des nouveau-nés.

…« Alors le vieux sauvage : Mon jeune ami, les mouvements d'un cœur comme le tien ne sauraient être égaux ; modère seulement ce caractère qui t'a déjà fait tant de mal. Si tu souffres plus qu'un autre des choses de la vie, il ne faut pas t'en étonner, une grande âme doit contenir plus de douleur qu'une petite [1]. »

Dante se fait dire par Virgile : « Souviens-toi de ta science, elle t'enseignera que plus une chose est parfaite, plus elle sent le bien et aussi la douleur [2]. »

L'univers tout entier a une voix que ces natures comprennent par le cœur et qui leur révèle d'ineffables confidences, inconnues des natures vulgaires. Les splendeurs d'une belle nuit, les sombreurs des forêts, le frémissement de la brise dans le feuillage, les ondes mugissantes de la mer parlent une langue qui leur est connue.

Malheur si ces natures se fourvoient et n'ont pas soin de réprimer leurs mauvaises passions : seules,

[1] Chateaubriand, *René*.
[2] Dante, *l'Enfer*, ch. VI.

nous le répétons, elles sont capables de faire les grands scélérats comme les grands hommes de bien.

Si tous les individus de cette catégorie n'ont pas une intelligence assez vaste pour marquer dans la foule, ils ont cependant un certain cachet qui fait qu'on les reconnaît comme appartenant plus ou moins à cette noble race.

XIII

Les natures favorisées dont nous venons de parler comprendront les lignes suivantes :

« L'homme, dit Platon, plus rapproché de son créateur, guidait autrefois dans leur cours les sphères célestes, et repaissait son âme de leur harmonie divine ; mais précipité sur la terre par la jalousie des génies, il n'a plus qu'un souvenir confus de sa grandeur et de son bonheur passés. En admettant cette création brillante de l'Homère des philosophes qui dans cette fiction sublime approche tant de la vérité, ne dirait-on pas que certaines âmes conservent un souvenir plus vif de la grandeur dont elles sont déchues, et que ce souvenir apporte dans leur cœur une noble et douce tristesse nourrie par les regrets et par les misères présentes de la vie ? A les voir lever les yeux au ciel et prêter une oreille attentive, ne dirait-on pas qu'elles cherchent à saisir quelques sons lointains de l'harmonie divine ? Ces âmes ne voient pas le monde comme le vulgaire et puisent à une autre source de plaisir..... La solitude, le murmure des vents, la contemplation du ciel, voilà ce qui est pour elles une source de délices [1]. »

C'est aux natures bons conducteurs de la vie que s'appliquent ces beaux vers de Lamartine :

> Il est parmi les fils les plus doux de la femme,
> Des hommes dont les sens obscurcissent moins l'âme,
> Dont le cœur est mobile et profond comme l'eau,
> Dont le moindre contact fait frissonner la peau,
> Dont la pensée en proie à de sacrés délires,
> S'ébranle au doigt divin, chante comme des lyres.
> Mélodieux échos semés dans l'univers
> Pour comprendre sa langue et noter ses concerts.
> C'est dans leur transparente et limpide pensée
> Que l'image infinie est la mieux retracée,
> Et que la vaste idée où l'Éternel se peint
> D'ineffables couleurs s'illumine et se teint !
>
> . . . .
>
> Ils entendent des voix que nous n'entendons pas,
> Ils savent ce que dit l'étoile dans sa course,
> La foudre au firmament, le rocher à la source,
> La vague au sable d'or qui semble l'assoupir,
> Le bulbul à l'aurore et le cœur au soupir.

XIV

En résumé, lorsque les natures d'élite prennent pour règle la sagesse, elles condensent la vie en elles-mêmes; elles rayonnent de bonté et d'intelligence et deviennent les génies bienfaisants de l'humanité; elles en sont au contraire le fléau, si elles donnent

[1] Maurice de Guérin, *Lettre à Eugénie de Guérin*.

un libre cours à leurs mauvaises passions : la même puissance qui aurait pu leur servir à faire le bien leur sert à faire le mal.

Mais il arrive souvent que ces natures, avides de plaisir, s'y livrent complétement, et comme les sensations retentissent jusque dans les profondeurs de leur organisme, elles ne tardent pas à être épuisées; si elles ne s'arrêtent à temps, elles finissent par traîner des jours inutiles et languissants, qui s'éteignent dans une mort misérable.

Nous l'avons dit : les vrais artistes, les vrais hommes de lettres, les vrais philosophes, les génies et les poëtes sont doués de cette organisation, et c'est ce qui fait qu'ils se trouvent si malheureux quand ils ne sont pas favorisés par la fortune; surtout si leur vocation est bien déterminée, s'ils ont choisi leur idéal, et si l'inspiration les poursuit, les tourmente, et les force bon gré mal gré à suivre leur étoile.

Ils sont obligés, pour gagner le pain de chaque jour, de lutter avec violence contre leurs rêves sublimes et d'en remettre la réalisation à des temps meilleurs, pour se livrer à des travaux contraires à leur instinct, à leurs tendances, et aliéner leur liberté.

Ils souffrent dans cette lutte les douleurs de l'autre monde. C'est l'aigle captif dans la plaine, auquel la brise apporte l'arome de la montagne et qui s'élance vainement pour retrouver ses sommets bien-aimés; c'est le lion rugissant sous ses fers, ébranlant dans sa rage impuissante les barreaux de sa captivité, au souvenir des forêts vierges de sa patrie.

Oh! combien on doit avoir pitié de ces natures si riches et si infortunées! Lorsqu'elles n'ont pas une force herculéenne pour lutter longtemps et vaincre, elles vont mourir à Charenton ou à l'hôpital, après avoir été abreuvées de toutes les amertumes de l'existence.

Lorsque la vie sera mieux étudiée, que ses lois seront plus connues, que de phénomènes qui sont maintenant pour nous de profonds mystères seront expliqués!

Récapitulons en deux mots : il y a donc une loi de la vie qui peut se formuler ainsi :

Les organisations, dans leur état normal et dans des circonstances analogues, sont plus ou moins bons conducteurs de la vie, suivant qu'elles sont plus ou moins complètes, plus ou moins perfectionnées.

On peut faire plusieurs objections relatives à cette loi, mais il me semble qu'elles ne permettent pas de la nier; il suffit de tenir compte des circonstances particulières d'âge, de sexe, de maladies, etc., pour résoudre ces objections d'une manière satisfaisante.

D'ailleurs je n'ai pas la prétention de donner aujourd'hui quelque chose de complet sur le sujet qui m'occupe; mais, si je ne me fais illusion, cette voie nouvelle d'observation, telle que je viens de l'exposer, ouvre aux investigations de la science un champ vaste et fécond.

CHAPITRE III.

Manifestations de la vie dans l'organisme. — Spiritualisme et matérialisme.

I

De tout temps on a reconnu que l'animal n'est sensible et fort que par les nerfs : c'est-à-dire que les nerfs sont les organes de la sensibilité et du mouvement.

On a reconnu aussi de tout temps que la sensibilité peut être perdue dans une partie de l'organisation, sans que le mouvement le soit, et, de même, que le mouvement peut cesser sans que la sensibilité soit altérée.

Il y a pour chaque nerf prenant naissance dans la moelle épinière deux racines : l'une postérieure pour la sensibilité, l'autre antérieure pour le mouvement.

Les fibres nerveuses de ces deux racines s'unissent, se tissent ensemble, pour ne former qu'un seul nerf qui devient par conséquent tout à la fois conducteur de la sensibilité et du mouvement.

Il n'y a qu'une cinquantaine d'années que Ch. Bell, physiologiste anglais, eut l'idée d'opérer sur les racines mêmes des nerfs. Il découvrit ainsi qu'il y avait des nerfs conducteurs de la sensibilité seulement, et d'autres conducteurs du mouvement seul.

Quand on pince les racines postérieures, l'animal éprouve de la douleur, et quand elles sont coupées, les parties où elles se rendent ont perdu toute sensibilité, mais continuent à se mouvoir. Ces racines ne sont donc que sensibles.

Quand on pince les racines antérieures, pas de douleur, mais mouvement ; et quand on les a coupées, les parties où elles se rendent ont perdu toute faculté de se mouvoir, mais elles conservent la sensibilité. Ces racines ne sont donc que motrices.

La sensibilité et le mouvement, répandus dans tout le corps de l'animal et qui paraissent intimement unis, sont donc deux propriétés distinctes pouvant être séparément conservées ou abolies.

La moelle épinière a deux faces, deux couches : une pour la sensibilité, qui donne naissance aux nerfs de la sensibilité : c'est la postérieure ; une pour le mouvement, qui donne naissance aux nerfs du mouvement : c'est l'antérieure.

Si, sur un animal, on pique la face postérieure, on provoque des cris, de la douleur ; si on la coupe, et qu'on la coupe seule, la sensibilité seule est perdue dans toutes les parties qui reçoivent leurs nerfs de la région coupée.

Et réciproquement, si on pique la face antérieure, on ne provoque que le mouvement ; et si on la coupe on n'abolit que le mouvement.

La moelle épinière nous présente donc la réunion de deux systèmes nerveux : celui de la sensibilité et celui du mouvement.

Nous venons d'analyser quelques-unes des pages de M. Flourens [1] ; c'est à lui que nous devons principalement la détermination des fonctions du cerveau ou encéphale. Avant ses belles expériences, on croyait que toutes les parties de l'encéphale servaient aux mêmes fonctions.

M. Flourens a été conduit, par ses expériences, à séparer le *cerveau* pris en général, ou l'*encéphale*, en quatre parties principales : la *moelle allongée*, siége du principe premier moteur du mécanisme respiratoire ; les *tubercules bijumeaux*, siége du principe de la vision et d'un mouvement spécial ; le *cervelet*, siége de la coordination des mouvements de locomotion, et le *cerveau* proprement dit, les lobes ou hémisphères cérébraux, siége des perceptions et des volitions, en un mot de l'intelligence.

II

Résumons les études de M. Flourens sur ce sujet [2]. *Fonctions de la moelle allongée et du nœud vital.* — En 1748, Lorry trouva qu'un point de la moelle épinière, situé vers le trou occipital, produisait, lorsqu'il était blessé, une mort subite, et que cela n'arrivait ni au-dessus ni au-dessous de ce point. Ce fait fut bientôt oublié.

En 1812, Le Gallois trouva qu'un point de la

[1] *De la Vie et de l'Intelligence*, par M. P. Flourens.
[2] *Id.*

moelle épinière, correspondant à la huitième paire, lorsqu'il était coupé, arrêtait sur-le-champ la respiration. Le Gallois supposa alors que l'on abolissait la respiration parce que l'on coupait l'origine de la huitième paire.

Les deux nerfs de la huitième paire peuvent être coupés et le mécanisme respiratoire n'en fonctionnera pas moins pendant plusieurs jours. Ce mécanisme ne dépend que du point de la moelle allongée, appelé *point* ou *nœud vital*.

M. Flourens a fixé les limites de ce point, qui se trouve à l'origine de la huitième paire; il a à peine 2 millimètres d'étendue, et n'est pas plus gros que la tête d'une épingle.

En plongeant dans la moelle épinière, sur ce point, un emporte-pièce dont l'ouverture a à peine un millimètre de diamètre, on abolit instantanément les mouvements respiratoires.

C'est donc d'un *point* qui n'est pas plus gros qu'une *tête d'épingle* que dépend la *vie*.

M. Flourens a également mis en évidence que le *nœud vital* est double, c'est-à-dire formé de deux parties ou moitiés réunies sur la ligne médiane et dont chacune peut suppléer à l'autre : la moitié droite à la moitié gauche et réciproquement la gauche à la droite. Pour que la vie cesse, il faut que les deux parties soient coupées, et toutes les deux dans la même étendue. On peut percer de part en part la moelle allongée en passant entre les deux moitiés du nœud vital : si les deux moitiés ne sont pas lésées, ou ne le sont du moins que très-peu, l'animal ne s'en ressent point.

Fonctions des tubercules bijumeaux. — Ces tubercules sont l'origine des nerfs optiques. Si on enlève un tubercule, la vue est perdue pour l'œil du côté opposé ; la rétine et l'iris sont paralysés : la rétine n'est plus sensible, l'iris n'est plus mobile. On observe de plus que l'animal tourne sur lui-même du côté du tubercule enlevé.

Fonctions du cervelet. — Le cervelet est l'organe de la coordination des mouvements ; c'est lui qui fait l'équilibre entre les mouvements divers, c'est le régulateur qui les réduit en un mouvement d'ensemble.

L'animal qui a perdu une partie de son cervelet ne peut plus se tenir debout avec aplomb, ni marcher, ni courir avec régularité.

Si l'on enlève le cervelet complétement, ou à peu près, l'animal perd toute faculté de se tenir debout, de marcher, de courir, de voler régulièrement.

Cependant, tous les mouvements partiels subsistent ; ce qui est perdu, c'est uniquement la fonction à laquelle préside le cervelet, fonction qui consiste à faire l'équilibre entre tous les mouvements partiels, et les coordonner eu mouvements d'ensemble réguliers et déterminés.

Fonctions du cerveau proprement dit. — Le cerveau est le siége exclusif de l'intelligence.

Si on enlève sur un animal un seul lobe, l'animal perd la vue du côté opposé ; mais l'intelligence subsiste : un seul lobe y suffit comme un seul lobe suffit à la vision.

Si on enlève à un animal les deux lobes cérébraux à la fois, il perd tous les sens : il ne voit, il n'entend plus ; il perd tous les instincts : il ne sait plus ni se défendre, ni s'abriter, ni fuir, ni manger ; il perd toute intelligence, toute perception, toute volition, toute action spontanée.

Il y a deux moyens de faire perdre la vision par l'encéphale : 1° par les tubercules, c'est la perte du sens de la sensation ; 2° par les lobes, c'est la perte de la perception, de l'intelligence. Penser n'est donc pas sentir.

L'ablation du cerveau, qui abolit l'intelligence, laisse entière la régularité des mouvements ; l'ablation du cervelet, qui abolit toute régularité dans les mouvements, laisse l'intelligence avec toutes ses facultés.

Le cerveau et le cervelet sont insensibles, impassibles ; on peut les blesser, les piquer, les couper par tranches, les brûler, sans produire aucune douleur.

La sensibilité est dans les nerfs et la moelle épinière, où n'est pas l'intelligence ; et l'intelligence est dans le cerveau où n'est pas la sensibilité.

Récapitulons en quelques mots :

1° Il y a pour chaque nerf prenant naissance dans la moelle épinière, deux racines : l'une postérieure pour la sensibilité, l'autre antérieure pour le mouvement ;

2° La moelle épinière a également deux faces, deux couches : une pour la sensibilité, qui donne naissance aux nerfs de la sensibilité, et une pour le mouvement, qui donne naissance aux nerfs du mouvement ;

3° Le cervelet est l'organe de la coordination des mouvements ; il préside à l'équilibration, à la régularisation des mouvements divers en un mouvement d'ensemble ;

4° Le cerveau est le siége exclusif de l'intelligence.

« N'oublions pas que c'est aux expériences de M. Flourens que nous devons nos principales connaissances sur le siége de la conscience, et rappelons encore que l'ablation des lobes cérébraux éteint aussitôt ce flambeau de l'intelligence et de la spontanéité ; la vie séparée de la conscience peut continuer sans doute, mais alors les centres nerveux inférieurs, plongés dans l'obscurité, ne sont plus capables que d'actes involontaires et purement automatiques [1]. »

III

Bien que l'intelligence, l'équilibre des mouvements, les mouvements en général et la sensibilité se manifestent par des organes distincts, cela ne veut pas dire que toutes ces manifestations n'appartiennent pas au même principe, diversement influencé

[1] Claude Bernard, *Disc. à l'Acad. française*, 27 mai 1869.

par des organes divers, et se manifestant diversement, suivant les organes.

Une même puissance peut être affectée et agir différemment, suivant les organes avec lesquels elle
est en relation.

La vapeur, suivant les canaux qui lui livrent passage, fait retentir le sifflet, produit les accents de la
trompette, les roulements du tambour, etc. Elle
éclate dans l'âme meurtrière d'une machine ou fait
voler les trains sur les rails qui leur servent de guide,
ou met en jeu mille organes divers pour couper,
broyer, tisser, etc.

La diversité des organes ne multiplie pas la puissance qui les fait agir, et si quelques-uns de ces organes disparaissent, la même puissance ne cessera
pas d'exister, seulement elle ne se manifestera plus
de la même manière.

Notre intelligence est servie par des organes divers : si quelques-uns de ces organes disparaissent,
notre intelligence n'agira plus par eux, elle n'en sera
plus influencée; mais ce n'est pas une raison pour
que son essence soit changée.

Nos organes, nos sens, sont les portes, les intermédiaires qui la mettent en rapport avec l'univers.
Si ces intermédiaires étaient plus nombreux, nous
pourrions connaître des rapports que nous ne connaissons pas; s'ils l'étaient moins, nous connaîtrions
moins de rapports que nous n'en connaissons : que
l'oreille manque, les rapports des sons seront pour
nous comme s'ils n'existaient pas; que l'œil manque,

il en sera de même des rapports avec la lumière, mais l'essence de notre être n'en sera pas modifiée.

Ces questions des rapports de l'esprit et de la matière, de l'intelligence et de l'organisation, qui renferment la ligne de transition entre les deux mondes, sont les plus hautes, les plus compliquées, les plus difficiles que la science puisse nous présenter; elles donnent lieu aux systèmes qui divisent les grandes écoles philosophiques : le *matérialisme* et le *spiritualisme*.

IV

On voit que les principes du spiritualisme et du matérialisme se rattachent assez directement à notre étude; comme la France tout entière a été vivement, profondément émue des discussions auxquelles ces principes ont donné lieu dernièrement, et qu'ils présentent quelques côtés purement scientifiques, nous croyons devoir nous en occuper ici, au moins très-succinctement.

Nous nous bornerons à y jeter un coup d'œil rapide, et à faire voir que les *doctrines matérialistes doivent être repoussées par les hommes de science, non parce qu'elles sont immorales, mais parce qu'elles ne sont pas scientifiques.*

Depuis les temps les plus reculés, les grandes intelligences, les philosophes, les savants les plus distingués, ont reconnu que le physique influe sur le moral et le moral sur le physique, réciproquement; de même que les rouages d'une montre agissent sur les aiguilles et les aiguilles sur les rouages, rien ne se passe d'un côté sans qu'il y ait retentissement de l'autre.

Les spiritualistes regardent l'âme comme parfaitement distincte du corps, quoique lui étant intimement liée et comme devant lui survivre.

Les matérialistes regardent l'âme comme inséparable du corps, comme une manifestation du corps, et comme devant mourir avec lui.

La vraie science n'affirme et ne nie que d'après les observations certaines des phénomènes. Or, y a-t-il quelques phénomènes qui autorisent la science à dire que l'âme s'évanouit lorsque le corps se désorganise? — Non, absolument aucun.

Poussons les choses à l'extrême, faisons la part la plus large possible à ceux qui se disent matérialistes; abondons dans leur sens autant que la science sévère, rigoureuse, que nous acceptons partout où elle se montre, nous le permet. Eh bien, au nom de cette science qui repose sur les faits, de cette science positive, nous serons obligés de repousser les doctrines fausses et hypothétiques dont on voudrait la rendre responsable.

Le plus fort argument sur lequel le matérialisme s'appuie se résume ainsi : Lorsque certains organes sont malades, des facultés correspondantes de l'âme sont malades; lorsque ces organes sont supprimés, ces mêmes facultés ne se manifestent plus, et lorsque l'organisme tout entier se dissout, l'âme disparaît.

Nous acceptons ces données, la science ne va pas plus loin. Mais remarquons qu'il y a une différence infinie entre constater que les facultés ne se manifestent plus et constater qu'elles sont anéanties; entre constater que l'âme disparaît ou qu'elle cesse d'exister.

Lorsque certains organes disparaissent, certaines facultés disparaissent; mais cela veut-il dire qu'elles soient anéanties? Pas le moins du monde, on constate qu'elles n'agissent plus, voilà tout.

Comment peut-on affirmer que ces facultés s'anéantissent lorsque les organes qui les servent disparaissent, puisque ces facultés sont invisibles? Qu'est-ce qui nous dit qu'elles ne demeurent pas à l'état latent, pour reprendre toute leur énergie lorsque l'âme tout entière sera complétement séparée des liens du corps, et qu'elle ne sera plus soumise aux lois qui régissent ses rapports avec la matière?

Rien, absolument rien.

Il est donc bien évident que tout ce que la science la plus positive permet de faire, c'est de douter.

M. Tyndall, l'illustre savant anglais, a traité ces questions au point de vue purement scientifique, avec toute l'audacieuse liberté de pensée d'un esprit supérieur et indépendant; il dit en se résumant :

« En affirmant que l'accroissement du corps est mécanique, et que la pensée, en tant qu'elle a son exercice en nous, a son corrélatif dans la physique du cerveau, il me semble que je fais au matérialisme

la seule position tenable pour lui… je ne pense pas
que, dans la constitution actuelle de l'esprit humain, il puisse jamais aller au delà. Je ne pense pas
qu'il soit autorisé à dire que les groupements moléculaires et les mouvements moléculaires expliquent
quoi que ce soit. En réalité ils n'expliquent rien. Le
plus qu'il peut affirmer est l'association de deux
classes de phénomènes dont il ignore absolument
le trait d'union. Le problème de l'union du corps
et de l'âme est aussi insoluble dans sa forme moderne qu'il l'était dans les âges préscientifiques…
Mais si le matérialiste est confondu et la science
rendue muette, à qui appartient-il de donner la réponse? A CELUI à qui le secret a été révélé! Inclinons
nos têtes et reconnaissons notre ignorance une fois
pour toutes. Peut-être qu'un jour à venir le mystère
se résoudra en connaissances acquises. La marche
des choses sur cette terre a été celle d'une amélioration incessante [1]. »

V

La science nous dit : telle faculté ne se manifeste
plus dès que tel organe est retranché, mais non pas
que telle faculté est anéantie; il y a un monde entier
entre ces deux expressions.

L'homme le plus simple, comme le plus savant,
voit bien que l'âme ne se manifeste plus à nous dès

---

[1] *Les Mondes scientifiques*, 17 septembre 1868, pages 97 et 98, discours de M. Tyndall.

que le corps est tombé en décomposition, mais il ne voit pas là une raison pour dire qu'elle est anéantie.

Regardez ce cristal éblouissant : la lumière qui le pénètre et qui se brise dans ses angles, le fait rayonner de tous les feux du jour.

Eh bien, qu'il soit tant soit peu modifié ; que ses molécules éprouvent un changement de position, et aussitôt il meurt pour la lumière : la lumière le quitte, il devient noir et sans éclat.

Mais la lumière qui était dans lui est-elle anéantie ? — Non, certainement ; elle est allée se manifester ailleurs.

Et c'est au moment où la science vient démontrer avec tant d'évidence qu'aucun rayon de lumière, qu'aucun rayon de chaleur, qu'aucune puissance magnétique, électrique, etc., etc., ne se perdent, mais que lorsqu'elles disparaissent d'un côté, c'est pour se transformer, se manifester d'un autre, que l'on voudra essayer d'établir que l'âme, l'intelligence humaine et ses facultés, forces les plus élevées que nous connaissions, sont anéanties lorsqu'elles ne se manifestent plus dans les organes du corps auxquels elles sont liées !

C'est, nous le répétons, non-seulement faire des hypothèses gratuites ne reposant sur aucun fait certain, mais c'est aussi aller contre toutes les analogies. Les anciens, qui ne connaissaient pas les brillantes conquêtes de la science sur la permanence et la transformation des forces, étaient arrivés cependant aux doctrines les plus spiritualistes sur la nature de l'âme. Leur instinct élevé et la puissance d'une raison droite avaient suffi pour cela.

Cicéron rappelant, en les approuvant, les doctrines si pures et si élevées de Pythagore, de Socrate, de Platon, cite les paroles suivantes de Cyrus sur le point de mourir, comme résumant ces doctrines :

« N'allez pas croire, mes chers enfants, qu'après vous avoir quittés, je ne serai nulle part, ou que je ne serai plus. Tant que j'étais avec vous, vous ne voyiez pas non plus mon âme, mais en me voyant agir vous compreniez qu'elle était présente dans le corps. Croyez donc toujours que cette même âme existe, lors même que vous ne la verrez pas.

« ...... Pour moi, je n'ai jamais pu me persuader que l'âme vive complétement tant qu'elle est dans le corps de l'homme, et qu'elle meurt lorsqu'elle en est sortie, ni qu'elle perde toute intelligence en s'échappant d'un corps inintelligent ; je crois plutôt qu'une fois délivrée de tout mélange du corps, et désormais libre et pure, elle retrouve alors l'intelligence parfaite [1]. »

Et ailleurs, dans le songe de *Scipion*, il fait ainsi parler *Scipion l'Africain* à son petit-fils : « Courage ! et souviens-toi que si ton corps doit périr, toi, tu n'es pas mortel. Cette forme sensible ce n'est point toi ; ce qui fait l'homme, c'est l'âme, et non cette figure que l'on peut montrer du doigt... Sou-

[1] *Dialogue sur la vieillesse*, v. 79 et 80.

blable à ce Dieu éternel qui meut l'univers en partie corruptible, l'âme immortelle meut le corps périssable.... La destination des hommes est de garder ce globe que tu vois situé au milieu du temple universel de Dieu, et dont une parcelle s'appelle la Terre... Ils ont reçu une âme!... C'est pourquoi, mon fils, toi et tous les hommes religieux, vous devez retenir votre âme dans les liens du corps; aucun de vous, sans le commandement de celui qui vous l'a donnée, ne peut sortir de cette vie mortelle. En la fuyant, vous paraîtriez abandonner le poste où Dieu vous a placés. »

Platon avait déjà dit : « Notre corps n'est qu'une espèce de fantôme qui nous suit..... Nous ne croirons donc point que cette masse de chair que nous enterrons soit *l'homme*, sachant que ce fils, ce frère, etc., que nous croyons inhumer, est réellement *parti* pour un autre pays, après avoir terminé ce qu'il avait à faire dans celui-ci [1]. »

VI

Résumons ces dernières pages :

La science peut démontrer que lorsque certains organes disparaissent, certaines facultés intellectuelles cessent de se manifester ; mais il lui est impossible de démontrer que ces facultés soient anéanties,

---

[1] Platon, *de Leg.* XII, t. IX, éd. Bipont., p. 212, 213.

qu'elles n'existent pas à l'état latent et qu'elles ne puissent reprendre toute leur énergie, lorsque l'âme sera complétement débarrassée de ses liens maté-riels.

Ainsi, quand on ne veut prendre pour flambeau que la science, si l'on va plus loin que le doute relati-vement à l'immortalité de l'âme, on cesse d'agir en homme de science, on se fait illusion, on ne se repose plus sur les faits, comme le veut la science positive, on fausse les conséquences et on se livre à l'hypothèse, et même, en restant dans le doute, on a contre soi toutes les analogies qui sont pour l'immortalité de l'âme.

On me dira peut-être ici : Selon vous, le sort de l'homme est donc de douter sur la terre?

Non, répondrons-nous, le sort de l'homme n'est pas de douter; mais pour arriver à la vérité n'a-t-il pas d'autre moyen que la science positive, si lente et si restreinte? Avec la faculté de connaître, l'homme ne possède-t-il pas aussi le sentiment et la conscience, et ces facultés ne peuvent-elles le conduire avec certitude à la vérité?

Nous avons seulement voulu faire remarquer ici que la vraie science ne dit rien contre les vérités de la morale universelle; qu'elle ne fournit et ne peut fournir aucun fait qui infirme ces vérités ou qui soit en opposition avec elles.

Le matérialisme de nos jours ne fait que repro-duire, sous d'autres formes, des arguments vieux comme le monde. Ces arguments doivent être rejetés, parce qu'ils manquent à la science en affirmant au delà des faits, et qu'ils font comme conséquence arriver à de fausses conclusions. Ces doctrines ne sont *immorales* que parce qu'elles ne sont pas *scientifiques*.

Jamais la vraie science ne peut être immorale, car elle a pour objet la vérité, et tout principe de morale ne peut être que la conséquence nécessaire de la vérité.

Puisque la vraie science, la science qui ne se repose que sur les faits, rejette le matérialisme comme n'ayant rien de commun avec lui, pourquoi propager cette doctrine désolante, qui, dans ses conséquences, nie l'immortalité de l'âme, l'existence de Dieu et tous les principes de la morale universelle? Pourquoi d'un même coup éteindre toute espérance, toute poésie, toute grandeur d'âme, tout enthousiasme, tout ce qui fait les héros, les martyrs et les grands hommes?

IIᵉ PARTIE

DE LA

LONGÉVITÉ HUMAINE

LONGÉVITÉ HUMAINE.

CHAPITRE I.

Action principale de la vie. — Destruction et restauration de nous-même.

I

L'action principale de la vie consiste dans une simultanéité continuelle de destruction et de réparation de nous-même. On a souvent comparé la vie à une flamme et cette comparaison est très-juste; c'est une flamme animale, une flamme vivante.

Les forces destructives et créatrices sont toujours en action, et chaque instant de notre existence est un singulier mélange de destruction et de création.

Tant que la vie conserve sa vivacité première et son énergie, les forces créatrices ont le dessus, de sorte que le corps croît et se perfectionne.

Peu à peu l'équilibre s'établit entre les forces rivales, et la consommation se trouve dans un rapport tel avec la régénération, que le corps n'augmente ni ne décroît. Enfin la diminution de la force vitale et la détérioration des organes font que la consommation l'emporte sur la régénération ; c'est alors que le corps se dégrade peu à peu, jusqu'au moment inévitable de son entière dissolution.

La vie de chaque être est donc partagée en trois périodes : celle d'accroissement, celle d'état stationnaire et celle de dépérissement.

Sous le point de vue organique, la vie n'est donc qu'une succession de mort et de création, une alternative continuelle de destruction et de restauration, une lutte perpétuelle entre les forces chimiques qui tendent à dissoudre tout, et la force vitale qui unit tout, qui reproduit tout.

L'organisation ne cesse de puiser dans ce qui nous entoure des molécules nouvelles qui passent de l'état de mort à celui de vie, et dont la force vitale compose, malgré leur diversité, un nouveau suc homogène, présentant le caractère de la vie sous tous les rapports. D'un autre côté, les molécules usées et corrompues ne cessent de se détacher de notre organisation; elles repassent ainsi du monde organique dans le monde inorganique et inanimé dont elles étaient sorties pour quelque temps.

Tout change donc continuellement dans notre organisation; la substance matérielle qui compose notre corps ne reste pas un seul instant identique à elle-même; mais ce qui ne change pas, du moins dans le mode de son action, si ce n'est dans son intensité, c'est le principe de la vie, c'est cette force motrice qui préside à ce changement, à la formation et à la réparation de nos organes.

« Les éléments du corps, dit Cuvier, ne conservent pas un seul instant les mêmes rapports et les mêmes connexions, ou, en d'autres termes, le corps ne garde pas un seul instant le même état et la même composition. » Bacon avait déjà comparé la vie à une flamme alimentée sans cesse par l'air qui l'entoure. Il concluait de là que nous pouvons prolonger nos jours en modérant cette consommation et en renouvelant de temps en temps nos humeurs.

« Les animaux qui respirent, dit Lavoisier, sont de véritables corps combustibles qui brûlent et se consument. S'ils ne réparaient pas constamment par les aliments ce qu'ils perdent par la respiration, l'huile manquerait bientôt à la lampe et l'animal périrait comme une lampe qui s'éteint lorsqu'elle manque de nourriture. »

Leibnitz exprimait la même idée : « Notre corps est dans un flux perpétuel comme une rivière, et des parties y entrent et en sortent continuellement. »

Sénèque, dans une de ses lettres[1], commente en ces termes une parole d'Héraclite :

« Nul n'est le même dans la jeunesse et dans le vieil âge ; nul n'a été le matin ce qu'il fut la veille. Nos corps sont entraînés comme des fleuves. Tout ce que vous voyez s'écoule comme le temps ; rien de ce qui

[1] Sen., *Epist.* LVIII.

frappe nos regards ne reste immuable. Moi-même, pendant que je vous parle, je change, je suis changé. Voilà dans quel sens Héraclite a dit que nous n'entrons pas deux fois dans le même fleuve. » — Bernardin de Saint-Pierre : « On ne jette point l'ancre dans le fleuve de la vie, » gracieuse expression d'une vérité profonde, citée par M. Flourens.

« Si on examine les progrès lents qui conduisent le corps humain, depuis le premier linéament du fœtus jusqu'à son entier développement, on verra qu'une puissance invisible, agissant dans le germe, attire à elle et s'assimile peu à peu et toujours une certaine quantité de molécules matérielles qu'elle soumet à ses lois et qu'elle rejette pour en prendre successivement d'autres[1]. »

II

L'idée de la rénovation continuelle de nos organes a toujours été dans la science, mais elle y était plutôt à l'état de pressentiment qu'à l'état de démonstration, car elle y a toujours été contestée, fait remarquer M. Flourens ; ce sont les expériences du savant physiologiste qui ont chassé tout doute en démontrant avec une évidence frappante cette grande idée de la mutation continuelle de la matière. Voici comment M. Flourens explique ce changement :

[1] Th. Jouffroy, *Mélanges.*

« Si je considère, dit-il, l'accroissement en grosseur sur un os d'un jeune animal qui a été soumis au *régime* de la *garance* pendant un mois, je vois à l'intérieur une couche rouge ; mais avant que cette couche rouge se fût formée, il en existait une autre qui était blanche et qui a déjà disparu. Cette couche rouge, qui est à présent la plus ancienne, était donc naguère la plus nouvelle, elle qui bientôt ne sera plus, et toutes les couches blanches qui se sont formées depuis n'existaient pas encore.

« L'accroissement en longueur me donne les mêmes faits, et peut-être de plus surprenants encore. Les extrémités de l'os, ce que l'on appelle ses têtes, changent complétement pendant qu'il s'accroît. En effet, la tête ou extrémité de l'os qui se trouvait au point où finit la couche rouge, et qui avait alors elle-même une couche rouge, n'est plus, elle a été absorbée ; et celle qui est maintenant n'existait pas encore, elle s'est formée depuis.

« Tout change donc dans l'os pendant qu'il s'accroît. Toutes ses parties paraissent et disparaissent ; toutes sont successivement formées et résorbées, et chacune, comme le dit admirablement Cuvier, est *dépositaire*, tandis qu'elle existe, de la *force qui contraindra* celle qui lui succède *à marcher dans le même sens qu'elle et à revêtir sa forme* [1]. »

M. Flourens a fait d'autres expériences que nous croyons inutile de rapporter ici, et qui démontrent

---

[1] Flourens, *De la longévité humaine*, p. 51.

que toutes les parties de notre corps s'écoulent et se renouvellent sans cesse.

Ce qui change continuellement en nous, c'est-à-dire le sang, la chair, les os, ne peut constituer l'essence de l'individu ; mais ce qui constitue cette essence et qui fait que chaque individu conserve son identité, c'est *cette force dont la matière n'est que le dépositaire ;* en sorte que notre corps que nous voyons, que nous touchons, que nous palpons n'est pas précisément nous-même, car il change incessamment ; l'essence de nous-même, c'est cette force impalpable et invisible qui demeure dans la matière, qui l'agite, la vivifie et lui donne la *forme ;* force, en un mot, qui préside à tous les phénomènes de l'organisation.

III

Il s'opère donc en nous des changements, des transmutations vraiment incroyables pour ceux qui n'y ont pas encore réfléchi sérieusement. La nature entière n'est qu'un fleuve qui roule successivement ses molécules dans les existences les plus diverses.

« Les éléments, en appauvrissant une partie, vont en enrichir une autre, et ne laissent d'un côté la décrépitude que pour porter ailleurs la fraîcheur du jeune âge. Ainsi, jamais ils ne se fixent ; l'univers se renouvelle tous les jours ; les mortels se prêtent mu-

tuellement la vie pour un moment. On voit des espèces
se multiplier, d'autres s'épuiser ; un court intervalle
change les générations, et, comme aux courses des
jeux sacrés, nous nous passons de main en main le
flambeau de la vie [1]. »

Les passages suivants, que j'extrais de mon ouvrage sur les *Plantes* et qui paraissent presque fan-
taisistes, sont donc en parfait accord avec la science
la plus exacte :

« Cette rose aux couleurs si tendres et si fraîches
est peut-être reconstituée des débris de l'insecte qui
rampait au pied de sa tige ou du papillon volage qui
allait se reposer sur quelques-unes de ses ancêtres.

« En aspirant ce bouquet de violettes ou ce rameau
de réséda, la tendre mère ne soupçonne pas qu'elle
aspire peut-être des molécules qui ont appartenu à
la petite existence chérie qu'elle pleurait il y a
quelques jours.

« Ce pauvre noir des colonies qui féconde le sol de
son âcre sueur, peut avoir, dans son sang, des molécules qui ont jadis circulé dans les veines de quelque
César.

« Et cette beauté que tous admirent, dont le doux
regard efface l'onctueuse lumière qui rayonne de
ses diamants ; l'ivoire est moins éclatant que les
perles qui brillent à travers ses lèvres de corail
animé ; cet être enchanteur ne soupçonne guère les
transmigrations par lesquelles ont passé les molécules

[1] Lucrèce, liv. XI.

qui sont sous l'influence de sa vie, et auxquelles elle fait subir une transformation éblouissante.

« Si une de ces molécules pouvait nous dire son histoire, que de choses étranges ne nous révélerait-elle pas !

« Depuis que la terre existe, nous dirait-elle peut-être, je vous assure que j'ai eu de singulières pérégrinations. J'ai été brin d'herbe, puis, retournée en liberté, j'ai été aspirée par les racines d'un puissant chêne, je suis devenue gland, et puis, hélas ! j'ai été mangée, par qui?... J'ai été salée pour faire un voyage au long cours, un matelot m'a digérée, puis je suis devenue lion, tigre, baleine; ensuite j'ai été administrée à une jeune poitrine malade, etc.

« L'imagination se perd dans cette transformation des molécules de la matière ; elles peuvent successivement appartenir à ce qu'il y a de plus saint et de plus ignoble, de plus ravissant et de plus horrible.

« C'est là le vrai panthéisme, tout se trouve dans le tout. Tous les êtres de l'univers matériel ne font réellement qu'un. Leurs molécules passent successivement des uns dans les autres et prennent la nature même de l'être qui les absorbe; elles peuvent devenir successivement rose ou papillon, goutte de rosée ou rossignol, plantes des eaux, poissons qui parcourent les mers, etc., et passer ainsi par toute l'échelle des existences.

« La seule chose qui ne se transmette pas, qui demeure personnelle, c'est l'âme, c'est l'esprit de l'homme qui a la conscience et la responsabilité de ses œuvres et qui domine le monde.

« Que d'étranges communions il existe parmi les hommes depuis qu'ils habitent la terre! C'est le même air, par exemple, qui alimente toutes les poitrines de l'humanité et qui passe successivement des unes dans les autres.

« Quand j'étais bien loin de mon pays, que j'avais traversé le vaste Océan, que je me reposais sous le palmier des Indes, à quatre mille cinq cents lieues de la France, je me consolais alors que je sentais les brises rafraîchies qui venaient de la mer. J'ouvrais largement ma poitrine, et je me disais en aspirant cet air électrique : Peut-être est-ce l'air qui a passé sur mon pays; peut-être, traversant la chambre de ma mère, a-t-il été respiré par elle et par tant d'êtres qui me sont chers; je le consultais en silence et je me perdais en de profondes mélancolies. Dans mon illusion, j'avais envie de confier à l'oreille de ce messager inconstant bien des secrets qui débordaient de mon cœur [1]. »

Tout, dans la nature, nous rappelle que les hommes sont frères, et la vaste solidarité qui existe entre eux.

IV

Tout ce qui entre dans notre corps doit prendre

[1] *Histoire et légendes des Plantes utiles et curieuses;* Paris, librairie Firmin Didot.

un caractère de vie, afin de participer à notre nature.

Même les substances, les plus subtiles, avant de faire partie de notre organisation, sont animalisées, c'est-à-dire modifiées et recomposées par l'influence de la force vitale.

Plus l'action vitale est forte, plus aussi la destruction est rapide, plus la durée est courte; mais quand l'action est trop faible, c'est une preuve que les matériaux ne se renouvellent pas suffisamment, par conséquent que la restauration se fait d'une manière incomplète et que la constitution physique du corps est mauvaise.

La réparation continuelle de nos pertes est une des choses les plus intéressantes qui puissent fixer l'attention de l'homme. Les parties fluides sont celles qui se régénèrent le plus vite, et l'expérience apprend qu'il suffit souvent du court espace de quinze jours, pour réparer la perte de sang la plus considérable.

La circulation conduit les sucs nourriciers dans tous les organes, et chacun, sous l'influence du principe de la vie, y puise son aliment; les os, les nerfs, les muscles, le cerveau, les poumons, le foie, les organes les plus divers enfin, et les parties de l'organisation les plus opposées trouvent dans le sang et s'approprient tout ce qui leur convient.

Ainsi les parties même les plus solides se renouvellent comme les autres, et l'on est quelquefois surpris de rencontrer dans l'ivoire, la plus dure de toutes les matières animales, des balles de plomb

qui, après y avoir pénétré, y ont été entourées peu
à peu par cette substance.

On peut se faire une idée de l'énorme consommation intérieure que le corps de l'homme éprouve,
quand on réfléchit que les battements du cœur et le
mouvement du sang qui en résulte se répètent cent
mille fois par jour; c'est-à-dire que le cœur et toutes
les artères se contractent cent mille fois avec une
force assez considérable pour entretenir, dans un
continuel mouvement, toute la masse du sang. Ce
fluide de vie opère son circuit complet vingt-cinq
fois par heure et par conséquent six cents fois par
jour. Quelle horloge, quelle machine, fût-elle du
métal le plus dur, résisterait longtemps à une pareille action !

On a même établi, d'après des calculs assez vraisemblables, que les éléments de notre corps changent
tous les trois mois, et que ce laps de temps écoulé,
nous nous trouvons formés de matériaux entièrement neufs.

De ce mouvement continuel de la matière, de l'état
de mort à l'état vivant et de l'état vivant à l'état de
mort, il résulte que le moyen le plus important que
l'on puisse mettre en usage pour prolonger le cours
de notre existence, est le *ralentissement modéré de la
consommation de la vie.*

V

Nous n'avons qu'une certaine somme de force

vitale et d'organes qui constitue le fond de notre vie. Puisque la vie ne consiste que dans leur consommation, il est clair que ce fond s'épuisera plus ou moins vite suivant que les organes agiront avec plus ou moins d'énergie, et qu'ils éprouveront par conséquent des pertes plus ou moins rapides.

Celui qui consomme en un jour, deux, trois, quatre fois plus de force vitale qu'il ne lui en faut pour vivre modérément, épuise aussi proportionnellement la force qui lui appartient en propre, ainsi que les organes qu'il met en action.

L'expression *vivre vite* est donc parfaitement juste; car on peut vivre vite ou lentement, accélérer ou ralentir la consommation vitale par des excès, soit dans les privations, soit dans les jouissances.

A chaque instant, la nature nous enseigne cette vérité : la chaleur, les engrais, la culture augmentent la vigueur de la végétation qui, sous ces influences, se développe plus vite et plus complétement, mais elle ne tarde pas non plus à périr.

L'individu que la nature aura doué d'une somme considérable de force vitale durera moins, si sa vie a une intensité exagérée, que celui qui, ayant moins de force vitale, mène une vie moins active.

Par conséquent, les causes débilitantes, les causes qui diminuent l'activité de la vie, deviennent quelquefois des moyens de la prolonger; tandis que les fortifiants et les excitants peuvent, dans certaines circonstances, nuire à sa durée.

Ceci nous explique pourquoi des natures robustes

ne parcourent pas toujours de très-longues années, tandis que des natures faibles et languissantes atteignent souvent un âge très-avancé.

VI

On ne doit pas cependant trop affaiblir l'intensité de la vie ; la vie a besoin d'un certain degré de force pour pouvoir se réparer convenablement et rejeter les molécules usées.

Ceux qui ont professé cette erreur, qui est passée en aphorisme, *que la durée de la vie est en raison inverse de son intensité*, en ont tiré d'étranges conséquences.

Il faut à la vie une intensité modérée pour arriver au plus long terme qui lui est assigné et, comme nous le verrons ailleurs, quelques excès en plus ou en moins peuvent lui être très-favorables.

Frappés de cette idée que plus on vit vite moins on vit longtemps, plusieurs observateurs sont tombés dans l'exagération, et se sont demandé s'il ne serait pas possible d'engourdir l'homme pour le ressusciter à volonté ?

L'ours et un grand nombre d'animaux ne se trouvent nullement incommodés après un long hibernage qui ressemble à la mort ; la chrysalide, ensevelie dans son tombeau, sent un beau matin sa prison s'entr'ouvrir et la nymphe s'échappe brillante et transfigurée.

N'a-t-on pas vu enfin des animaux enfermés dans le marbre, depuis des siècles, prendre leurs ébats lorsque le marteau du mineur est venu briser leur prison ?

Tous ces faits et beaucoup d'autres ont naturellement engagé les savants à essayer de douer l'homme de nouvelles prérogatives, en cherchant les moyens de prolonger indéfiniment sa vie ici-bas.

Maupertuis demandait si, en suspendant toute action vitale et en provoquant un véritable état d'asphyxie, on ne pourrait pas parvenir à arrêter entièrement la consommation intérieure et à prolonger la vie pendant des siècles.

Il se fondait sur la vie du poulet dans l'œuf et sur celle de l'insecte dans la chrysalide, vie dont le froid et divers autres moyens peuvent prolonger la durée, en faisant rester plus longtemps l'animal dans un état de sommeil qui ressemble beaucoup à la mort.

VII

D'après cette manière de raisonner, l'art de prolonger la vie d'un homme se réduirait à le tuer à demi.

Cette idée plut à Franklin lui-même. Ayant reçu d'Amérique du vin de Madère qui avait été mis en bouteille en Virginie, il y trouva quelques mouches mortes en apparence; mais ces insectes, exposés trois heures à peine au soleil ardent du mois de juillet, se ranimèrent, et reprirent une vie qui avait été interrompue pendant si longtemps.

Ils éprouvèrent d'abord quelques convulsions, puis, se dressant sur leurs pattes, ils se frottèrent les yeux avec celles de devant, s'essuyèrent les ailes avec celles de derrière et bientôt après s'envolèrent.

Franklin se demanda, à ce sujet, si la cessation absolue de la consommation intérieure et extérieure, pouvant suspendre ainsi l'existence, tout en ménageant et conservant le principe même de la vie, il ne serait pas possible d'appliquer le même procédé à l'homme.

« Si cela était praticable, ajoutait-il, je n'imaginerais pas de satisfaction plus douce que celle de me noyer avec quelques amis dans du vin de Madère, et de ressusciter dans cinquante ans et plus, aux rayons bienfaisants du soleil de ma patrie, afin de voir quel fruit le germe de la liberté y aura produit, et quels changements le temps y aura apportés. »

« Hélas! malheureuse patrie! » aurait-il pu s'écrier en larmes, si ses vœux avaient été exaucés, il y a peu de temps.

Ces idées de prolongation de la vie humaine étaient entrées dans l'esprit populaire. Un jour que la maréchale de Villeroy, alors âgée de plus de quatre-vingts ans, pleurait à chaudes larmes à l'une des fenêtres des Tuileries, en regardant une des premières ascensions de ballon qui avait lieu dans le jardin royal, on lui demanda pourquoi elle versait ainsi des larmes :

« Ah ! dit-elle en poussant un sanglot, on a trouvé le moyen de voler dans les airs, on va sans doute trouver aussi celui d'être immortel, mais, hélas ! ce sera quand je serai morte ! »

Mademoiselle dit en parlant de Mme la comtesse de Maure et de Mme de Sablé : « Il n'y avait point d'heure où elles ne conférassent des moyens de s'empêcher de mourir, et de l'art de se rendre immortelles. Leurs conférences ne se faisaient pas comme celles des autres ; la crainte de respirer un air ou trop froid ou trop chaud, l'appréhension que le vent ne fût pas aussi tempéré qu'elles le jugeaient nécessaire pour la conservation de leur santé, était cause qu'elles s'écrivaient d'une chambre à l'autre. On serait trop heureux si on pouvait retrouver de ces billets et en faire un recueil. Je suis assurée que l'on y retrouverait des préceptes pour le régime de vivre, des précautions jusqu'au temps de faire des remèdes et des remèdes même dont Hippocrate et Gallien n'ont jamais entendu parler avec toute leur science[1]. »

De temps à autre on entreprend de nouvelles expériences sur les moyens de prolonger indéfiniment la vie humaine. Plusieurs journaux de science rapportaient dernièrement, d'après un journal scientifique d'Allemagne, qu'entre autres curiosités que possède le docteur Grusselback, professeur de chimie

_____
[1] Victor Cousin, *Madame de Sablé.*

à l'université d'Upsal, se trouve un petit serpent qui, rigide et glacé comme un morceau de marbre, devient en quelques minutes, et à l'aide d'une aspersion stimulante composée par l'expérimentateur, aussi vif et frétillant qu'au moment où il a été pris, il y a dix ans. Il paraît que le docteur allemand a trouvé le moyen d'engourdir le petit serpent et de le désengourdir à volonté.

Si ce fait se réalisait pour l'homme comme pour le reptile, la mort perdrait son empire sur l'humanité, et l'on pourrait conserver les vivants comme autrefois les Égyptiens conservaient les momies.

Le procédé qu'emploie le docteur Grusselback n'est autre, paraît-il, qu'un abaissement graduel de la température, jusqu'au point de conduire par le froid à une torpeur complète, sans léser ni altérer les tissus.

M. Grusselback, dit-on, a soumis au gouvernement suédois sa curieuse expérience et proposé de la faire subir à un malfaiteur condamné à mort. Il engourdirait le patient comme il le fait pour le petit serpent, le laisserait un an ou deux dans un état de mort apparente et le ressusciterait ensuite par son aspersion stimulante.

VIII

Il faut avouer que cette idée de pouvoir vivre et mourir à volonté est bien tentante. Aucun charme ne serait comparable à celui de pouvoir disséminer son existence à travers les siècles ; vivre quelques jours et se rendormir pour quelques années !

Je jouis beaucoup des sensations agréables que je procure aux autres, et de l'émotion sympathique qui se peint sur leurs physionomies. Or, dans mes promenades rêveuses aux environs de Paris, lorsque j'arrive à un de ces beaux sites, tels qu'il s'en trouve du côté de Meudon où l'on découvre une vaste ligne de chemin de fer, creusée dans l'écorce terrestre et bordée de poteaux télégraphiques, ce qui constitue pour moi la plus grandiose et la plus poétique expression du progrès des sciences humaines, je fais des rêves ! des rêves curieux !

Quelquefois, par exemple, je me dis, en voyant défiler à l'horizon une longue file de wagons : Si Platon, que j'aime beaucoup, bien que pourtant je ne l'aie jamais vu, dormait, grâce au secret de la science, depuis des siècles aux environs et que tout à coup l'heure de son réveil étant venue, hâtée par le sifflet strident et la respiration bruyante qui annoncent au loin le passage de la vapeur, il arrivait avec une curiosité étonnée au bord de la voie ferrée et que je fusse là pour lui servir de cicerone : comme je jouirais de sa surprise en lui développant les progrès de l'esprit humain, en lui expliquant comment peu à peu on est arrivé à franchir l'espace avec la vitesse de la flèche rapide, et comment sur ces fils légers la pensée se fraye un chemin et fait le tour du monde avec la vélocité d'un rayon de lumière !

Et je l'entends alors, suivant son ancienne habitude, exprimer tout bas son admiration par un hymne d'adoration et de reconnaissance à l'Être suprême.

Si je continue mon rêve, je converse avec Pythagore qui n'est pas du tout étonné que mon ancien ami, M. Despretz, soit venu à bout de faire du diamant, de le fondre et de le brûler, ni que mon illustre maître, M. Babinet, de l'Institut, ait formulé les lois de la lumière dans ces minéraux cristallisés, parce que, me dit-il, « *Dieu géométrise sans cesse dans les entrailles de la terre*, et je soupçonnais que l'on découvrirait un jour le secret de la simplicité de ces gemmes brillantes qui, par la disposition de leurs molécules, donnent des figures de géométrie. » Mais il trouve très-curieux les étranges résultats de l'analyse spectrale qui nous révèle, par le spectre d'un simple rayon de lumière, les éléments les plus cachés des corps et nous fait deviner la composition des astres; il s'étonne qu'un illustre géologue, M. Élie de Beaumont, soit parvenu à trouver le fil d'Ariane qui conduit à l'harmonieuse disposition des grandes masses du globe.

Ptolémée est émerveillé que M. Le Verrier ait découvert une planète dans les cieux sans la voir, M. Delaunay les lois que suivent les mystérieux tressaillements de notre satellite, et Schiaparelli la course antique des étoiles filantes. Hippocrate et Gallien sont enchantés de ce que l'on est parvenu à supprimer la douleur.

Le moins gai c'est le bon Socrate, lorsqu'il apprend que sa chère philosophie est encore dans les langes ; il verse des larmes lorsque je lui fais connaître que récemment on est allé jusqu'à la bannir de l'enseignement des lycées ; enfin, il se console en me disant : « On a attendu plusieurs milliers d'années pour arriver à la réalisation des chemins de fer et de la télégraphie ; je puis bien attendre encore pour ma chère philosophie, qui est la plus difficile des sciences, car il faut être vertueux pour la comprendre. Je vais me rendormir, puis je me réveillerai dans quelques siècles. »

Ces étapes dans la vie seraient très-curieuses et surtout très-agréables : vivre quelques mois chaque siècle ! On ne craindrait plus le spleen ; les Anglais même n'auraient plus besoin de nos bons vins, et n'exploiteraient plus nos meilleurs crus pour se désopiler la rate ; ils nous laisseraient tout entiers à notre gaieté française.

IX

Abandonnons les rêves aux teintes azurées, il en est temps, et revenons à la réalité.

Toutes ces suppositions se réduisent à rien, dès que nous considérons la véritable essence et le but de la vie de l'homme.

La machine humaine est composée d'organes si délicats, que l'inaction et le repos les exposent à dévenir incapables de remplir leurs fonctions. Il n'y a que l'activité et l'exercice qui puissent les rendre durables, et maintenir leur aptitude à s'acquitter du rôle que la nature leur a confié.

Quant à la prolongation de la vie par une véritable suspension de l'activité vitale, par une asphyxie temporaire, il faut remarquer que l'on se fonde sur les exemples d'insectes, de crapauds et d'autres animaux, qui ont peut-être passé cent ans et plus dans une sorte de sommeil et de mort apparente, ce qui les a fait subsister, par conséquent, bien au delà du terme fixé par la nature.

Ceux qui émettent de pareilles hypothèses ne voient pas que toutes les observations qui leur servent de base ont été fournies par des animaux très-imparfaits, entre la demi-vie habituelle desquels et la suspension réelle de l'existence, il n'y a pas un saut aussi considérable à faire que chez l'homme, qui possède la vie dans son plus haut degré de perfection.

Il est vrai, cependant, que l'on a constaté quelques cas de sommeil bien extraordinaires. M. Blandet a communiqué à l'Académie des sciences l'histoire d'un individu, assez bien portant d'ailleurs, qui dormait quarante jours de suite, et puis cinquante jours, et enfin douze mois, intervalles séparés par de longues époques de santé parfaite. M. Cousin a de même décrit, dans le *Medical Times*, le cas d'un homme qui ne reste jamais éveillé plus de 7 ou 8 heures, tandis que son sommeil se prolonge de 11 à 138 heures.

Tous ces cas de sommeil prolongé sont caractérisés par une torpeur profonde, une insensibilité complète, une suspension des évacuations, une respiration presque imperceptible. Le travail du cerveau, pendant les courts intervalles de réveil, paraît suffisant, dans ce cas, pour épuiser complétement le système nerveux, et faire éprouver au malade un vif besoin de dormir.

Pour prolonger sa vie, l'homme ne doit pas seulement exister, mais il doit encore agir, jouir de la vie et remplir sa destination.

Il faut que la force vitale soit alimentée d'une manière convenable, sans cependant l'accroître au point qu'il en résulte un développement trop considérable d'énergie. Elle doit être entretenue jusqu'au degré nécessaire, d'une part pour que les actes intérieurs et extérieurs de la vie s'exécutent avec aisance et facilité; de l'autre, pour que les solides et les fluides acquièrent le degré d'organisation qui leur est indispensable, et prévenir toute altération chimique.

La restauration des forces et de la matière organique se fait d'une manière permanente, comme celle qui s'opère par la respiration, ou d'une manière périodique, comme par la digestion.

C'est surtout pendant la première enfance qu'il faut s'efforcer de rendre tous les organes qui doivent présider à la réparation forts et solides; car les premiers aliments que l'enfant reçoit, la manière dont on se conduit à son égard dans les premières années de son existence, voilà ce qui influe le plus sur son tempérament. Et, disons-le, il est déplorable de voir ce que l'on fait en général sous ce rapport. Nous en parlerons plus loin.

CHAPITRE II.

Durée de la vie de l'homme.

I

La question de la durée de la vie de l'homme a deux faces que l'on peut formuler ainsi :

1° Peut-on déterminer la durée de la vie de l'homme considéré comme espèce ?

2° Peut-on déterminer la durée de la vie de l'homme considéré comme individu ?

On peut certainement déterminer en général, à très-peu de chose près, la durée de la vie des individus de chaque espèce, et arriver à ce résultat de deux manières :

1° En observant, dans chaque espèce, les individus bien organisés qui meurent à peu près de vieillesse, et qui indiquent ainsi pour terme absolu de leur vie un chiffre approximatif;

2° En observant le temps de la gestation, l'époque à laquelle s'accomplit la puberté, ou celle à laquelle a lieu le terme de l'accroissement, etc., et en multipliant chacune de ces époques, par certains nombres.

L'expérience a démontré que la durée de ces époques était toujours contenue un même nombre de fois dans la durée absolue de la vie, assignée aux individus de chaque espèce.

Il est donc assez facile d'arriver à la connaissance de la durée absolue de la vie des individus d'une espèce quelconque ; mais il n'en est pas ainsi si l'on veut déterminer celle de chaque individu en particulier, c'est-à-dire le terme qu'atteindrait un individu désigné, vivant suivant les exigences de sa nature et auquel il n'arriverait pas d'accident.

Les sources générales qui nous conduisent à la connaissance de la durée de la vie dans l'espèce, ne nous donnent que quelques indications légères pour l'individu qui a une constitution propre, car quand on donne une loi pour la durée de la vie de l'homme, cette loi ne concerne évidemment que ceux qui sont bien organisés, qui ont les qualités qui constituent ce qu'on appelle un homme sain.

Ce n'est qu'en étudiant les phénomènes que nous présentent les individus de ce genre que l'on peut généraliser en toute assurance, et s'élever à la loi qui régit l'espèce ; les déductions, les applications ne peuvent donc regarder que des individus analogues ; dès lors il est très-difficile de les reconnaître : car, avec l'apparence la plus heureuse, une organisation peut avoir un côté faible ou renfermer un principe de maladie qui échappe à tous les yeux.

Quand on observe les individus pour en tirer des conséquences relatives à l'espèce, on peut ne pas se tromper, parce que la vieillesse vient nous indiquer sûrement si tous les organes étaient en harmonie et si aucun principe morbifique n'est venu les atteindre; on n'a pas ce critérium lorsqu'il s'agit d'un individu désigné.

L'époque à laquelle s'accomplit la puberté ou celle à laquelle a lieu le terme de l'accroissement, variant jusqu'à un certain point en plus ou en moins pour chaque individu, peuvent, il est vrai, donner lieu à quelques inductions, mais très-vagues, car il faut tenir compte de l'état des organes et des tissus, et d'ailleurs il peut se trouver dans l'organisation des germes de maladies propres à modifier toutes les prévisions.

Ainsi pour le terme de la vie de chaque individu en particulier, on ne peut donner que des probabilités très-incertaines.

II

Tout dans l'économie est soumis à des lois fixes quoique flexibles, c'est-à-dire pouvant varier plus ou moins dans des circonstances différentes, mais ne dépassant pas certaines limites.

Dès l'antiquité, on avait soupçonné que la durée de la vie de chaque espèce ne faisait pas une exception, qu'elle devait être déterminée d'une manière exacte par l'examen de certains phénomènes que l'on avait déjà étudiés, mais sur la plupart desquels il restait encore beaucoup de vague.

Cette idée a même fait naître les hypothèses les

plus bizarres. Les anciens Égyptiens, par exemple, croyaient que le cœur augmentait pendant cinquante ans de deux drachmes par année, et qu'ensuite il diminuait pendant cinquante autres années dans la même proportion. D'après ce calcul l'homme ne devait plus avoir de cœur à cent ans, et c'était là le terme naturel de la vie.

Aristote disait : « Ce que l'on rapporte de la longue vie des cerfs n'est appuyé sur aucun fondement, *la durée de la gestation et celle de l'accroissement du jeune cerf n'indiquent rien moins qu'une très-longue vie* [1]. »

Cette croyance que la durée de la vie avait des relations intimes avec la durée de l'accroissement a été suivie par la plupart des physiologistes.

« La durée de la vie des chevaux est, dit Buffon, comme dans toutes les autres espèces d'animaux, proportionnée à la durée du temps de leur accroissement. L'homme, qui est 14 ans à croître, peut vivre six ou sept fois autant de temps, c'est-à-dire 90 ou 100 ans ; le cheval, dont l'accroissement se fait en quatre ans, peut vivre 6 ou 7 fois autant, c'est-à-dire 25 ou 30 ans [2]. »

M. Hufeland, dit aussi : « Moins l'animal reste longtemps dans le sein de sa mère ou dans l'œuf, moins aussi il vit longtemps. L'éléphant qui porte vingt mois, est aussi celui qui atteint l'âge le plus avancé. Le cerf, le taureau et le chien, dont les fe-

[1] Aristote, *Hist. des animaux*, liv. VI, p. 29.
[2] Buffon, *Histoire naturelle*.

melles ne portent que trois à six mois, ne fournissent pas à beaucoup près une carrière aussi longue. *Quod cito fit, cito perit.*

« Mais une loi bien plus constante encore, c'est que plus l'animal atteint vite l'époque de la puberté, plus il est apte de bonne heure à la reproduction, et plus aussi son existence est courte. Cette loi, que nous avons vue régner partout dans le règne végétal, s'applique aussi à toutes les classes du règne animal, sans exception..... Cette règle est tellement infaillible à l'égard des mammifères que l'on peut fixer par elle, d'une manière très-approximative, l'étendue de la vie d'un animal de cette classe.

« Le cheval, l'âne et le taureau entrent dans la puberté à l'âge de trois ou quatre ans, et vivent quinze ou vingt années. La brebis, qui vit huit ou dix ans, devient pubère à deux [1]. »

M. Hufeland croyait aussi que l'on pouvait poser en principe qu'un animal vit huit fois autant de temps qu'il en met à croître, et que l'homme, dans l'état ordinaire, quand l'art ne hâte pas en lui la marche de la nature, a besoin de 25 ans pour arriver au dernier terme de sa perfection physique, ce qui lui assignerait une durée absolue de 200 ans.

Le chiffre de 200 ans marque en effet la vie *extraordinaire de l'homme*, mais non la vie *ordinaire*, comme nous le verrons un peu plus loin.

---

[1] *Macrobiotique*, p. 86, 87.

III

Si l'on avait reconnu que la durée de l'accroissement se trouvait comprise un certain nombre de fois dans la durée de la vie des individus de chaque espèce, on ignorait encore un des points les plus importants de la question, c'est-à-dire le signe certain qui marque le terme de l'accroissement, et c'est ce que M. Flourens est venu nous apprendre.

Le savant expérimentateur a trouvé ce signe dans la réunion des os à leur *épiphyse* [1].

On appelle *épiphyses* des éminences osseuses qui sont séparées du corps principal de l'os par une couche de cartilage plus ou moins épaisse. Cette disposition dans les éminences des os ne se remarque que chez les jeunes sujets. Elle dépend de ce que l'ossification n'est pas achevée. Ce n'est qu'avec le temps que la couche cartilagineuse est envahie par le phosphate de chaux, et que les épiphyses se soudent et semblent se confondre avec le reste de l'os.

Tant que les os ne sont pas réunis à leurs épiphyses, l'animal croît; dès que les os sont réunis à leurs épiphyses, l'animal cesse de croître.

Or, cette réunion des os et des épiphyses s'opère dans l'homme à 20 ans, dans le chameau à 8, dans le cheval à 5, dans le bœuf à 4, dans le lion à 4, dans le chien à 2, etc.

[1] P. Flourens, *de la Longévité humaine*, 1re partie.

L'homme est 20 ans à croître, vit cinq fois 20 ans, c'est-à-dire 100 ans; le chameau est 8 ans à croître, et il vit 5 fois 8 ans, c'est-à-dire 40 ans; le cheval est 5 ans à croître, et il vit 5 fois 5 ans, c'est-à-dire 25 ans; le bœuf et le lion sont 4 ans à croître et ils vivent 5 fois 4 ans, c'est-à-dire 20 ans; le chien est 2 ans à croître et il vit 5 fois 2 ans, c'est-à-dire 10 ans, etc.

Le rapport réel entre la durée de l'accroissement et la durée de la vie est donc 5, ou à fort peu près; le calcul de Buffon donnait 6 ou 7.

Cependant le rapport de l'accroissement à la durée de la vie n'est pas complétement uniforme; même dans la classe des mammifères, il présente quelques exceptions.

Rien n'est plus curieux que de suivre l'enchaînement des phénomènes : la durée de la vie est donnée par la durée de l'accroissement et de la puberté, la durée de l'accroissement et de la puberté par la durée de la gestation, la durée de la gestation par la grandeur de la taille, etc.

Tout se tient, s'unit et s'enchaîne; par la connaissance d'un fait, on peut en deviner toute une série qui s'y lie d'une manière nécessaire comme la conséquence à son principe.

IV

Le terme *ordinaire* de la vie de l'homme est donc cent ans. Mais, outre cette vie ordinaire, on a remarqué que des individus spécialement privilégiés, dont les organes étaient plus riches dans leur tissu et qui avaient plus de disposition pour s'approprier et conserver la vie, pouvaient, sans peine, fournir une carrière beaucoup plus étendue, et ne présenter les caractères de la vieillesse extrême qu'à un âge compris entre cent et deux cents ans. De là on a tiré cette conséquence, que la *vie extraordinaire de l'homme* pouvait être de deux cents ans.

Ce qui est venu confirmer cette manière de voir, c'est que l'on a remarqué que dans toutes les espèces animales, il y avait aussi une vie extraordinaire pour les individus spécialement privilégiés dans leur organisation, et que cette vie extraordinaire pouvait atteindre le double de la vie ordinaire.

Ainsi, le terme de la vie *ordinaire ou naturelle de l'homme* est de cent ans, le terme de *sa vie extraordinaire* est de deux cents ans[1].

La vieillesse qui arrive avant l'âge de cent ans est presque toujours artificielle, c'est-à-dire qu'elle est le résultat de maladies ou d'accidents. Il est certain que la plupart des hommes périssent de mort accidentelle, de sorte qu'il s'en trouve à peine un sur dix mille qui atteigne l'âge de cent ans. On pourrait être tenté de croire, fait remarquer M. Hufeland, que la mort causée par le marasme, c'est-à-dire par la vieillesse anticipée, artificielle, est le véritable terme de la vie de l'homme. Mais un calcul établi sur

[1] Flourens, *De la longévité humaine*, 1re partie.

de pareilles bases conduirait à d'étranges erreurs dans des temps comme les nôtres, où l'on a trouvé le secret de s'inoculer la vieillesse, et où nous voyons chaque jour des hommes de trente ou quarante ans, qui présentent tous les caractères de la décrépitude : laideur, sécheresse, faiblesse, blancheur des cheveux, ossification des cartilages costaux et autres phénomènes analogues, qui ne s'observent ordinairement que chez les vieillards de quatre-vingts à quatre-vingt-dix ans. Mais c'est là une vieillesse artificielle et relative, qui ne peut point servir de règle pour calculer la durée de la vie de l'homme.

V

Voici quelques faits qui viennent à l'appui de cette opinion que la *vie extraordinaire* de l'homme est de *deux cents ans*.

En 1670, H. Jenkins mourut dans le comté d'York, en Angleterre. Les registres des chancelleries et de divers tribunaux faisaient foi qu'il avait paru en justice et prêté serment pendant cent quarante ans. Il était âgé de cent soixante-neuf ans lorsqu'il mourut. Sa dernière profession avait été celle de pêcheur, et à l'âge de cent ans il avait encore assez de vigueur pour nager dans les courants les plus forts.

Thomas Parre, autre Anglais du comté de Shrop, était un pauvre paysan, obligé de vivre du travail de ses mains. A cent vingt ans il épousa en secondes noces une veuve, qui en vécut douze avec lui, et qui assura ne s'être jamais aperçue de son âge. Jusqu'à cent trente ans, il ne se reposa sur personne du soin d'exécuter tous les travaux que son ménage exigeait, sans excepter même celui de battre le blé. Ce ne fut que quelques années avant de mourir que sa mémoire et sa vue commencèrent à s'affaiblir; mais il conserva jusqu'à la fin la faculté de l'ouïe et l'usage de la raison. Il avait cent cinquante-deux ans lorsque le roi, ayant entendu parler de lui, voulut le voir, et le fit venir à Londres. Ce voyage abrégea probablement sa carrière, car il fut traité avec tant de magnificence et transporté tout à coup au milieu d'un genre de vie si différent de celui qu'il avait mené jusqu'alors, que sa santé dut en être ébranlée; il mourut peu de temps après son arrivée dans la capitale, en 1635.

Une chose remarquable, c'est qu'à l'ouverture de son corps, qui fut faite par Harvey, tous les viscères furent trouvés parfaitement sains; on ne put y découvrir la moindre trace de lésion. Les cartilages des côtes n'étaient pas même ossifiés, comme ils le sont ordinairement chez les vieillards. Ainsi son corps ne renfermait encore aucun germe de destruction, et il n'était mort que de la pléthore produite par la trop bonne chère qu'on lui avait fait faire tout d'un coup.

« ... Voyez le *Journal de l'Empire français*, du 12 août 1806, où il est dit qu'en Angleterre on publie une liste de quarante-huit centenaires depuis l'âge de cent trente ans jusqu'à celui de cent soixante-quinze, morts dans le dix-huitième siècle. Dans le seul comté de Temeswar en Hongrie, on compte cinq vieillards morts dans le dix-huitième siècle, dont le moins âgé avait cent soixante ans, et le plus âgé cent quatre-vingt-cinq ans [1]. »

Drakenberg, né en 1626, servit jusqu'à quatre-vingt-onze ans sur la flotte royale, en qualité de matelot, et passa en esclavage chez les Turcs quinze années, durant lesquelles il éprouva la plus grande misère.

A cent onze ans, voulant enfin jouir du repos, il prit le parti de se marier, et il épousa une femme de soixante ans, à laquelle il survécut. A cent trente ans il devint amoureux d'une jeune paysanne qui, comme on le pense bien, n'écouta pas ses propositions. Pour se consoler, il fit des tentatives auprès de plusieurs autres femmes; mais voyant qu'on le rebutait de tout côté, il se résigna enfin à rester dans l'état de veuvage, où il vécut encore seize ans. Même dans les derniers temps de sa vie, il donna souvent des preuves d'une force et d'une vigueur peu communes. Il mourut en 1772, dans la cent quarante-sixième année de son âge.

En 1757, J. Essingham mourut à Cornouailles, âgé de cent quarante-quatre ans. Il était né de parents très-pauvres; il fut habitué au travail dès l'enfance, et servit longtemps en qualité de simple soldat

[1] *La Gérocomie*, par une Société de médecins, 1807, p. 199.

et de caporal. Las enfin du métier de la guerre, il retourna dans son lieu natal, où il passa le reste de ses jours vivant du travail de ses mains. Il n'avait jamais bu de liqueurs fortes dans sa jeunesse; il s'était toujours montré fort sobre et n'avait mangé que rarement de la viande. Jusqu'à l'âge de cent ans, il ne savait presque pas ce que c'était qu'être malade, et huit jours encore avant de mourir, il fit un voyage de six lieues.

L'exemple suivant est particulièrement curieux, en ce qu'il fait voir que l'homme peut fournir une très-longue carrière, malgré les vicissitudes les plus extraordinaires et au milieu des plus pernicieuses influences.

En 1792, un vieux soldat, nommé Mittelstedt, mourut en Prusse à l'âge de cent douze ans. Né à Finahn au mois de juin 1681, cet homme commença par servir un maître qui, dans une seule soirée, perdit au jeu son équipage avec ses six domestiques, au nombre desquels il se trouvait. Mittelstedt embrassa ensuite la profession de soldat, qu'il exerça sans interruption pendant soixante-sept ans, fit toutes les campagnes sous Frédéric Ier, Frédéric-Guillaume Ier et Frédéric II, en particulier la guerre de sept ans tout entière, et se trouva à dix-sept batailles rangées, dans lesquelles il affronta souvent la mort et reçut un grand nombre de blessures. Durant la guerre de sept ans, il eut un cheval tué sous lui et fut fait prisonnier par les Russes. Après tant de fatigues, il se maria en 1790, pour la troisième fois, à l'âge de cent dix ans. Quelque temps avant sa mort, il était encore en état de faire tous les mois deux lieues à pied pour aller toucher sa petite pension.

Le récit suivant, tiré des feuilles anglaises, fait voir également que les hommes qui ont eu la plus longue vie sont quelquefois ceux qui ont fait le plus d'exercice, et qui ont supporté le plus de fatigue : « Un particulier, nommé Patrice Oneil, né en 1647, vient de se marier en 1760 pour la septième fois. Il servit dans les dragons la dix-septième année du règne de Charles II, et dans différents corps jusqu'en 1740, qu'il obtint son congé. Il a fait toutes les campagnes du roi Guillaume et du duc Marlborough. Cet homme n'a jamais bu que de la bière ordinaire; il s'est toujours nourri de végétaux, et n'a jamais mangé de la viande que dans quelques repas qu'il donnait à sa famille. Son usage a toujours été de se coucher avec le soleil, à moins que ses devoirs ne l'en aient empêché. Il est à présent dans sa cent treizième année, entendant bien, se portant bien, et marchant sans canne. Malgré son grand âge, il ne reste pas un seul moment oisif; et tous les dimanches il va à sa paroisse, accompagné de ses enfants, petits-enfants et arrière-petits-enfants. »

L'un des exemples les plus récents de longévité extraordinaire est celui de Joseph Surrington, qui mourut au mois de septembre 1797, dans un petit bourg près de Berghen en Norvège, à l'âge de 160 ans. Il conserva, jusqu'au dernier moment et sans la moindre altération, l'usage de ses sens et de sa raison. La veille de sa mort, il réunit autour de lui sa famille, à laquelle il partagea ce qu'il possédait. Il avait été marié plusieurs fois, et il laissa en mourant une jeune veuve avec plusieurs enfants. Son fils aîné était âgé de 105 ans et le plus jeune de 9.

Tout le monde connaît l'anecdote suivante : Le cardinal d'Armagnac, passant à pied dans une rue de Paris, aperçut un vieillard de quatre-vingt-un ans qui pleurait devant sa maison. Le cardinal lui demanda quel était le sujet de ses larmes? — C'est, répondit-il en lui montrant un autre vieillard, mon père qui m'a battu. — L'éminence alla s'enquérir auprès du père, âgé de cent cinq ans, de ce qu'avait pu faire son fils, et reçut cette réponse : « C'est parce qu'il a manqué de respect à son grand-père. » Ce dernier entrait dans sa cent trentième année. Cela se passait en l'an 1554.

Il y a des exemples qui semblent prouver la possibilité d'un rajeunissement. On a vu des vieillards à l'âge de soixante et soixante-dix ans, époque à laquelle la plupart des autres hommes terminent leur existence, recouvrer de nouvelles dents, de nouveaux cheveux et recommencer une nouvelle carrière qui pouvait encore durer vingt et trente ans. C'est une sorte de reproduction de soi-même qui ne saurait avoir lieu que dans les créatures les plus parfaites, dit M. Hufeland, qui cite un des exemples les plus remarquables en ce genre. C'est celui d'un vieillard habitant de Rechingen, dans le grand bailliage de

Bemberg, et qui mourut en 1791, à l'âge de 120 ans. Cet homme avait depuis longtemps les mâchoires dégarnies, lorsque tout à coup, en 1786, il lui poussa huit nouvelles dents. Ces dents tombèrent au bout de six mois, mais elles furent remplacées par d'autres molaires, en haut et en bas. La nature continua ce travail pendant quatre années sans interruption, et l'accomplit un mois encore avant la mort du sujet. Lorsqu'il s'était servi pendant quelque temps ds ses nouvelles dents, elles tombaient ensemble ou séparément, et étaient remplacées sur-le-champ par d'autres qui paraissaient dans les mêmes alvéoles ou ailleurs. Ces dents poussèrent et tombèrent toutes, sans causer la moindre douleur. Le nombre total s'élevait au moins à cinquante.

Vers la fin du siècle dernier, une femme que l'on appelait Hélène Gray, mourut en Angleterre à l'âge de cent cinq ans. Elle était petite, vive et gaie : il lui poussa de nouvelles dents quelques années avant sa mort.

Dans la partie consacrée à *l'influence des lieux sur la vie humaine*, on trouvera de nombreux cas de longévité relatifs à diverses contrées.

CHAPITRE III.

Statistique de la vie sur le globe.

I.

On croit généralement que nos premiers parents ont eu une vie beaucoup plus longue que la nôtre; cependant des savants, Hensler entre autres, ont cherché à établir que l'année, avant Abraham, se composait de trois mois seulement, qu'elle en comptait huit après ce patriarche, et que ce ne fut qu'après Joseph qu'on lui en donna douze. L'histoire ancienne prendrait un tout autre aspect d'après ce nouveau calcul. Les seize cents années qui ont précédé le déluge se trouveraient réduites à quatre cent quatorze, et les neuf cent soixante-neuf ans de Mathusalem, l'âge le plus avancé dont il soit fait mention dans nos annales, à deux cent quarante-deux, âge qui n'aurait rien de bien extraordinaire, puisque l'on a vu de nos jours quelques hommes en approcher. Cette manière de compter les années expliquerait aussi pourquoi il est dit que les patriarches ne se mariaient qu'à soixante et soixante-dix ans et même à cent ans, cela reviendrait à vingt ou trente ans de nos années, âge auquel on se marie maintenant.

D'ailleurs les croyances religieuses ne sont pas du tout en opposition avec ces interprétations : « Les calculs déduits de l'âge et de la généalogie des premiers hommes qui figurent dans la Genèse, dit M. d'Homalius, vétéran de la géologie belge, ne peuvent être considérés comme rigoureux, d'abord parce que nous n'avons pas de données positives sur la valeur de l'expression que l'on a traduite par le mot *année*, et ensuite parce qu'il paraît que des termes de la série généalogique se sont perdus dans la suite des temps [1]. »

Le savant géologue, avant de prononcer à la Société royale de Belgique le discours duquel nous extrayons le passage ci-dessus, avait eu soin de s'assurer auprès de quelques membres distingués du clergé belge, entre autres du savant directeur de la publication des *Acta sanctorum*, qu'il ne contenait rien d'hétérodoxe.

Toutefois, en mentionnant ici cette théorie sur la valeur des années au premier âge du monde, nous sommes loin de la présenter comme certaine : tous les savants, en effet, s'accordent à reconnaître que le déluge a dû produire une immense perturbation sur la surface de la terre et dans l'état météorologique du globe ; cela suffit pour expliquer des modifications considérables dans la durée de l'existence des plantes et des animaux, et surtout de l'homme.

Pline, auquel on n'a jamais reproché une critique

[1] *Les Mondes scientifiques*, 6 février 1867.

trop sévère, est obligé de traiter de fables les assertions qui portent à 300 ans et au delà le nombre d'années qu'auraient vécu plusieurs rois d'Arcadie. Le naturaliste latin reproche surtout à Xénophon l'exagération qu'il a commise dans son *Périple*, en accordant 900 ans de vie à un roi tyrien et 800 au fils du même prince. Il a remarqué avec beaucoup de justesse que ces mécomptes tiennent en grande partie aux diverses manières de mesurer le temps : certains peuples comptaient l'été pour une année et l'hiver pour une autre; quelques-uns, comme les Arcadiens, bornaient l'année à l'une des quatre saisons; il en est même qui la terminaient à la fin de chaque lunaison.

Au temps de David, le mouvement de la vie était déjà à peu près semblable à celui de l'époque actuelle. « Le nombre de nos années, dit-il, dans ses psaumes, est de soixante-dix à quatre-vingts ans pour les plus robustes; puis, le fil de nos jours est coupé en un clin d'œil, et nous ne sommes plus. »

Et l'Ecclésiaste : « Le nombre des jours de l'homme est de cent ans au plus, et ces cent ans ne sont que comme une goutte d'eau dans la mer ou un grain de sable, tant est peu de chose la vie de l'homme comparée à l'éternité. »

Sénèque nous dit aussi : « Vous voilà vieux; vous avez cent ans et plus, mais ramenez toutes vos idées au calcul, et jugez vous-même combien vous avez vécu. Faites la somme des jours que vous ont enlevé vos créanciers, vos maîtresses, vos clients, les

embarras du ménage, le soin de vos esclaves, les
visites de civilité : ajoutez-y les maladies que peut-
être vous vous êtes attirées, et vous trouverez beaucoup moins d'années que vous n'en comptez. »

II

A mesure que les siècles ont marché, que la vie
est devenue moins simple et que les passions humaines ont pris leur essor, le nombre des années
de l'homme s'est abaissé. Nous allons résumer les
principaux statisticiens et les documents qui nous
paraissent les plus importants et les plus curieux
sous ce rapport[1].

La Genèse présente ce phénomène d'une manière
bien nette, et les auteurs les plus anciens s'accordent
avec elle sur ce sujet

Après Mathusalem, fils d'Énoch, mort à 969 ans,
et qui fut le héros des Macrobites, c'est-à-dire de
ceux qui ont dépassé le terme ordinaire de la vie,
apparaissent Jared, fils de Malaléel, mort à 962 ans;
Noé, fils de Lamech, mort à 950 ans; Adam, père
du genre humain, mort à 930 ans; Seth, fils
d'Adam, mort à 912 ans; Caïnan, fils d'Énos, mort
à 910 ans; Énos, fils de Seth, mort à 905 ans; Malaléel, fils de Caïnan, mort à 895 ans; Lamech, père

---

[1] Une partie des chiffres suivants est empruntée à l'*Art de prolonger
la vie*, 1852.

de Noé, mort à 777 ans; Sem, fils de Noé, mort à 600 ans; Hébert, père de Phaleg, mort à 464 ans; Salé, fils d'Arphaxad, mort à 433 ans; Arphaxad, fils de Sem, mort à 338 ans.

Quoique la plupart de ces chiffres aient été contestés, nous devons remarquer qu'ils réunissent en leur faveur des probabilités bien autrement imposantes que celles sur lesquelles se fondent la longévité de Tirésias, qui, selon les poëtes tragiques, aurait vécu six siècles, privilége qu'il devait sans doute à la pureté de ses mœurs, dit Lucien. Après Térésias, le Macrobite le plus remarquable dont fassent mention les auteurs profanes, est l'Illyrien Dandon, décédé 37 années avant la venue de Jésus-Christ, et qui, si l'on en croit Alexandre Cornélius, cité par Valère-Maxime et par Pline, atteignit sans infirmités l'âge de 500 ans. La Sibylle de Samos, que saint Augustin croyait contemporaine de Numa, second roi de Rome, passait aussi pour avoir eu cinq siècles d'existence. Damasthès affirme qu'un certain Litorius d'Étolie, doué d'une taille et d'une force extraordinaires, n'avait pas vécu moins de trois siècles, lorsqu'il mourut l'an 400 avant notre ère; Éphorus prétend que certains rois ou chefs des Arcades ont vécu aussi 300 ans, et Phlégon veut que la Sibylle Erythdrée ait vécu dix âges, c'est-à-dire mille ans.

Dès que nous abandonnons la haute antiquité, nous ne trouvons plus que de rares exemples de longévité. Après Réhu, fils de Phaleg, et Phaleg, fils d'Hébert, qui vivent chacun 239 ans; après Sarug, fils de Réhu, qui mourut à 230 ans, dix-neuf siècles et demi avant notre ère, nous ne rencontrons dans la Bible que peu d'exemples de vie bi-centenaire. Ainsi le saint homme Job, si cruellement éprouvé du ciel, vécut encore 140 années après sa guérison, comblé de biens et de félicité, et mourut âgé de 217 ans. Abraham et son fils Isaac vécurent moins de deux siècles; Jacob, fils d'Isaac, mourut âgé de 147 ans; et jusqu'à Moïse tous les autres patriarches n'ont pas même atteint 140 années. Moïse s'endormit du sommeil de la paix sur la montagne de Nébo, 1447 ans avant la venue de Jésus-Christ, encore jeune relativement à ses ancêtres, puisqu'il n'avait que 120 ans; et, après lui, la vie humaine semble avoir encore décliné.

III

Les facultés intellectuelles et morales de l'homme peuvent avoir une puissante influence sur la longé-vité, et, sous ce rapport, il n'est pas sans intérêt de jeter un coup d'œil sur les hommes célèbres qui ont poussé leur carrière jusqu'à un âge avancé. Ce travail a été fait à divers points de vue par de nombreux auteurs : nous le modifions suivant le but de cet ouvrage.

Abraham, homme doué d'une âme forte et cou-rageuse, et qui réussissait dans toutes ses entreprises, atteignit l'âge de cent soixante-quinze ans. Isaac, son fils, qui aimait la paix, le repos et la chasteté, en vécut cent quatre-vingts. Jacob, également ami de la paix mais rusé, cent quarante-sept. Ismaël, chasseur et guerrier, cent trente-sept. Sara, la seule femme de ces temps reculés dont l'histoire nous apprenne l'âge, cent vingt-sept. Joseph, homme plein de sagacité, habile politique, malheureux dans sa jeunesse, mais honoré dans sa vieillesse, cent dix. Moïse, homme d'un génie et d'une énergie extraordinaires, qui parlait peu, mais agissait beaucoup, parvint, malgré ses fatigues et ses soucis, à l'âge de cent vingt ans. Josué, homme actif et d'un caractère belliqueux, vécut cent dix ans. Élie, le grand-prêtre, homme flegmatique, chargé d'embonpoint et d'humeur pacifique, en vécut environ quatre-vingt-dix. Élisée, qui méprisait les richesses et les commodités de la vie, et qui ne se montrait pas moins sévère envers lui-même qu'envers les autres, poussa sa carrière à plus de cent ans. Siméon, homme plein de confiance en Dieu, devint nonagénaire.

Chez les Grecs, nous trouvons :

Solon, âme forte, penseur profond et patriote zélé, qui n'était pourtant pas insensible aux douceurs de la vie ; il vécut quatre-vingts ans. Épiménide, de Crète, atteignit, dit-on, l'âge de cent cinquante-sept ans. Sophocle, Pindare et le joyeux Anacréon, quatre-vingts ans. Gorgias, de Léontium, grand orateur, qui avait beaucoup voyagé et passé

sa vie à instruire la jeunesse, mourut à cent huit ans.
Protagoras d'Abdère, également rhéteur et voyageur,
à quatre-vingt-dix; Isocrate, homme sobre et modeste à quatre-vingt-dix-huit. Démocrite, ce grand
scrutateur des secrets de la nature, doué d'ailleurs
d'un fonds inépuisable de gaîté, à cent neuf. Dio-
gène, philosophe d'une remarquable frugalité, à
quatre-vingt-dix. Zénon, fondateur de la secte
stoïcienne, et qui, plus qu'un autre philosophe, se
fit remarquer par une entière abnégation de soi-
même, à cent ans. Platon, l'un des génies les plus
sublimes qui aient existé, ami du repos et de la
contemplation, à quatre-vingt-un ans. Pythagore,
qui recommandait à ses disciples la frugalité, le
calme des passions et les exercices gymnastiques,
parvint également à un âge très-avancé.

Les Romains nous offrent quelques exemples de
longévité qui méritent d'être cités :

Valerius Corvinus, homme très-vaillant, qui sut
se concilier la faveur du peuple, et qui réussit dans
tout ce qu'il entreprit, vécut plus de cent ans. Orbi-
lius, d'abord soldat, puis maître d'école, mais qui
porta dans sa nouvelle profession toute la sévérité
de la discipline militaire, atteignit l'âge de cent ans.
Caton, d'une santé robuste, d'une fermeté inébranlable, qui aimait la vie agreste et détestait les médecins, vécut au delà de quatre-vingt-dix ans. Te-
rentia, femme de Cicéron, vécut, en dépit de ses
malheurs, de ses chagrins et de la goutte, cent trois
ans. La mime Luceia débuta fort jeune, joua pen-

dant un siècle entier, et parut encore sur la scène à l'âge de cent douze ans. Galeria Capiala, actrice et danseuse à la fois, remonta sur le théâtre quatre-vingt-dix ans après son début, pour complimenter Pompée ; on l'y vit reparaître encore une fois au couronnement d'Auguste.

Auguste vécut soixante-seize ans. Il était d'un naturel heureux, d'une humeur gaie, d'un caractère paisible et modéré, mais vif et prompt dans tout ce qu'il entreprenait ; passionné pour les sciences et les arts, faisant peu de cas des plaisirs de la table, se nourrissant de mets fort simples, il ne mangeait que quand il avait faim, et ne buvait jamais plus d'un demi-litre de vin, mais il aimait que ses repas fussent assaisonnés par la gaîté. Ces mots qu'il adressa à ses courtisans quelques instants avant de mourir : *Applaudissez, mes amis, la comédie est finie!* donnent assez à entendre ce qu'il pensait de la vie. Cette disposition d'esprit gaie et insouciante est une des plus favorables pour arriver à une vieillesse avancée. A l'âge de trente ans, Auguste fut atteint d'une maladie nerveuse si grave et si dangereuse que l'on désespéra de ses jours ; cependant c'est à cette même maladie, ainsi qu'à la révolution qu'elle occasionna dans sa manière de vivre, que l'on attribue la prolongation de ses années.

Tibère vécut soixante-dix-huit ans. Il était violent, porté au plaisir des sens, mais modéré en tout ; même au sein de la jouissance, il ne perdait pas de vue sa santé. Il était dans l'usage de dire qu'il regardait comme un fou celui qui, après avoir atteint sa trentième année, consultait encore les médecins sur le régime qui lui convenait, attendu qu'à cet âge chacun doit savoir, par expérience, ce qui lui est bon ou mauvais.

IV.

On trouve une multitude d'exemples surprenants de longévité parmi les ermites et les religieux qui, assujettis à un régime des plus sévères, condamnés à une entière abnégation d'eux-mêmes, dégagés en quelque sorte du joug des passions, et privés du commerce des hommes qui les excite, menaient une vie contemplative, interrompue seulement par des exercices corporels. Saint Jean, l'apôtre, vécut quatre-vingt-treize ans; saint Paul, l'ermite, qui habitait le fond d'une caverne et qui se livra à l'abstinence la plus sévère, vécut quatre-vingt-treize ans; saint Antoine, cent treize ans; saint Athanase et saint Jérôme devinrent plus qu'octogénaires.

De tous les hommes, les ecclésiastiques sont ceux dont l'existence est la plus longue, et cela est facile à comprendre si l'on fait réflexion que les prêtres sont libres de tout souci domestique; habitués à vivre en Dieu et à considérer cette vie comme une épreuve et un acheminement à une vie meilleure, ils se laissent moins séduire par les passions qui troublent et agitent les autres humains, leur esprit est plus calme et leur cœur plus satisfait. Ce sont là précisément les deux causes principales de la longévité humaine.

Les philosophes ont de tout temps atteint un âge avancé; l'exaltation salutaire que donne la recherche et la contemplation de la vérité, cette jouissance la plus pure que l'on puisse goûter, paraît être un des meilleurs moyens propres à prolonger la vie.

La profession de médecin occupe le dernier degré de l'échelle dans la longévité; on le comprend, les praticiens sont moins en état que personne de se conformer aux règles d'hygiène et de prudence, et d'ailleurs il y a peu de professions qui épuisent autant le corps et l'esprit en même temps. Ils passent la plus grande partie de leur existence auprès des malades, dont ils respirent les émanations délétères et parfois contagieuses. C'est dans les dix premières années de la pratique que le danger est le plus grand; le médecin qui les a franchies heureusement est devenu en quelque sorte invulnérable sous le rapport des fatigues et de la contagion des maladies. L'habitude diminue même pour lui le danger des miasmes les plus délétères. Hippocrate, le père de la médecine, ne mourut qu'à l'âge de cent quatre ans; toute sa vie fut employée à étudier la nature, à voyager et à visiter des malades. Il préférait le séjour des petites villes ou des campagnes à celui des grandes cités.

Après les ecclésiastiques, les agriculteurs sont ceux qui vivent le plus longtemps. Ils le doivent à l'air pur et vivifiant qu'ils respirent, à leur sobriété et au calme que fait naître dans leur cœur l'aspect varié et incessant de la nature.

La vie des commerçants et des industriels est moins longue que celle des agriculteurs, et cela s'explique : cette classe de citoyens traverse souvent de rudes épreuves ; aujourd'hui dans l'opulence, demain ils peuvent être dans la misère. Rien au monde n'use davantage les ressorts de la vie que les soucis des affaires, et les médecins ont remarqué que les revers de fortune sont une des causes les plus fréquentes des affections cérébrales en général, et en particulier du ramollissement du cerveau.

La vie des militaires et des commis est encore plus courte que celle des commerçants et des industriels. Les maladies épidémiques, telles que typhus, dyssenteries, etc., etc., font souvent d'épouvantables ravages dans les rangs de l'armée ; ajoutons-y les fatigues de la guerre, les blessures reçues dans les combats, la nostalgie qui attaque un certain nombre de jeunes soldats, et nous serons étonnés que leur vie ne soit pas plus courte. L'ouvrage que vient de publier M. Chenu, médecin principal d'armée en retraite[1], jette un jour éclatant sur cette question.

Quant aux commis, le défaut d'exercice, les

____

[1] Chenu, *de la mortalité dans l'armée et des moyens d'économiser la vie humaine*, 1870.

faibles salaires qu'ils reçoivent et les privations de toutes sortes qu'ils sont obligés de s'imposer, rendent compte de la brièveté de leurs jours.

Enfin les professeurs, certaines classes d'artistes et les avocats, sont de tous les hommes, après les médecins, ceux dont l'existence est la plus courte, et la cause en est dans leur vie sédentaire et dans les travaux de cabinet et d'atelier.

Cependant les poëtes et les artistes, dont la vie entière n'est qu'un beau rêve, et qui vivent dans des conditions hygiéniques, sont remarquables par leur longévité.

Parmi les hommes qui vivent peu, on doit aussi distinguer les mineurs; ensevelis dans les entrailles de la terre, ils respirent sans cesse des exhalaisons empestées. Certaines mines, surtout celles qui contiennent de l'arsenic, ne permettent guère aux ouvriers de dépasser l'âge de trente ans.

V

Combien un homme d'un âge donné peut-il espérer de vivre encore? La solution de cette question peut être obtenue facilement; laissons parler M. Babinet[1] :

« Prenez dans une des tables qui donnent pour chaque âge le nombre des vivants à l'âge de la per-

[1] Babinet, *la Science pour tous*, 1869.

sonne qui consulte l'oracle mathématique. Admettons que le nombre de ses contemporains vivants soit de 500. Cherchez alors dans la table au bout de combien d'années ce nombre de 500 sera réduit à 250. Il est évident qu'il y aura alors la moitié qui survivra et la moitié qui aura cessé de vivre. Il y aura donc autant de chances pour être dans les survivants que dans les morts, ce qu'on exprime en disant que la vie probable est alors du nombre d'années qu'il a fallu s'avancer pour réduire à moitié le nombre des survivants. On trouve ces tables dans l'*Annuaire du bureau des longitudes*, qui est entre les mains de tout le monde. On y trouve, par exemple, qu'en prenant les gens âgés de 75 ans, leur nombre se réduit à moitié au bout de six ans. Leur vie probable est donc qu'ils atteindront 81 ans.

« Observez bien que si le nombre des personnes est très-grand, cette conclusion est tout à fait rigoureuse ; mais pour un nombre très-restreint de contemporains, les exceptions à la loi peuvent être considérables, et en tout cas la longévité sera le partage de ceux qui auront évité les excès et vécu ce qu'on appelle sagement. Ainsi la théorie mathématique s'accorde ici très-bien avec la morale pour conseiller la vertu. »

La vie est plus ou moins exposée aux diverses époques de sa durée, mais c'est surtout pendant les premiers âges que la mortalité est considérable.

En France, dans un état normal, un sixième des enfants meurt dans la première année, un cinquième pendant la seconde, et un quart avant la quatrième. Un tiers a déjà succombé à l'âge de 14 ans; il en reste la moitié à 42, le quart à 69, le cinquième à 72, et le sixième à 75.

Ainsi, sur cent naissances il n'y aurait plus que 80 survivants à l'âge de deux ans, et environ 68 au bout de quatorze.

D'après Demonferrand, il n'y aurait plus sur cent naissances que sept survivants à 80 ans, 2 seulement à 85 et un à 89. Quant aux centenaires, il y en aurait deux pour dix mille habitants, selon Duvillard, et un seul, d'après Demonferrand.

En additionnant ensemble les années qu'ont vécu sur les divers points de notre pays un grand nombre de personnes mortes à tout âge, depuis l'enfant qui n'a respiré qu'un jour, jusqu'au vieillard qui s'est éteint dans la décrépitude, et en répartissant également sur chacune d'elles la somme ainsi obtenue, on arrive approximativement à 39 ans et 8 mois.

La vie moyenne, en général, exprime le nombre d'années que l'enfant qui vient de naître a chance de vivre; mais cette chance n'a pas été établie seulement pour le nouveau-né; on a établi la vie moyenne de chaque âge, et on l'a naturellement trouvée très-différente suivant les âges, en raison de l'inégalité des dangers que nous courons aux diverses époques de notre existence et du nombre des années déjà écoulées.

La vie moyenne, est en France, de 39 ans et 8 mois au moment de la naissance; mais elle augmente d'abord rapidement jusqu'à l'âge de 4 ans, où elle atteint son maximum, qui est de 49 ans et 4 mois, puis ensuite elle va en diminuant sans cesse.

D'après Deparcieux elle est, à 20 ans, de 40 ans et 3 mois; à 30 ans, de 34 ans et 1 mois; à 40, de 27 ans et 6 mois; à 50, de 20 ans et 5 mois; à 60, de 14 ans et 3 mois; enfin, une personne de 70 ans a droit d'espérer de vivre encore 8 ans et 8 mois; une de 80 ans, 4 ans et 8 mois, et enfin une de 90, 1 an et 9 mois seulement.

Ces chiffres montrent qu'à mesure qu'une personne avance en âge, la chance de vivre s'accroît pour elle de 3 ou 4 ans par chaque période de dix années jusqu'à 70 ans, et de 6 ou 7 ans dans les deux dernières périodes.

Les anciens croyaient qu'en dehors de l'enfance, la vie court plus de risques dans certaines années que pendant les autres, et cette idée se rattachait, chez eux, à l'influence qu'ils attribuaient au nombre. Ils appelaient critiques ou climatériques les années combinées par échelles régulières de nombre, celles qui revenaient de 7 en 7; celles surtout qu'indiquait le produit du nombre 7 par un nombre impair étaient à leurs yeux les plus dangereuses. Comme on le pense bien, la statistique n'a pas confirmé ces spéculations.

Les conditions de la vie variant considérablement sur les différents points de la surface de la terre, on doit s'attendre à voir les lois de la mortalité se modifier suivant les pays, et c'est en effet ce qui a lieu.

VI

Le tableau mortuaire suivant, fondé sur les recensements les plus récents, donnera une idée du mouvement de la vie humaine :

Il y a sur la terre 1,288,000,000 d'habitants, qui parlent 3,064 langues et professent 1,000 religions différentes.

Il en meurt annuellement 333,333,333, soit 91,954 par jour, ou 3,730 par heure, 60 par minute, 1 par seconde. Ainsi, à chaque battement de notre cœur, une âme humaine se précipite dans le gouffre toujours béant de l'éternité.

Ces pertes sont comblées par un nombre égal de naissances.

Lucrèce a pu dire avec vérité : « Les vagissements que poussent les enfants au moment de leur entrée dans la vie se mêlent au râle de la mort, et jamais l'aurore ni la nuit n'ont visité ce globe sans entendre les cris plaintifs de l'enfant au berceau, et de tristes sanglots autour d'un cercueil[1]. »

La durée de la vie moyenne pour tout le globe est de 33 ans (en France de 39 ans et 8 mois); un quart meurt avant d'avoir atteint la septième

---

[1] *Lucrèce*, liv. II.

année, et la moitié avant d'être arrivé à la dix-septième. Ceux qui dépassent ce dernier terme jouissent d'un privilége refusé à la moitié du genre humain.

Sur dix mille personnes, on ne compte qu'un centenaire; sur cinq cents, qu'un octogénaire, et, sur cent, une seule personne atteint l'âge de soixante-cinq ans.

On a remarqué que les gens mariés vivent plus longtemps que les célibataires, et qu'une stature haute promet une plus longue vie qu'une petite.

Les femmes, dont le nombre est à peu près égal à celui des hommes, ont une plus grande probabilité que ces derniers de vivre jusqu'à l'âge de 50 ans; mais, passé cet âge, elles ne conservent plus aucun avantage sur le sexe masculin.

Le nombre des mariages est de 65 pour 1,000.

Les unions matrimoniales se font le plus souvent pendant les mois de juin et de décembre.

Les enfants, en général, nés au printemps sont plus robustes que ceux qui naissent dans les autres saisons.

Les naissances comme les décès ont lieu particulièrement pendant la nuit.

Le nombre des hommes aptes à porter les armes n'est que d'un huitième de la population.

Il était curieux de rechercher quelle est la moyenne de la vie inhérente à chaque profession. Camper s'est préoccupé de cette question : le tableau suivant, dressé par ses soins, donne, d'après les professions, le nombre de personnes sur 100 ayant atteint la 70ᵉ année :

Ecclésiastiques 42
Agriculteurs 40
Commerçants et manufacturiers 33
Militaires 32
Commis 32
Avocats 29
Artistes 28
Professeurs 27
Médecins 24

IIIe PARTIE

DES MOYENS

DE

PROLONGER SES JOURS

DES MOYENS

DE

PROLONGER SES JOURS

CHAPITRE I.

Peut-on prolonger sa vie? — De l'astrologie et de la transfusion du sang.

1

L'individu peut-il prolonger sa vie? — Nous avons déjà répondu à cette question et tout le monde peut d'ailleurs y répondre sans étude préalable.

Chaque être vivant a une durée de vie absolue qu'il ne peut pas dépasser, lors même que tout serait favorable à sa longévité. Ce terme est le résultat de la disposition de ses organes et des forces vitales qu'ils sont susceptibles de contenir. Les organes finissent nécessairement par s'user un peu plus tôt ou un peu plus tard, et par perdre la faculté de conserver le principe de la vie.

Mais on peut dire qu'aucun individu n'atteint le terme absolu, il est donc possible de prolonger son existence par des soins intelligents.

« ... On se pourrait exempter d'une infinité de
maladies tant du corps que de l'esprit, et même
aussi peut-être de l'affaiblissement de la vieillesse,
si on avait assez de connaissance de leurs causes et
de tous les remèdes dont la nature nous a pour-
vus [1] . »

On dit que le docteur Portal était né phthisique
et qu'en suivant les indications de la science, il a
pu conserver sa vie au delà de 80 ans; combien de
faits ne pourrait-on pas citer, qui montrent que de
petites santés bien conduites sont parvenues à une
heureuse vieillesse?...

Nous lisons dans un récent ouvrage [2] : « Voulant joindre l'exemple au précepte, Descartes rappelle qu'étant né d'une mère qui mourut peu de
jours après sa naissance d'un mal de poumon causé,
dit-il, par quelque déplaisir, il avait hérité d'elle une
toux sèche et une couleur pâle qu'il a gardées jusqu'à
plus de vingt ans et qui faisaient que tous les médecins l'avaient condamné à mourir jeune ; et il estime
que le soin qu'il a pris de rechercher toujours le
bon côté des choses et de ne faire dépendre son con-
tentement que de lui-même, est réellement cause de
l'affermissement de sa santé. »

Nous ne pouvons oublier ici l'Italien Cornaro, qui
nous donne en ce genre un des exemples les plus
étonnants que l'on puisse citer. A l'âge de quarante

----

[1] *Disc. de la Méth.*, VIᵉ partie.
[2] Bertrand de Saint-Germain , *Descartes considéré comme physiologiste
et comme médecin*, 1869.

ans, mourant de douleur, de fièvres et de toutes sortes de maux que ses excès lui avaient attirés, il était comme abandonné des médecins. Ils lui déclarèrent qu'il n'avait plus guère que deux mois à vivre. Il prit alors une résolution d'une énergie sans égale ; il étudia sa nature, le régime qui lui convenait, et trouva dans la tempérance, dans un régime simple, dans une vie réglée, la source d'une existence heureuse qu'il prolongea jusqu'à l'âge de cent ans. « J'ai toujours été sain, dit-il, depuis que j'ai été sobre. » Il ne prenait qu'une faible quantité de nourriture d'abord en deux fois, ensuite en quatre. Écoutons-le : « Et toi, mère de tous les humains, Nature qui aimes si fort la conservation de notre être, que tu donnes au vieillard la facilité de vivre avec peu de nourriture, et lui fais comprendre que si, dans la vigueur de son âge, il faisait par jour deux repas, il doit les partager en quatre, afin que son estomac ait moins de peine à digérer, je ne puis trop admirer ta sagesse et ta prévoyance. Je suis tes conseils et m'en trouve bien. »

Lorsqu'il eut atteint l'âge de quatre-vingts ans, ses amis le pressèrent d'augmenter sa nourriture, son âge demandant plus de soin. Quoiqu'il comprît très-bien que les forces étant diminuées en général, celles de la digestion devaient l'être aussi, et que par conséquent il fallait plutôt diminuer qu'augmenter la nourriture d'un vieillard, il céda à leurs instances, il augmenta ses aliments solides d'une once et sa boisson de deux. « A peine, dit-il, eus-je continué cette diète pendant dix jours, que ma gaieté ordinaire se perdit, je devins pusillanime, chagrin, et à charge aux autres et à moi-même. Le douzième jour, j'eus une douleur dans le côté, qui dura vingt-quatre heures, et ensuite je fus saisi d'une fièvre, qui continua trente-cinq jours, avec une telle force, qu'on craignit pour ma vie. Mais par la grâce de Dieu et ma diète précédente, je fus rétabli, et je jouis à présent, dans ma quatre-vingt-troisième année, de la meilleure santé du corps et de l'âme. Je monte à cheval, je grimpe des hauteurs escarpées, et il n'y a pas longtemps que j'ai écrit une comédie remplie de plaisanteries et d'une gaieté innocente. De retour de mes affaires particulières ou du sénat, je trouve chez moi onze petits-fils, dont l'éducation, les amusements et les chants sont le plaisir de ma vieillesse. Souvent je chante avec eux, car ma voix est à présent plus claire et plus forte qu'elle ne l'a été dans ma jeunesse, et je ne connais rien des incommodités, des caprices insupportables et de la morosité qui sont si souvent le partage des vieillards. »

Il joignait l'hygiène morale à l'hygiène physique : « Je me suis encore fort bien trouvé, ajoute-t-il, de ne me point livrer au chagrin, en chassant de mon esprit tout ce qui pouvait m'en causer... Si quelquefois je n'ai été ni assez philosophe, ni assez prévoyant pour ne me pas trouver dans quelques-unes des situations que je voulais éviter, le régime de l'alimentation, qui est celui dont l'influence est la plus directe, m'a garanti des suites fâcheuses de ces petites irrégularités. »

II

Bien que notre intention ne soit pas de faire ici l'histoire des moyens que l'on a employés pour prolonger les jours de l'homme, nous donnerons cependant quelques détails sur deux procédés qui ont spécialement frappé les observateurs; l'un à cause de la fascination étrange, incroyable qu'il a exercée sur l'esprit des nations pendant nombre et nombre de siècles : l'*Astrologie*; l'autre à cause des espérances qu'il avait d'abord fait naître et qui, un jour peut-être, donnera des résultats féconds : la *transfusion du sang*.

On est surpris de voir les erreurs et les préjugés qu'ont partagé même les esprits les plus vigoureux, les intelligences d'élite qui ont commencé à défricher le terrain intellectuel : éloquent enseignement qui doit tenir les savants, aussi bien que ceux qui ne le sont pas, dans une prudente réserve. Toute l'aristocratie de l'intelligence : médecins, jurisconsultes, philosophes, savants, érudits de toutes sortes étaient persuadés que les astres réglaient par leur influence la vie et la destinée des hommes ; que chaque planète, chaque constellation, donnait la santé ou la maladie, rendait heureux ou malheureux, dirigeait vers le bien ou le mal l'être venu au monde sous elle ; et que, par conséquent, un astrologue n'avait besoin de connaître que l'heure et la minute de la naissance d'une personne, pour déterminer son tempérament, ses maladies, les facultés de son esprit, sa destinée et même le jour de sa mort.

Les médecins étant obligés de tirer l'horoscope, on faisait dans les facultés des cours d'astrologie. Voici en quelques mots l'exposé de cette doctrine :

Sept astres principaux et les douze constellations du zodiaque influent particulièrement sur la destinée humaine et sur les événements. Les sept astres illustres sont : le Soleil, la Lune, Vénus, Jupiter, Mars, Mercure et Saturne.

Le Soleil préside à la tête, la Lune au bras droit, Vénus au bras gauche, Jupiter à l'estomac, Mars aux parties sexuelles, Mercure au pied droit et Saturne au pied gauche.

Dans les constellations, le Bélier gouverne la tête; le Taureau, le cou; les Gémeaux, les bras et les épaules; l'Écrevisse, la poitrine et le cœur; le Lion, l'estomac; la Vierge, l'abdomen; la Balance, les reins et les parties postérieures; le Scorpion, les parties sexuelles; le Sagittaire, les cuisses; le Capricorne, les genoux; le Verseau, les jambes; les Poissons, les pieds.

On tire l'horoscope en étudiant les combinaisons de ces influences, en examinant avec soin les rencontres des planètes avec les constellations. Par exemple, si Mars se rencontre avec le Bélier au moment de la naissance, on a un pronostic qui annonce du courage, de la fierté et une longue vie.

Mars, suivant les astrologues, augmente l'influence des constellations avec lesquelles il se trouve, et ajoute la valeur et la force. Saturne, symbole des mauvaises influences, gâte les bonnes. Vénus augmente les bonnes et diminue les mauvaises. Mercure augmente ou diminue les influences, suivant qu'il se rencontre avec un signe du zodiaque présageant bonheur ou malheur. Les astrologues tiraient aussi des pronostics des aurores boréales, des comètes, etc.

Pour que l'horoscope ne trompât point, il était nécessaire d'en commencer les opérations précisément à la minute où l'enfant naissait, ou au moment précis d'une affaire dont on désirait connaître les suites.

Non-seulement les individus, mais les États, les villes, chaque lieu, étaient placés sous l'influence des constellations. Dans le cours du XVIᵉ siècle, des astrologues d'Allemagne déclarèrent Francfort sous l'influence du Bélier, Vurtzbourg sous celle du Taureau, Nuremberg sous celle des Gémeaux, Magdebourg sous celle de l'Écrevisse, Ulm sous le Lion, Heidelberg sous la Vierge, Vienne sous la Balance, Munich sous le Scorpion, Stuttgard sous le Sagittaire, Augsbourg sous le Capricorne, Ingolstadt sous le Verseau, et Ratisbonne sous les Poissons.

De même que chaque homme, comme nous l'avons déjà fait remarquer, est soumis à l'influence d'une certaine constellation, tout autre corps du règne animal ou végétal, et même des habitations, des pays entiers avaient leurs constellations séparées auxquelles ils étaient soumis.

C'est surtout entre les planètes et les métaux qu'il y avait un rapport parfait.

Ainsi, dès qu'un homme savait de quelles constellations son malheur et ses maladies provenaient, il n'avait besoin que de se servir des aliments, des boissons et des demeures placées sous l'influence des planètes opposées.

Y avait-il un jour qui, étant soumis à une constellation dangereuse, menaçait de maladie et d'un accident quelconque? aussitôt on se rendait dans un lieu placé sous un astre bienfaisant, ou bien on prenait des aliments et des médecines qui, soumis à une constellation bienfaisante, détruisaient l'influence de la première.

C'est la même raison qui faisait espérer de pouvoir conserver sa vie par le moyen des amulettes et des talismans. Les métaux étant dans un rapport parfait avec les planètes, il suffisait de porter sur soi un talisman composé de métaux fondus ensemble, jetés au moule et gravés sous certaines constellations, et en rapport avec elles, pour s'approprier toute la vertu et la protection de sa planète.

Ainsi, on avait des talismans contre les maladies qui provenaient de l'influence non-seulement d'une planète, mais aussi de celle des autres astres; on en avait même auxquels, par l'alliage de certains métaux et par les procédés particuliers dont on se servait en les fondant, on communiquait la vertu miraculeuse de détruire l'influence de la constellation maligne qui avait présidé à la naissance, de faire parvenir à des postes éminents et de réussir en affaire, en mariage, etc. S'il y avait dessus l'empreinte de Mars dans le signe du Scorpion et s'ils avaient été fondus sous cette constellation, ils rendaient victorieux et invulnérable à la guerre.

Les soldats allemands, rapporte M. Huféland[1], étaient tellement pénétrés de cette idée, qu'un auteur français, parlant de leur défaite en France, dit qu'on avait trouvé des amulettes au cou de tous les morts et prisonniers. Toutefois, l'image des divinités des planètes ne devait point avoir de forme antique; il fallait qu'elle eût une forme mystique et extraordinaire. Il existe un de ces talismans contre les maladies qui provenaient de l'influence de la planète de Jupiter, avec la figure de Jupiter. Ce dieu y ressemble parfaitement à un Wittembergeois ou à un professeur de Bâle. Le menton couvert d'une longue barbe, revêtu d'une redingote large et fourrée, il tient dans la main gauche un livre ouvert, et fait des gestes de la main droite.

Les historiens français observent que l'astrologie judiciaire était tellement en vogue sous la reine Catherine de Médicis, qu'on n'osait rien entreprendre d'important sans avoir auparavant consulté les astres; et, sous les règnes de Henri III et de Henri IV

----

[1] Huféland, *Macrobiotique.*

surtout, les astrologues étaient regardés comme les interprètes des volontés du ciel.

III

Pour opérer la *transfusion du sang*, on ouvrait deux veines et on introduisait dans l'une d'elles, par le moyen d'un petit tube, le sang de l'artère d'un animal vivant, tandis que par l'autre veine on faisait sortir le sang ancien.

« Le 3 mars 1667, pour la première fois en France, lit-on sous ce titre : *Éphéméride physiologique* [1], Denis et Emmerez expérimentent sur des animaux la *transfusion du sang*. Ils choisissent une chienne épagneule en état de gestation et un chien à poil court. Sur la chienne, ils mettent à nu l'artère crurale et sur le chien, la veine jugulaire. Les deux vaisseaux sont mis en communication au moyen de deux tuyaux, de sorte que le sang artériel de la chienne passe, dans une certaine proportion, dans le système veineux du chien. Aucun accident n'arriva à ces animaux. On assure que le chien était devenu plus vigoureux, qu'il fit de grands efforts pour se débarrasser de sa muselière. »

En lisant certains passages de Lucain [2], on est presque porté à croire que les anciens ont connu la

[1] *L'Union médicale* et *Cosmos* du 16 avril 1870.
[2] Lucain, *Pharsale*, liv. VI.

transfusion : Sextus, fils du grand Pompée, veut connaître l'avenir; il consulte Erichtho l'enchanteresse, elle choisit sur le champ de bataille un cadavre dont le poumon est intact «...Alors, faisant au cadavre de nouvelles blessures, elle versa dans ses veines un sang nouveau plein de chaleur. »

— A peine a-t-elle achevé ses invocations, «...Une chaleur soudaine pénètre le sang du cadavre, et ce sang commence à couler dans toutes les veines du corps. Dans son sein glacé jusqu'alors, les fibres tremblantes palpitent, et la vie est rendue à ce corps qui en avait oublié l'usage... »

En Angleterre principalement on fit quelques essais de transfusion qui réussirent : on procura à de vieux animaux, sourds et paralysés, à des brebis, à des veaux, à des chevaux, l'ouïe, l'agilité et la gaîté, du moins pour un peu de temps, en remplissant leurs veines du sang d'un jeune animal. On alla plus loin, on entreprit même de donner du courage à des animaux peureux, en leur infusant le sang d'un animal féroce. Ayant obtenu quelques bons résultats, on n'hésita plus à employer ces moyens pour rétablir la santé des hommes.

A Paris, deux médecins, MM. Denis et Riva, furent assez heureux pour rétablir complétement un jeune homme attaqué d'une léthargie réputée incurable, et pendant laquelle on l'avait saigné vingt fois. Ils firent couler dans ses veines du sang d'agneau.

Comme l'on n'osait entreprendre ces essais de

transfusion que sur des sujets dont l'état était désespéré, il arriva que quelques-uns en moururent.

Quoique le sang étranger introduit dans nos vaisseaux doive nécessairement en peu de temps prendre le caractère du nôtre, et qu'il ne puisse par conséquent donner beaucoup pour le rajeunissement, il pourrait, dans certaines maladies, surtout dans les maladies de l'âme, dans celles qui ont principalement pour cause des perturbations du système nerveux, produire une grande révolution et les plus heureux effets, par l'impression subite d'un nouveau sang sur les organes les plus importants de la vie.

Récemment, des praticiens distingués sont revenus à ce moyen de guérison ; ils ont essayé de simplifier les procédés d'application et sont arrivés à des essais encourageants.

La *Société de chirurgie*, dans sa séance du 5 août 1863, s'est longuement occupée de cette question à propos d'un mémoire de M. Oré de Bordeaux. Du compte rendu de cette séance, publié par la *Gazette des Hôpitaux*, il résulte que beaucoup de malades périssent d'hémorrhagie par la transfusion, soit immédiatement, soit peu après, à la suite de l'épuisement excessif causé par la perte de sang. Cependant cette opération, pratiquée bon nombre de fois avec succès, dans des circonstances diverses, prendrait certainement rang dans la chirurgie classique, si elle pouvait s'opérer par un moyen facile, tout en évitant à coup sûr l'introduction de l'air dans les veines et la coagulation si prompte du liquide qui préside à la vie.

D'après l'invitation de nos grands maîtres, M. Moncoq de Caen, auteur d'un nouvel appareil pour la transfusion, a fait quelques essais qui ont paru satisfaisants. Des expériences variées et favorablement jugées furent d'abord pratiquées à Paris, sur le chien, le veau, le mouton, le bœuf, et à Alfort, sur le cheval et le chien.

M. Longet, professeur de la Faculté, traitant de la physiologie du sang en juin 1863, aborda la question de la transfusion. Il découvrit toutes les phases de cette opération si digne d'intérêt, il en éclaira successivement tous les points et en fit ressortir toute l'importance pratique. Il institua quelques expériences sur des chiens, qu'il fit avec facilité, par le moyen de l'appareil de M. Moncoq, et formula les conclusions suivantes : 1° La vie n'est pas anéantie immédiatement, même par les hémorrhagies les plus intenses; 2° on peut rappeler cette vie près de s'éteindre, en rendant du sang en nature.

De son côté, M. de Belina, dans sa communication à l'Académie des sciences du 4 octobre 1869, fait remarquer que les causes principales de l'insuccès de la transfusion du sang et, par suite, du discrédit où est tombé ce système en France, sont : l'emploi du sang non défibriné, le défaut de mesure de la quantité de sang à employer, et enfin l'imperfection des instruments et des procédés opératoires.

« L'emploi du sang non défibriné, dit-il[1], amène inévitablement la coagulation dans les tubes de l'appareil ; alors, ou bien la transformation devient impossible, ou bien on peut introduire des caillots dans la veine, et l'opération devient dangereuse et même fatale. Si les caillots sont trop grands, obstruction de l'artère pulmonaire et mort immédiate ; si la mort n'est pas immédiate, elle peut provenir d'une embolie produite par le dépôt des caillots, dans un endroit quelconque de la circulation.

« La fibrine n'est pas une partie essentielle du sang et peut en être retranchée sans inconvénient ; bien plus, l'opération que l'on fait subir au sang pour le défibriner a l'avantage de le saturer d'oxygène et de le débarrasser de l'acide carbonique.

« Quant à la quantité, on a souvent employé ou trop de sang, ou trop à la fois ; de là afflux au cœur, paralysie consécutive, ou tout au moins congestions dangereuses dans différentes régions de l'organisme. »

M. de Belina ajoute que jusqu'à présent on a construit au moins vingt appareils différents, sans qu'aucun satisfasse à toutes les conditions requises. Il en propose un dont le dessin et la description se trouvent dans les Comptes rendus de l'Académie des sciences du 4 octobre 1869, qui nous paraît des plus ingénieux, et réunir toutes les conditions voulues.

[1] *Comptes rendus de l'Académie des sciences.*

CHAPITRE II.

Coup d'œil général sur les moyens de prolonger sa vie.

I

L'instinct de la conservation et de la prolongation de la vie est inséparable de notre existence, et de tous temps le problème qui nous occupe a présenté à l'esprit de l'homme un attrait invincible. Pour le résoudre, on a épuisé toutes les ressources de la science et de la superstition : on a interrogé les étoiles et évoqué les morts, on a eu recours aux mystérieux arcanes de l'alchimie et on s'est livré à toutes les excentricités du charlatanisme. On a été obligé de reconnaître que la nature ne découvre pas ses lois à une intelligence impatiente et tourmentée, mais seulement à une étude lente et observatrice.

La nature est un grand livre où l'homme peut lire les conseils les plus salutaires ; interrogeons-la sur cet important sujet ; plusieurs auteurs des plus autorisés : Morel, Huféland, entre autres, y ont cherché des analogies qui peuvent éclairer la question qui nous occupe. Résumons rapidement ce que l'on en a dit, en le modifiant selon notre manière de voir.

Les plantes sont pour nous non-seulement de gra_

cieux symboles, elles nous offrent aussi de précieux enseignements, car les lois qui régissent leur vie sont analogues à celles qui régissent la nôtre. Que de lumières ne pourrions-nous donc pas puiser chez elles !

Ainsi : chez les végétaux comme chez les animaux, comme chez l'homme, il ne faut pour atteindre une longue vie ni trop de rigidité dans les organes, ni trop de viscosité dans les humeurs ; les organes doivent être forts et souples, les humeurs limpides et riches en éléments.

Trop de rigidité et de solidité dans les organes, trop de viscosité dans les humeurs rend de meilleure heure les uns imperméables, les autres immobiles, produit des engorgements et amène plus promptement la vieillesse et la mort.

Les organisations humaines destinées à vivre longtemps ont en général quelque chose de l'homme et de la femme : elles sont sensibles et fortes, délicates et énergiques.

Le végétal qui atteint promptement son entier accroissement meurt promptement ; il en est de même de l'homme. On a reconnu que l'homme et les animaux pouvaient, en général, vivre cinq fois le temps qu'ils mettent à croître.

La loi la plus constante pour la durée de la vie dans le règne végétal, c'est que plus une plante fleurit vite, moins elle dure, et réciproquement ; celles qui fleurissent la première année meurent aussi la première année, et celles qui donnent des fleurs au bout de deux ans meurent dans le cours de la seconde année.

Les arbres et les végétaux ligneux qui ne commencent à produire que vers la sixième, la neuvième et la douzième année, sont les seuls qui vieillissent; et même, parmi eux, les espèces qui commencent le plus tard à se reproduire sont les seules qui atteignent l'âge le plus avancé.

En général, les plantes qui sont les plus précoces dans la reproduction sont aussi celles dont le terme de la vie est le plus prochain.

Il en est de même pour l'homme : plus sa formation complète est prompte, et plus aussi son existence est courte, toutes choses égales d'ailleurs. C'est une règle que l'on peut regarder comme absolue.

Chez la plante comme chez nous, la longévité dépend du plus ou moins de rapidité de la consommation, et du plus ou moins de perfection avec laquelle se fait la réparation des pertes.

Quand la vie d'une plante a trop d'intensité, quand la consommation se fait chez elle avec trop de force et de rapidité, elle vit moins longtemps que lorsque tous ces mouvements sont modérés.

Si, par exemple, on remue la terre tous les ans au pied d'un arbre, on le fait végéter avec plus de vigueur et donner des fruits avec plus d'abondance, mais en même temps on abrége la durée de son existence. Si au contraire on ne fait cette opération que tous les cinq ou tous les dix ans, l'arbre vivra avec moins de force, mais plus longtemps.

Il en est de même pour l'homme : plus il vit vite, passé un degré moyen, moins il prolongera ses jours.

On a également remarqué qu'en remuant la terre au pied des vieux arbres auxquels personne n'a touché depuis longtemps, on leur fait pousser un feuillage plus abondant ; on les rajeunit en quelque sorte.

Les hommes qui ont passé la première partie de leur vie dans un état de labeur et de privation peuvent de même jouir, pour ainsi dire, d'une seconde jeunesse dans un âge plus avancé, s'ils sont entourés des commodités de la vie.

II

En général, l'art et la culture abrègent la vie des végétaux.

On ne peut cependant dire cela de tous les genres de culture ; car il y a, par exemple, des plantes qui ne vivraient qu'un an ou deux dans la campagne, et que l'on fait durer bien plus longtemps à force de soins.

Cela prouve que, même pour les végétaux, il y a des moyens qui peuvent reculer le terme ordinaire de la vie.

Il y a donc une culture pour la plante, comme un régime pour l'homme, qui prolonge la vie, et un autre qui l'abrége. Il est facile de comprendre que plus la culture augmente l'intensité de la vie et la consommation intérieure, plus elle use les organes, plus elle les rend délicats et plus elle nuit à la durée de leur existence.

C'est ce que nous voyons d'une manière bien sensible dans nos serres, où la chaleur, les engrais et les soins de chaque instant entretiennent une activité intérieure continuelle, qui fait que les plantes produisent de meilleure heure et plus souvent des fruits d'une qualité supérieure à celle que leur nature comporte.

La culture propre à prolonger la durée des plantes est celle qui n'augmente pas outre mesure l'intensité de leur vie, qui retarde la consommation intérieure, qui diminue assez la viscosité des humeurs et la rigidité des organes pour leur conserver plus longtemps la perméabilité et le mouvement ; en un mot, celle qui arrête les influences destructives et qui fournit des moyens plus puissants de régénération.

Tous ces principes s'appliquent parfaitement à la longévité humaine ; l'homme qui suit habituellement un régime stimulant se développe trop promptement, et arrive plus promptement à la fin de sa carrière.

L'homme, au contraire, toutes choses égales d'ailleurs, qui suit un régime parfaitement approprié à sa nature se développe plus lentement, mais plus complétement ; il conserve toutes ses facultés dans un âge plus avancé, et peut parcourir une carrière plus étendue.

Enfin, les principes qui résultent des faits observés sur la plante, et qui peuvent parfaitement s'appliquer à l'homme et à tout être organisé, se résument ainsi :

Un être organisé ne peut atteindre un âge avancé qu'à la faveur des conditions suivantes :

1° Il faut qu'il se développe lentement;

2° Qu'il se propage lentement et tard;

3° Que ses organes n'aient qu'un certain degré de solidité; qu'ils soient souples et forts;

4° Que ses humeurs ne soient pas trop aqueuses, qu'elles soient limpides et riches en éléments;

5° Qu'il ait une taille, suivant son espèce, plutôt grande que petite, qu'il soit bien proportionné;

6° Qu'il vive dans un milieu approprié à sa constitution et qu'il ait une nourriture abondante et variée, sans être trop stimulante;

7° Il faut de plus à l'homme la paix, et une force morale qui lui permette de conserver la tranquillité dans les circonstances les plus pénibles de la vie.

III

Cette dernière condition, à laquelle on fait souvent le moins attention, est cependant une de celles qui influent le plus sur les longues vies. Une heureuse disposition morale, dit M. Hufeland dans sa *Macrobiotique*, de la gaieté, des passions calmes, des idées neuves, grandes et d'un haut intérêt, la création, l'exposition aux autres de ces mêmes idées; ces jouissances plus relevées, qui appartiennent exclusivement à l'homme, sont aussi un moyen de prolonger sa vie. Rien de plus favorable à la longévité que d'avoir toujours la conscience tranquille, le cœur gai et l'esprit satisfait. Cette disposition morale entretient la force vitale dans une activité convenable, et la met en équilibre dans toutes les parties de l'organisation; elle facilite la digestion et la circulation et entretient mieux que toute autre chose la perspiration cutanée. Cependant la vie intellectuelle elle-même a ses dangers. L'animal connaît-il les tourments d'un espoir trompé, d'une ambition déjouée, d'un amour dédaigné? Connaît-il le chagrin, le repentir, le désespoir? Et combien ces poisons moraux ne contribuent-ils pas à épuiser et à ronger la vie de l'homme! Heureux donc, même au physique, ceux que le ciel a gratifiés d'une âme toujours satisfaite, ou qui sont parvenus à se procurer cet avantage par la culture de leur esprit et par l'éducation de leurs facultés morales! Ils ont au dedans d'eux-mêmes le plus précieux de tous les baumes de la vie.

Horace connaissait bien cette heureuse insouciance, ou plutôt cette paix intérieure qui est le fruit et le couronnement d'une haute philosophie, et qui est nécessaire aussi bien au bonheur de la vie qu'à sa durée. Il l'a si bien chantée :

« Toi, ne tente pas de découvrir, ô Leuconoé! ce

qu'il est interdit de prévoir et coupable de sonder;
quel terme a fixé le ciel à tes jours ou aux miens!
Ne le demande pas aux combinaisons du hasard
des dés babyloniens; à tout ce qui doit en être, ré-
signe-toi! Soit que le ciel nous destine de nombreuses
saisons, soit que cet hiver tempétueux qui épuise
en ce moment contre ses écueils la fureur des flots
de la mer tyrrhénienne doive être pour nous le dernier de nos hivers, sois en paix ; clarifie tes vins, et
au court espace de temps qui nous est mesuré, mesure tes courtes espérances. Pendant que nous parlons, le temps jaloux a déjà fui. Cueille le jour présent pour en jouir, et ne te fie que le moins possible
au jour qui doit lui succéder. »

Milton met dans la bouche d'Adam, après une
vision de ce qui devait arriver à sa postérité : « Que
nul homme désormais ne cherche à connaître ce
que l'avenir réserve à lui et à ses enfants; il ac-
querra la certitude d'un mal que sa prévoyance ne
pourra éviter, et le mal futur ainsi appréhendé ne
sera pas moins douloureux à supporter qu'en réalité[1]. »

Prévoir les maux de loin, c'est les souffrir deux fois;
les anciens étaient bien persuadés de cela, et les
sages avaient garde de trop sonder l'avenir : « Pourquoi donc, ô roi de l'Olympe, dit Lucain, avoir
ajouté au malheur des hommes cette prévoyance
qui leur découvre dans de cruels présages les cala-

-----

[1] *Paradis perdu*, ch. XI.

mités futures ? Soit que dans le développement du chaos ta main féconde ait lié les causes par des nœuds indissolubles, que tu te sois imposé à toi-même une première loi, et que tout soit soumis à cet ordre immuable; soit qu'il n'y ait rien de prescrit et qu'un aveugle hasard opère seul dans la nature ce flux et ce reflux d'événements qui changent la face du monde : fais que nos maux arrivent soudains; que l'avenir soit inconnu à l'homme; qu'il puisse du moins espérer en tremblant[1]. »

Citons encore Horace, ces idées lui étaient favorites; il leur a imprimé des teintes de poésie et de douceur que l'on ne saurait égaler; il fait passer les sympathies de son âme convaincue dans celle de son lecteur : « Tu vois, dit-il, le mont Soracte commence à blanchir sous la haute neige; les bras des arbres dépouillés de feuilles fléchissent sous le poids du givre et des frimas, et les fleuves, saisis par l'âpre gelée, ont suspendu leur cours. Cher ami, désarme l'hiver en prodiguant le bois à ton foyer, et que ton amphore sabine te verse plus libéralement un vin de quatre ans! Abandonne aux dieux tout le reste. Quand il leur plaira d'enchaîner les vents qui se combattent sur la mer écumante, les cyprès et les ormes séculaires cesseront de plier sous leurs coups. Du lendemain garde-toi de prendre trop de souci, et jouis à la hâte du jour que le destin te prête..... Pour moi, ajoute-t-il après avoir parlé de toute l'o-

[1] *La Pharsale*, liv. II.

pulence qu'il ne désire pas, les olives de mon verger, la chicorée, les mauves légères suffisent à mes repas ; mes vœux se bornent à jouir du peu que je possède, à me bien porter, à conserver mon âme tout entière, à ne pas traîner une misérable vieillesse et à jouer encore jusqu'à la mort avec la lyre. »

IV

Une vie sage et régulière, la paix intérieure, cette heureuse insouciance dont nous venons de parler, contribuent assurément pour beaucoup à la prolongation de l'existence ; mais pour être juste il faut dire que l'aisance n'exerce pas une moins grande influence sur la longévité : « Lorsqu'on parvient, dit M. Marc d'Espine, à séparer les familles aisées d'une population pour considérer isolément la marche de leur mortalité et la comparer ensuite à celle de la population entière, on trouve que le chiffre de la vie probable s'élève d'au moins *dix ans*, celui de la vie moyenne d'autant ; tandis que la mortalité annuelle, ou le chiffre mortuaire, peut s'abaisser d'environ 1 pour 100 habitants. »

La misère, ajoute M. Michel Lévy, détermine des effets inverses, en proportion même de son intensité. Elle est donc destructive de la vie humaine, comme l'aisance est préservatrice ; et rien n'est mieux démontré que ces deux actions opposées.

« Les premiers auteurs qui ont étudié les conditions de la vie des peuples n'ont pu méconnaître le lien étroit qui existe entre la population et les subsistances. Ce lien, déjà indiqué par Montesquieu, fut signalé surtout par les économistes de la fin du XVIIIe siècle. On ne possédait pas alors de documents statistiques suffisants pour établir ce que l'on appelle aujourd'hui l'*équation des subsistances;* mais, à défaut de preuves rigoureuses, on connaissait du moins ce fait général, que la population tend à se mettre en équilibre avec les ressources alimentaires[1]. »

M. Jules Béclard, dans un remarquable discours dit : « La prospérité d'un pays ne se mesure pas au nombre des naissances, comme quelques-uns l'ont dit. Plus la pauvreté est grande, plus les naissances sont nombreuses; plus aussi la mort moissonne de victimes, et plus la durée moyenne de la vie est courte. Des populations égales en nombre sont loin d'avoir la même valeur sociale : ce sont les individus dans la vigueur de l'âge qui font la force d'une nation. Naître pour mourir est un signe de misère; vivre longtemps est la marque de l'aisance et de la prospérité[2]. »

Il fait remarquer avec beaucoup de raison que le nombre des habitants d'un pays ne dépend point des causes dont l'influence est passagère, mais de

[1] M. Broca, *Réponse à un passage de la pétition sur la liberté d'enseignement.*
[2] Béclard, *Éloge de M. Villermé.*

celles qui exercent une action durable : il est dans
un rapport étroit avec les moyens d'existence dont
la population dispose.

La population, dit M. Villermé, est réglée et bornée
par eux : elle croît et décroît avec eux. Au siècle
dernier, Messance, en compulsant les registres des
paroisses, avait déjà posé en fait : que toutes les
fois que le prix du blé a augmenté, la mortalité est
devenue plus forte, et *vice versa*. Prenant la statistique au point où Messance l'a laissée, M. Mélier a
montré, dans des temps plus rapprochés de nous,
que les mêmes causes ont constamment produit les
mêmes effets.

Pour résoudre le problème de l'influence de *l'aisance et de la misère* sur la mortalité, M. Villermé a
éliminé successivement les causes étrangères avec
un soin minutieux, et il est parvenu à établir *que la
mortalité est en raison inverse de l'aisance* : loi partout vérifiée depuis.

La misère morale donne la main à la misère physique. D'habiles économistes sont également parvenus à constater qu'il existe une relation constante entre les variations de la criminalité et celles
du prix des céréales. Les faits particuliers ne s'é-
cartent de cette loi que lorsqu'un ensemble de circonstances favorables accroît les moyens de subsis-
tance dans la proportion de la hausse du prix des
denrées alimentaires.

V

La *Santé publique* a publié, en 1869, un travail très-bien fait sur le sujet qui nous occupe, par le professeur R. de Vivenot; nous en résumerons quelques passages.

Casper a apporté l'appui de ses vastes recherches aux importantes études de M. Villermé, en opposant aux listes des pauvres municipaux morts depuis nombre d'années à Berlin les cas de mort survenus en cette même ville parmi les membres de familles nobles. Voici les résultats obtenus :

De mille individus nés en même temps survivent :

Après 5	ans	943	riches	655	pauvres.
» 10	»	938	»	598	»
» 20	»	866	»	566	»
» 30	»	796	»	486	»
» 45	»	695	»	396	»
» 50	»	557	»	283	»
» 60	»	398	»	172	»
» 70	»	235	»	65	»
» 80	»	57	»	9	»

L'influence du bien-être et de l'indigence se fait donc sentir d'une façon surprenante à chaque période de la vie sans exception. La disproportion s'établit, comme on le voit par ce tableau, dès la plus tendre enfance; elle arrive pourtant à son expression la plus intense au terme de la vieillesse, et, comme l'observe M. G. Kolb, « l'écart serait encore plus prononcé si les riches, par des excès de jouissance, ne contribuaient pas à abréger souvent eux-mêmes la durée de leur vie. »

D'après M. Villermé, dans le 1er arrondissement de Paris, où domine l'élément riche, il meurt annuellement la 53e partie de la population totale; dans le douzième, au contraire, où les pauvres sont en plus grand nombre, le rapport est au moins d'un 40e. De même il meurt chaque année 1 sur 46 habitants dans les départements riches de France, 1 sur 33 dans les pauvres.

Edwin Chadwick porte la durée moyenne de la vie dans la population riche de Londres à 44 ans, dans la population ouvrière à 22; lord Ebrington l'estimait, pour la classe de la noblesse et celle du commerce, à 45-40; pour les ouvriers à 20-19 seulement.

Selon G. Kolb, enfin, l'âge moyen de la vie correspond chez les riches à cinquante ans, et à 32 chez les pauvres.

Le tableau suivant, emprunté au *Register general of England*, donne avec clarté le chiffre moyen de la vie pour différents États de l'Angleterre :

	Classe riche.	Commerçants.	Ouvriers.	Moyenne générale.
A Rutlandshire.	52 ans.	41 ans.	38 ans.	44 ans.
Derby	49 »	38 »	21 »	26 »
Betnal-Green	45 »	26 »	16 »	29 »
Leeds	44 »	27 »	19 »	30 »
Fruro	40 »	38 »	28 »	34 »
Manchester .	38 »	20 »	17 »	25 »

	Classe riche.	Commer- çants.		Moyenne générale.
Liverpool ..	35 ans.	22 ans.	15 ans.	24 ans.
Bolton	34 »	23 »	18 »	25 »

On voit que les divers observateurs sont parvenus à des résultats analogues : ce dernier tableau
montre que pour toutes les villes les conclusions
sont en faveur des riches, et en même temps il fait
ressortir l'influence malfaisante des résidences sur
toutes les classes.

VI

A Dieu ne plaise que ces considérations n'augmentent la soif de l'or, car l'or c'est le dieu du jour,
le dieu de l'égoïsme ; cependant il devrait être comme
un reflet du Dieu d'amour, qui fait lever son soleil
sur les bons et sur les méchants. Elles doivent, au
contraire, inspirer la bienfaisance aux riches et
porter les savants, les économistes et ceux qui président aux destinées des nations, à chercher les
moyens d'une juste répartition.

C'est sous l'impression de ces idées que je dépo-
sais il y a quelques années les lignes suivantes dans
l'album d'un ami. Elles retrouvent naturellement
leur place ici :

« Les personnes les plus dévouées à l'humanité
prêchent souvent le mépris de l'or ; mais je crois
que l'on devrait prêcher le contraire, car l'or c'est
le bienfaiteur universel, c'est le messager de Dieu :
il soulage tant de maux et procure tant de biens!

« J'étais malade ; la vie, lasse de tant souffrir, voulait s'échapper de sa demeure ; vainement mes efforts essayaient de cacher ma douleur : on la lisait sur mon visage, je n'éprouvais plus que le sourire des sots et le mépris du riche. L'or me dit : Me voilà, calme ton agitation, rafraîchis ta fièvre, repose en paix, et la santé te visitera ! — Je me suis reposé, et la santé est venue me visiter.

« Le printemps de ma vie s'achevait, un vide vaste comme l'infini oppressait mon cœur, qui cherchait un autre cœur à aimer, et avec lequel il pût fondre son existence. Le cœur cherché se révéla, deux regards m'enveloppèrent d'amour, je languissais. — L'or vint, il me dit : Sois heureux ! et je fus heureux.

« Les jours d'amertume sont nombreux sur la terre ; mon pauvre ami gémissait sur sa couchette ; sa femme, ses petits enfants en détresse l'environnaient ; la fièvre le consumait, et pas un baume pour rafraîchir son sang. — Me voilà, dit l'or ; va secours ton ami ! — J'y fus, et je secourus mon ami.

« Pauvre orpheline ! plus de pain, plus de travail ; ta poitrine est oppressée, tes yeux sont éteints, ton intelligence même vacille sous l'étreinte de l'impitoyable misère qui ne te laisse plus entendre que deux voix d'épouvante : la Seine aux flots sombres, vaste tombeau mouvant de tant d'infortunes, roule ses courants où s'agitent les agonies désespérées ; d'un autre côté la dépravation te montre la vie et son ivresse, les tables somptueuses, les lambris éblouissants, les sophas de la volupté. — Va, me dit l'or, cours, aide la vertu aux prises avec les terribles angoisses ! — Je fus, et la vertu aidée resta victorieuse. »

Un pieux et savant prêtre de mes amis, M. Pillet, jadis précepteur des princes de Piémont, et dont la bienfaisance était inépuisable, disait à de vénérables religieuses : « Par charité, mes sœurs, vous faites vœu de pauvreté ; mais moi, par charité, je ferais vœu de richesse, si c'était possible ! »

L'or, cet admirable Protée, se transforme en soleil bien aimé du Midi ; en air parfumé des montagnes ; en vin suave régénérateur de la vie ; en doux repos, calmant de la fièvre ardente ; en voyages de fantaisiste, remède souverain des maux du corps et de l'âme ; et bien plus, en force morale, en soutien de la vertu chancelante. C'est la tisane du malade, le pain des forts, le repos du voyageur rendu, l'espérance du malheur, un baume pour l'affligé. C'est en un mot la bonté et la puissance de Dieu en provision. Malheur à celui qui le profane, en changeant l'aliment de vie en aliment de mort : il rendra compte du désespoir de l'infortuné et du sang des malheureux.

VII

Cependant il est bon, il est utile de remarquer que le superflu et le luxe n'ajoutent rien aux chances biotiques ; leur influence sur la durée de la vie est nulle, ou tout au moins elle n'est pas plus efficace que l'aisance. L'état le plus favorable pour l'individu comme pour une population est celui qui assure la satisfaction des besoins réels, sans entraîner hors des limites d'une juste tempérance en tout. C'est en général ce que l'on rencontre dans les pays agricoles plutôt que dans les villes et les centres de l'industrie.

C'est en effet dans l'agriculture que se trouve l'état naturel de l'homme; c'est là que l'on se procure le plus facilement la médiocrité jointe à l'abondance, les aliments sains, les travaux salutaires, l'épanouissement des facultés intellectuelles, qui ne sont froissées ni par la finesse et la ruse, ni par aucun des vices inséparables de la civilisation des grandes villes; c'est là en un mot que l'on trouve, au sein de la nature épanouie, la fuite des noirs soucis, la paix et la tranquillité, génies tutélaires des longues vies.

Virgile, qui avait goûté l'une et l'autre fortune, parlait par expérience lorsqu'il s'écriait avec transport :

« Trop heureux l'habitant des campagnes s'il connaissait son bonheur! Loin des discordes, loin des combats, la terre justement libérale lui prodigue une nourriture facile...... Mais la sécurité, le repos, une vie à l'abri des coups du sort et riche en mille biens; mais du loisir au milieu des campagnes, des grottes, des sources d'eau vive; mais de fraîches vallées, le mugissement des bœufs, et sous un arbre le doux sommeil ; voilà les biens qui ne lui manquent point. C'est aux champs que l'on trouve les bocages, les repaires de bêtes fauves, une jeunesse laborieuse et sobre ; le culte des dieux, le respect pour la vieillesse ; c'est là qu'en se retirant de la terre, la justice laissa les traces de ses derniers pas[1]. »

Lucrèce a également chanté les goûts simples et les agréments de la campagne : « Les besoins du corps sont bornés, peu de choses suffisent pour le garantir de la douleur et lui procurer un grand nombre de sensations agréables : la nature n'en demande pas davantage. Si vos festins nocturnes ne sont pas éclairés par des flambeaux que soutiennent de magnifiques statues, si l'or et l'argent ne brillent point dans vos palais, si le son de la lyre ne retentit point pour vous sous des lambris décorés d'or et d'argent, vous pouvez du moins vous étendre sur un épais gazon, près d'une eau courante, à l'ombre d'un grand arbre goûter à peu de frais de vrais plaisirs, surtout dans la riante saison, quand le printemps sème à pleines mains les fleurs sur la verdure. La fièvre brûlante ne quitte pas plus promptement le riche étendu sur la pourpre, que le plébéien couché sur la bure[2]. »

Il nous serait impossible de traiter ici de toutes les conditions de la longévité ; cependant, nous allons exposer les plus générales en parlant des *aliments*, des *lieux*, de l'*hérédité* et de la *première enfance*, de la *vieillesse* et de la *mort*.

[1] Géorgiques, liv. II.
[2] Lucrèce, liv. II.

IVe PARTIE.

INFLUENCE DES ALIMENTS

SUR LA VIE HUMAINE.

INFLUENCE DES ALIMENTS

SUR LA VIE HUMAINE.

CHAPITRE I.

Rapports entre le sol, les aliments qu'il produit et l'homme.

I

Rien de plus admirable que l'harmonie des lois qui régissent l'univers, surtout lorsque l'on considère cette harmonie chez les êtres vivants, par exemple dans l'alimentation des plantes, des animaux et de l'homme.

La terre est la mère nourricière de tout ce qui vit sous son influence. Dieu a fait le corps de l'homme avec le limon de la terre, nous apprennent les livres saints, et la science nous démontre que tous les éléments transformés sous l'action de la vie se retrouvent également dans ce limon.

Suivant que ces éléments sont plus ou moins divers ou plus ou moins abondants, ils donnent naissance à des plantes plus ou moins variées, plus ou moins vigoureuses, et les animaux qui se nourrissent de ces plantes participent à leurs qualités.

Dans les terrains pauvres, où les éléments sont peu nombreux, les plantes sont éparses et végètent; les animaux qui s'en nourrissent végètent de même, et l'homme vit de leur vie.

Dans les terrains où les éléments sont plus nombreux, la végétation est plus variée et plus abondante, les animaux s'en assimilent les qualités, et l'homme, qui consomme les uns et les autres, résume en lui tous leurs principes, toutes leurs forces.

La terre et les éléments qu'elle contient sont à la plante ce que les aliments sont à l'homme, et les racines sont au végétal ce que les organes de la digestion sont à l'organisme. On peut dire que ces organes sont les racines de l'arbre humain.

Quand une plante meurt avant le temps, c'est ordinairement dans le terrain qui la nourrit qu'il faut en chercher la cause; il faut lui rendre les éléments dont il peut être épuisé. Il en est de même pour l'homme quand il dépérit, c'est en général dans son alimentation que l'on en trouvera le principe.

II

Les éléments minéraux, sous l'influence de la vie de la plante, se transforment en fluides qui contiennent tous les éléments nécessaires à la vie de chaque partie : les feuilles, les fleurs et les fruits y puisent ce qui leur convient.

Cependant, ces éléments transformés ne perdent pas complétement leurs qualités primitives; ils transmettent aux végétaux qu'ils nourrissent des propriétés spéciales, analogues à leurs qualités. C'est ainsi que le vin conserve le goût du terroir qui a nourri le cep, et que le connaisseur indiquera le pays qui aura produit telle ou telle graine.

Il en est de même pour l'homme et pour les animaux.

Les organes de la digestion réduisent les aliments en un fluide que l'on appelle le sang; ce fluide, riche de tous les éléments dont l'individu se compose et renouvelé sans cesse par la digestion, circule incessamment dans tout l'organisme, distribue à chaque tissu les molécules nécessaires à son entretien et à son accroissement, alimente toutes les parties du corps, prend la forme et les qualités de chacune d'elles; il reçoit aussi les principes usés par l'exercice de la vie et les transporte aux glandes chargées de les éliminer.

De même que les minéraux n'abandonnent pas entièrement leurs principes en se transformant en végétaux, les aliments dont se nourrissent l'homme et les animaux ne se dépouillent pas complétement de leurs propriétés une fois digérés et transformés en êtres vivants.

Ils communiquent au sang, aux humeurs, à la

chair, aux os, les principes qu'ils possédaient dans leur état naturel.

On sait que la saveur dont jouit la chair des animaux varie selon l'espèce d'aliments dont ils se nourrissent : c'est ainsi que la chair du lapin sent le chou durant l'automne, et celle des grives le genièvre. Les animaux qui s'alimentent de feuilles d'aloès dans certaines contrées, en Afrique surtout, possèdent une amertume insupportable même à l'homme tourmenté par une faim extrême.

Le sang, les humeurs, les nerfs, la chair, les os influent à leur tour sur l'instinct des animaux et sur l'esprit de l'homme, et leur communiquent des tendances analogues aux principes de leurs éléments.

On voit qu'il y a des rapports, des liens intimes entre les terrains et les végétaux qu'ils produisent; entre ces végétaux et les animaux qu'ils nourrissent; entre les terrains, les végétaux, les animaux et l'homme, qui y puise sa vie.

Instinctivement on avait reconnu cette vérité. L'auteur de la *Jérusalem délivrée*, en parlant de la Touraine, l'appelle : « Un sol léger et superficiel, la digne patrie des Tourangeaux, du même caractère que ce sol léger. » « On peut le dire également, ajoute Jules Janin, de Sulmone et de ses habitants, où naquit Ovide, et qui appartient au sol le plus léger de l'Italie[1]. »

Plutarque dit également : « Mais on a dit d'A-

___
[1] *Étude sur Ovide*, p. 12.

thènes, et non sans vérité, que les gens de bien y étaient parfaits, et les méchants d'une méchanceté profonde : c'est comme son terrain, qui produit le miel le plus excellent (le miel du mont Himette) et la ciguë la plus violente [1]. »

Et en parlant d'Alcibiade, dans la vie de Nicias : « Il avait quelque chose de la nature du sol de l'Égypte, qui de lui-même produit tout à la fois, dit-on, quantité de plantes salutaires mêlées à quantité de funestes. »

M. J. de Maistre : « Byzance ferait croire au système des climats ou à quelques exhalaisons particulières à certaines terres, qui influent d'une manière invariable sur les habitants [2]. »

Dans une récente monographie, M. le docteur Carrière s'exprime ainsi : « L'émigrant même a beau secouer la poussière du sol de la patrie qui s'attache à ses pieds, il en reste toujours quelque chose, et ce quelque chose est pétri dans la substance de son organisme [3].

III

Si les aliments influent sur l'esprit et sur le caractère de l'individu, l'instinct, l'esprit, le moral

[1] Plutarque, *Vie de Dion.*
[2] *Du pape*, p. 445.
[3] *Climatologie médicale*, p. 82.

n'influent pas moins sur son goût et sur le choix qu'il fait des aliments.

Une personne qui a l'esprit élevé, des sentiments délicats, et qui suit un régime grossier, sera inquiète, sera tourmentée, sera tiraillée comme si deux natures se disputaient en elle, jusqu'à ce que son régime soit élevé au niveau de son caractère ou que son caractère soit abaissé au niveau de son régime : l'un et l'autre font quelquefois la moitié du chemin.

« C'est l'âme qui fait le corps. » a dit Stahl après saint Thomas d'Aquin, expression concise d'une vérité profonde.

L'A B C de l'homme qui veut perfectionner sa nature. c'est l'étude du régime. C'était un aphorisme chez tous les philosophes de l'antiquité, chez les premiers chrétiens et les anachorètes surtout, qui brûlaient d'ardeur pour le but unique de la perfection humaine. Une chose consolante, c'est qu'en général ce qui convient le mieux, soit à la santé du corps, soit à la santé de l'âme, se trouve dans l'usage intelligent des aliments les plus simples et à la portée de tous.

En agissant sur les aliments, on peut non-seulement modifier. changer le tempérament, les tendances d'un individu, mais même le tempérament, les tendances d'une nation; de même qu'en agissant sur son esprit, sur son moral, on le portera à modifier son régime, son alimentation.

Un observateur attentif remarquera facilement que le caractère de chaque nation est analogue au principe de l'aliment qui prédomine chez elle ; les habitants de chaque État, de chaque territoire, de chaque ville, et même chaque corporation, chaque réunion d'hommes qui ont un régime semblable, les individus de chaque famille ont quelque chose de commun dans le caractère, analogue à ce qu'il y a de commun dans leur nourriture et dans leurs goûts pour les aliments.

C'est à ses vignobles que le Français doit sa gaieté et sa franchise ; à son *peel* que l'Anglais doit sa morgue et sa gravité ; c'est à son laitage que l'Allemand doit sa patience et sa lourdeur ; c'est à ses cannes à sucre, à son riz fade, à son piment brûlant que le créole de nos colonies doit son caractère doux, langoureux et en même temps emporté comme le salpêtre.

IV

Telles sont les conséquences qui nous paraissent ressortir rigoureusement des lois admirables qui régissent les rapports du physique et du moral, de l'esprit et de la matière.

Nous pourrions accumuler ici nombre de citations curieuses d'auteurs célèbres qui pensaient ainsi.

« Tels sont les aliments, dit le célèbre Lancisi, tel est le chyle, tel est le sang, tel est l'instinct, telles sont les tendances de l'homme. »

Cet aphorisme n'est pas dénué de vérité : « Dis-moi ce que tu manges, je te dirai ce que tu es. »

Chateaubriand disait : « Il n'y a que le Français qui sache faire un livre avec méthode, comme il n'y a que lui qui sache dîner avec méthode. »

Plutarque faisant le parallèle de Tibérius et de Caïus, remarque qu'il y avait la même différence entre leur caractère et leur genre, qu'entre leur table et leur manière ordinaire de vivre : « Premièrement, dit-il, Tibérius avait l'air du visage, le regard et les mouvements plus doux, plus modérés que son frère ; Caïus était plus vif et plus véhément. Lorsqu'ils parlaient en public, l'un se tenait toujours à la même place, dans un maintien posé ; l'autre fut le premier des Romains qui donna l'exemple de marcher dans la tribune, de rejeter sa robe de dessus ses épaules ; comme on dit de Cléon l'Athénien, qu'il fut le premier orateur qui dans ses harangues ouvrit son manteau et se frappa la cuisse. En second lieu, l'éloquence de Caïus, pleine de passion et de véhémence, imprimait une sorte de terreur ; celle de Tibérius, naturellement plus douce, était propre à exciter la compassion. Sa diction était pure et châtiée ; celle de son frère était persuasive et ornée avec une sorte de recherche. On voyait la même différence dans leur table et dans leur manière ordinaire de vivre. Tibérius menait une vie simple et frugale ; Caïus, comparé aux autres Romains, paraissait tempérant et sobre ; mais en comparaison de son frère il était recherché et donnait dans le superflu[1]. »

---

[1] Plutarque, *Vie de Tibérius et de Caïus Gracchus.*

Tout ce qui doit entrer dans le régime alimentaire d'une nation doit donc sérieusement être considéré par ceux qui président au gouvernement ou qui travaillent à la destinée de cette nation.

Car il n'y a pas un aliment nouveau qui n'ajoute ou ne retranche au caractère de l'individu qui en fait usage, et par conséquent au caractère de la nation chez laquelle cet aliment fait invasion. — Il agit sur l'esprit, modifie la manière de penser et de sentir; je dirai même plus, il n'y a pas un aliment qui n'apporte avec lui quelques maladies ou qui ne soit propre à la guérison de quelques autres.

Ces grandes questions ont attiré l'attention de Bossuet : « Ces sages d'Égypte, dit-il, avaient étudié le régime qui fait les esprits solides, les corps robustes, les femmes fécondes et les enfants vigoureux. Par ce moyen, le peuple croissait en nombre et en force. Le pays était sain naturellement, mais la philosophie leur avait appris que la nature veut être aidée. Il y a un art de former les corps aussi bien que les esprits. Cet art, que notre nonchalance nous a fait perdre, était bien connu des anciens, et l'Égypte l'avait trouvé[1]. »

Si l'on jette un coup d'œil sur les peuples dont la grandeur et la chute ont tour à tour étonné l'univers, on verra que c'est à la tempérance et à la frugalité qu'ils ont été redevables de leur force et de

---

[1] Bossuet, *Discours sur l'Histoire universelle*, chap. III, troisième partie.

leur gloire, et que c'est à l'intempérance qu'il faut attribuer leur ruine.

Tant que les Grecs et les Romains vécurent sobrement, ils furent les maîtres des autres peuples; mais lorsque le luxe leur eut présenté dans les funestes dépouilles des nations vaincues des aliments nouveaux et des assaisonnements raffinés, ils dégénérèrent bientôt et servirent eux-mêmes de trophées à des peuples barbares, mais sobres et tempérants.

On le voit, la question du régime, de l'alimentation, est une des plus importantes qui puissent préoccuper les gouvernements et tous ceux qui, de près ou de loin, travaillent à l'amélioration de l'homme, au point de vue soit physique, soit moral, soit intellectuel.

CHAPITRE II.

Influence des aliments sur le physique et sur le moral.

1

On sait de tout temps que l'animal n'est sensible et fort que par les nerfs; c'est-à-dire que les nerfs sont les organes de la sensibilité et du mouvement.

On sait également de tout temps que la sensibilité peut être perdue dans une partie de l'organisation sans que le mouvement le soit, ou le mouvement sans la sensibilité.

Mais il n'y a qu'une cinquantaine d'années que M. Ch. Bell, célèbre physiologiste, eut l'idée d'opérer sur les racines mêmes des nerfs, et découvrit ainsi qu'il y avait des nerfs conducteurs de la sensibilité seulement et d'autres conducteurs du mouvement seulement.

Les expériences sur les aliments, que je vais exposer très-succinctement, m'ont conduit à des résultats nouveaux dans cette direction.

Je suis parvenu à ces résultats par nombre d'expériences que j'ai faites avec le plus grand soin et pendant plusieurs années [1].

[1] Nous avons lu un mémoire sur ce sujet, à l'Académie des sciences, le 12 novembre 1866. M. Blanchard, de l'Institut, a présenté un nouveau

Pour m'assurer que ce qui se passait en moi n'était pas puremement personnel mais général, j'ai multiplié mes remarques, et mes questions; j'ai consulté un grand nombre de personnes qui, par leur régime, par leur position, pouvaient éclairer mes expériences, et je me suis ainsi convaincu que les principes que je vais émettre étaient bien des lois physiologiques et psychologiques, car toute personne, dans des circonstances analogues, éprouvait plus ou moins les phénomènes sur lesquels ces principes reposent et dont ils ne sont que la formule générale.

II

Il faudrait des volumes pour raconter en détail toutes les expériences que j'ai faites sur ce sujet; je me contenterai d'exposer ici très-succinctement celles qui ont rapport à deux aliments qui agissent d'une manière bien tranchée, l'un sur les nerfs du mouvement et sur l'intelligence, l'autre sur les nerfs de la sensibilité et sur les sentiments, le café et le vin. Ces expériences d'ailleurs peuvent être contrôlées [1].

travail en notre nom, sur le même sujet, le 2 avril 1867 ; et M. Béclard à l'Académie de médecine le 26 mars 1867.

[1] J'ai dit au commencement de cet ouvrage comment j'ai été conduit à faire les expériences exceptionnelles qui m'ont permis de formuler les principes généraux exposés dans cette étude. J'ajouterai que sentant les conséquences fécondes et utiles que l'on pourrait en tirer, j'ai apporté à

Je n'ai rien négligé de ce qui pouvait me permettre d'étudier les phénomènes dans toute leur netteté; je n'ai rien pris, pendant plusieurs jours de suite, que l'aliment que je voulais expérimenter, par exemple du pain et du vin, du pain et du thé, etc.; j'ai passé plusieurs fois, depuis mon repas du soir non pas jusqu'au lendemain, mais jusqu'au surlendemain, c'est-à-dire pendant près de quarante heures, sans prendre aucune nourriture, ni solide, ni liquide, si ce n'est quelques boules de gomme, afin d'avoir l'estomac complétement vide, et pour que l'effet de l'aliment que j'allais expérimenter ne fût pas neutralisé par des influences contraires.

III

Si je voulais expérimenter du café, je le faisais moi-même, ou je le faisais faire devant moi tel que je le désirais.

Alors, dans ces circonstances, voici ce qui se passait :

Si je prenais une certaine quantité de café fort, lentement, par petites gorgées, chose remarquable, je sentais à l'instant même s'opérer dans moi un changement surprenant; je me trouvais comme transformé en un autre homme.

ces expériences les soins les plus scrupuleux ; je les présente donc avec confiance aux hommes sérieux, persuadé qu'ils tiendront compte, dans un sujet facile à la critique, des difficultés si grandes que j'ai dû vaincre pour arriver à ce résultat.

Mes sentiments s'éteignaient et mon intelligence prenait un développement inaccoutumé; il me semblait que toute ma vie, que toutes mes forces se transformaient en intelligence aux dépens de mes autres facultés.

Je cessais d'être communicatif, bienveillant; je devenais froid, cassant, maussade, égoïste; en un mot je prenais un caractère et des instincts tout contraires à ceux que j'ai naturellement.

Mon intelligence travaillait sans peine, et presque malgré moi; sur un sujet donné, elle voyait loin et tirait des conséquences à l'infini.

Si j'écrivais, mon style était correct mais froid.

Si je restais longtemps dans cet état, mon esprit ne pouvait plus produire, mais il était toujours agité ainsi que mon corps; si je voulais dormir, je ne pouvais arriver qu'à une espèce de somnolence dans laquelle je ne perdais pas la conscience de moi-même; en un mot, je n'étais plus que mouvement et intelligence, quoique mes pulsations fussent très-faibles et que leur nombre eût diminué.

Dans cet état, si je prenais un peu de nourriture avec de bon vin, le calme revenait en moi avec tout un cortége de sentiments généreux; je me sentais redevenir bon, sensible; je cessais, comme par enchantement, d'être cassant, maussade, etc.

Il me semblait que je sortais d'un songe, et j'étais tout honteux de l'état dans lequel je venais de passer. Je me disais : Comment se fait-il que j'aie été si froid, que j'aie éprouvé des sentiments si égoïstes, si hautains, si peu convenables?

Je sentais, en un mot, que toute ma vie, toutes mes forces prenaient une nouvelle direction et se transformaient en sensibilité et en sentiment; et si je repassais ce que j'avais écrit ou pensé sous l'influence spéciale du café, j'étais étonné d'avoir eu des pensées aussi profondes, d'un caractère aussi particulier; cependant lorsque je les écrivais elles me paraissaient tout ordinaires.

Quand j'expérimenterai de nouveau le café, me disais-je, il faudra que je fasse bien attention de lutter contre ces tendances égoïstes, exagérées, qui s'empareront de moi; mais lorsque j'étais de nouveau sous l'influence spéciale de cette liqueur, ces tendances égoïstes, fières, etc., me paraissaient toutes naturelles, toutes légitimes. Cependant ma résolution de les combattre était tellement forte que j'essayais de lutter pour exprimer des sentiments que je n'avais pas; mais alors je n'étais plus naturel, je paraissais gauche, on s'apercevait bien qu'il y avait quelque chose de particulier dans moi.

IV

On peut se mettre spécialement sous l'influence du vin, et rester bien loin de l'ivresse, conserver complétement son sang-froid, en faisant prédominer cette liqueur dans son alimentation ; ce qui est assez facile, même en n'en consommant qu'une quantité peu considérable : il suffit de commencer les expériences lorsque l'estomac est vide, de les continuer pendant plusieurs jours en ne prenant autre chose que du pain et du vin.

En usant ainsi du vin pur et de bonne qualité, j'ai pu constater de nouveau ce qui se passait en en prenant immédiatement après le café dans l'expérience précédente ; mais les phénomènes s'exagèrent, l'esprit s'obscurcit au point d'être embarrassé pour les moindres choses ; on ne peut saisir les rapports les plus simples ; on craint de froisser le monde sans s'en apercevoir : c'est tout le contraire de ce qui se passe sous l'influence spéciale du café, on ne craint de froisser personne. Cependant si, dans cette disposition, l'on est sous l'influence de quelque mauvais sentiment, on le sent avec intensité ; on est porté à le manifester grossièrement, sans aucune restriction.

L'influence du vin continuant, on devient lourd, somnolent, porté au repos ; l'intelligence cesse d'agir ; en un mot, l'on n'est plus que sensibilité et sentiment.

Il y aurait donc non-seulement influence sur les nerfs locomoteurs et sur les nerfs de la sensibilité, sur l'intelligence et sur les sentiments, mais aussi transformation des forces physiques et des forces morales sous l'influence des aliments.

V

Ces expériences nous conduisent à des lois physiologiques et à des lois psychologiques des plus vastes et des plus fécondes, que l'on peut résumer ainsi :

1° Il y a des aliments qui agissent spécialement sur les nerfs du mouvement et des aliments qui agissent spécialement sur les nerfs de la sensibilité ;

2° Les aliments qui agissent spécialement sur les nerfs du mouvement influent spécialement sur l'intelligence ;

3° Les aliments qui agissent spécialement sur les nerfs de la sensibilité influent spécialement sur les sentiments ;

4° Il y a transformation du mouvement ; les forces qui agissent sur les nerfs locomoteurs et les forces intellectuelles peuvent se transformer en sensibilité et en sentiments, et réciproquement ;

5° Chaque aliment occupe une place intermédiaire entre ceux qui agissent le plus soit sur les nerfs du mouvement, soit sur ceux de la sensibilité.

Des conséquences fécondes résultent de ces lois en physiologie, en hygiène, en pathologie, en thérapeutique, en psychologie, etc.

On peut citer des faits qui d'abord semblent contredire les observations précédentes, mais au fond elles les confirment, si on a soin de tenir compte de toutes les circonstances. Par exemple, le café ne semble-t-il pas renouveler, développer la sensibilité et les sentiments, et le vin donner un coup de fouet à l'esprit?

Certainement que cela a lieu. L'intelligence exagérée n'est plus dans son état normal, elle est exclusive, elle est lumière, mais froide ; le sentiment la réchauffe, lui donne un nouvel essor. Il est très-vrai que les grandes pensées viennent du cœur ; elles sont inspirées par les sentiments.

Les sentiments exagérés prennent de la grâce et de la délicatesse lorsqu'ils sont modérés et guidés par l'intelligence, et rayonnent avec plus de facilité, plus librement.

Puis il faut également, si l'on ne veut être induit en erreur, tenir compte des dispositions particulières dans lesquelles on peut se trouver et qui sont capables de modifier les phénomènes que l'on remarque, surtout lorsque l'on étudie spécialement un aliment, comme je l'ai fait.

C'est principalement les actions si différentes du vin et du café qui m'ont d'abord guidé. Des expériences variées sur des aliments de toutes natures ne m'ont ensuite laissé aucun doute sur les lois que j'ai énoncées.

Quelques personnes feront peut-être observer que je fais de l'activité nerveuse l'intelligence et de la sensibilité le sentiment. Il n'y a rien dans mes observations qui tende à cela ; je ne fais que constater une influence du physique sur le moral, et personne ne conteste cette influence, qui résulte des lois établies par le Créateur entre le corps et l'âme, l'esprit et la matière.

Ces idées, dans ce qu'elles ont de plus général, flottaient vaguement dans les intelligences, on les apercevait de loin, sans précision bien entendu, sans pouvoir s'en rendre compte.

Les expériences faites par Balzac et Rossini méritent d'être citées à cet égard :

« L'état où vous met le café pris à jeun, dans les conditions magistrales, dit Balzac, produit une sorte de vivacité nerveuse qui ressemble à celle de la colère : le verbe s'élève, le geste exprime une impatience maladive, on veut que tout aille comme trottent les idées ; on est braque, rageur pour des riens ; on arrive à ce variable caractère du poëte tant accusé par les épiciers ; on prête à autrui la lucidité dont on jouit. Un homme d'esprit doit alors bien se garder de se montrer ou de se laisser approcher.

« J'ai découvert ce singulier état par certains hasards qui me faisaient perdre sans travail l'exaltation que je me procurais. Des amis chez lesquels je me trouvais à la campagne me trouvaient hargneux et disputailleur, de mauvaise foi dans la discussion. Le lendemain je reconnaissais mes torts et j'en recherchais la cause. Mes amis étaient des savants de premier ordre, nous l'eûmes bientôt trouvée, le café voulait une proie.

« Non-seulement ces observations sont vraies et ne subissent d'autres changements que ceux qui résultent des différentes idiosyncrasies, mais elles concordent avec les expériences de plusieurs praticiens, au nombre desquels est l'illustre Rossini, l'un des hommes qui ont le plus étudié les lois du goût, un héros digne de Brillat-Savarin [1]. »

[1] *Revue de Paris.*

Chose remarquable, l'esprit du christianisme, qui est un esprit d'amour, a fait entrer le vin dans le plus grand de ses mystères, et Jésus-Christ qui est venu apporter la charité sur la terre, a consacré en quelque sorte l'usage du vin (qui agit spécialement sur la sensibilité et sur le sentiment) en choisissant cette liqueur pour la matière du sacrifice de l'autel, essence du culte chrétien ; et le mahométisme, dont l'esprit est opposé au christianisme, qui veut tout soumettre par la force, par l'épée plutôt que par le sentiment éclairé, qui établit l'égoïsme à la place de la charité, a proscrit le vin, et même quelquefois a fait fermer les cafés, afin d'éteindre autant que possible la raison et ne laisser agir que la force aveugle.

Aussi le despotisme craint même plus l'usage du café que celui du vin. Sous la minorité de Mahomet IV, pendant la guerre de Candie, le grand-vizir Kupruli, apprenant que dans les cafés publics on se permettait de blâmer sa conduite, en lui attribuant les malheurs et la décadence de l'empire, fit fermer sur-le-champ tous ces lieux.

Cependant Kupruli, moins inquiet des cabarets et des tavernes, où l'on vendait du vin malgré la loi expresse du prophète, les laissa subsister.

A Londres, en 1675, sous Charles II, on remarqua que les cafés publics devenaient des foyers de séditions ou du moins des clubs politiques. L'autorité les fit aussi fermer, en laissant, comme Kupruli, les cabarets et les tavernes à vin et à bière.

M. le docteur Virey faisait observer que sous

Louis XV les cafés de Paris exerçaient un puissant empire sur le public, et que la renommée du café Procope, où se rassemblaient les beaux esprits de ce temps, n'est pas étrangère à l'histoire politique du dix-huitième siècle, non plus qu'à la philosophie, comme on peut le voir par la correspondance littéraire de Grimm.

Le café aide puissamment à supporter sans faiblesse les coups les plus rigoureux du sort ; du *vrai café*, pris dans de bonnes conditions, produit une espèce d'audace froide et raisonnée, si je puis m'exprimer ainsi ; on pourrait citer un grand nombre d'observations particulières, mais voici un fait qui appartient à l'histoire.

Bailly, membre de l'Institut, infortunée victime de la révolution, avant d'aller à l'échafaud, demanda et prit coup sur coup deux tasses de café à l'eau. Ces précautions étaient de sinistres augures… « Calmez-vous, disait-il à ceux qui dans ce moment suprême l'entouraient en sanglotant, j'ai un voyage assez difficile à faire, et je me défie de mon tempérament. Le café excite et ranime ; j'espère maintenant que j'arriverai convenablement au but. » Le café produisit son effet : l'illustre condamné suivit le bourreau sans faiblesse comme sans forfanterie, monta sur la fatale charrette les mains attachées derrière le dos. Pas une plainte ne sortit de sa bouche. La pluie tombait depuis le matin ; elle était froide, elle inondait le corps et surtout la tête nue du vieillard. Un misérable s'aperçut qu'il frissonnait, et lui cria : «Tu trembles, Bailly. — Mon ami, j'ai froid, répondit avec douceur la victime. Ce furent ses dernières paroles; il monta ensuite d'un pas ferme sur l'échafaud [1].

A la simple lecture d'une page, il est facile à un observateur de distinguer si elle a été écrite sous l'influence du thé, du café ou du vin, ou d'un autre stimulant.

Lorsque le café prédomine, il rend froid, pénétrant, maussade, disputailleur; nous lui devons le sourire amer et sarcastique de Voltaire. Le thé rend aussi pénétrant, mais il donne à l'esprit une teinte de délicatesse et de finesse extrême, et dispose à découvrir des analogies étonnantes; nous lui devons un grand nombre de pages des *Soirées de Saint-Pétersbourg*. Un vin généreux pris modérément laisse à l'esprit sa spontanéité et donne de la chaleur aux idées; il fait penser avec le cœur.

Il est évident que la question de tempérament fait beaucoup ici. Des personnes apportent en naissant les organes qui servent la pensée très-développés, très-susceptibles, et qui ont au contraire ceux qui servent le sentiment presque atrophiés, ou les organes du sentiment très-susceptibles et ceux de la pensée presque paralysés; d'autres auront tous les organes en harmonie. Sous ce point de vue, ce sujet mérite une étude à part. On comprend que la diversité des organisations exige des aliments, des stimulants divers, et toutes les ressources que la nature nous offre sous ce rapport.

[1] Arago, *Notices biographiques*, t. II.

Je crois devoir remettre le détail des expériences que j'ai faites sur d'autres aliments et les résultats que j'ai obtenus, à un ouvrage spécial sur cette matière; je me bornerai aujourd'hui à indiquer mon *Histoire et légendes des plantes*, où se trouvent plusieurs faits historiques qui viennent à l'appui de mes observations.

CHAPITRE III.

Régime végétal et régime animal : quelques remarques importantes.

1

Lorsque l'on considère avec attention les substances qui nous servent d'aliments, on voit qu'elles se classent en deux grandes catégories : les aliments tirés du règne végétal, et ceux que nous fournit le règne animal.

Chacun est intéressé à connaître leur influence spéciale ; et bien qu'il soit impossible de prescrire un régime uniforme pour tout le monde, on peut du moins constater les tendances diverses produites par des substances différentes. Voici un résumé des observations faites sur ce sujet :

En général, tous les végétaux qui servent à notre nourriture jouissent de propriétés précieuses : ils fournissent un sang pur, doux et léger ; ils calment les mouvements intérieurs, diminuent l'irritabilité physique et morale, et contribuent grandement à maintenir le corps dans cet état désirable qui constitue la santé. Ils ont de plus une tendance à l'acidité, qui corrige et arrête la putréfaction, notre plus cruelle ennemie.

Le régime végétal donne de la délicatesse aux traits, de la grâce et de l'expression à la physionomie, de l'agilité aux membres.

Par son influence sur l'esprit il favorise la spontanéité, la pénétration, la gaieté; il fortifie la mémoire et le jugement; il est propice à l'heureux développement de toutes nos facultés intellectuelles en agissant sur les organes par lesquels notre âme se manifeste.

Il dispose à la douceur, à l'humanité, et produit en nous un état inappréciable de quiétude, de tranquillité, si nécessaire à une vie longue et heureuse.

Il est bien évident que lorsque l'on parle des bons effets des végétaux comme nourriture ordinaire, on entend que par leur variété et leur assaisonnement ils forment une nourriture abondante et succulente, et non pas l'état de disette dans lequel nombre de nos paysans sont obligés de vivre.

II

Les substances animales, au contraire, donnent un sang lourd et porté à la corruption; la viande est plus échauffante et plus stimulante que les végétaux; elle excite les mouvements intérieurs, augmente l'irritation physique et morale; elle fait plus de sang, nourrit davantage, elle exige plus de travail et d'exercice.

Elle rend pesant, porte au repos, enlève à l'esprit sa spontanéité et sa gaieté, pour faire place au spleen et aux idées noires ; en général, elle contrarie le développement des facultés intellectuelles et morales.

« C'est dans la nature de mes idées et dans mes dispositions morales, dit Bonvalot, que je trouve le thermomètre hygiénique destiné à régler mon régime alimentaire. Avec la viande : idées noires, sentiments sombres. Régime lacté, végétal : ciel serein, idées douces, images riantes et sommeil calme, paisible. Ami, essayez, faites-en l'expérience. »

Les hommes et les animaux qui vivent spécialement de viande sont violents, cruels et passionnés. Les enfants, surtout, qui sont accoutumés de bonne heure à manger beaucoup de viande deviennent robustes, mais en même temps brutaux et sujets à beaucoup d'accidents capables d'abréger leurs jours.

« Le peuple de Londres mange beaucoup de viande, dit Montesquieu, cela le rend très-robuste, mais à l'âge de quarante ou cinquante ans il crève[1]. »

Le célèbre hygiéniste Huféland dit, de son côté : « Les personnes qui ont poussé le plus loin leur carrière vivaient presque uniquement de végétaux, de légumes, de fruits, de céréales et de lait. Les brahmanes ne mangent que des végétaux, pour obéir aux préceptes de leur religion, et deviennent presque tous centenaires[2]. »

---

[1] Montesquieu, *Notes sur l'Angleterre.*
[2] Huféland, *Macrobiotique.*

III

En été surtout, les légumes et les fruits conviennent à merveille aux enfants qui, pendant leurs premières années, dans nos climats éprouvent toujours au renouvellement des deux saisons principales, l'été et l'hiver, quelque chose d'analogue à l'acclimatation d'un adulte qui change de latitude.

Bernardin de Saint-Pierre professait un culte tout particulier pour le régime végétal : « Comme le régime végétal, dit-il, comporte avec lui plusieurs vertus et qu'il n'en exclut aucune, il sera bon d'y élever les enfants, puisqu'il influe si heureusement sur la beauté du corps et sur la tranquillité de l'âme.

« Ce régime prolonge l'enfance, et par conséquent la vie humaine.

« J'en ai vu un exemple dans un jeune Anglais, âgé de quinze ans, et qui ne paraissait pas en avoir douze. Il était de la figure la plus intéressante, de la santé la plus robuste et du caractère le plus doux ; il faisait les plus grandes traites à pied, et ne se fâchait jamais, quelque accident qui lui arrivât. Son père, appelé M. Pigot, me dit qu'il l'avait élevé entièrement dans le régime pythagorique, dont il avait reconnu les bons effets par l'expérience. »

Rousseau prêche la même doctrine : « Une des preuves que le goût de la viande n'est pas naturel à l'homme, dit-il, est l'indifférence que les enfants ont pour ce mets-là, et la préférence qu'ils donnent tous à des nourritures végétales, telles que le laitage, la pâtisserie, les fruits, etc. Il importe surtout de ne pas dénaturer ce goût primitif et de ne point rendre les enfants carnassiers : si ce n'est pour leur santé, c'est pour leur caractère; car, de quelque manière qu'on explique l'expérience, il est certain que les grands mangeurs de viande sont en général cruels et féroces plus que les autres hommes. Cette observation est de tous les lieux et de tous les temps. »

C'est de la secte pythagorique que sont sortis : Épaminondas, si célèbre par ses vertus; Architas, par son génie pour la mécanique; Milon de Crotone, par sa force, et Pythagore lui-même, le plus bel homme de son temps et, sans contredit, le plus éclairé.

IV

Il serait curieux de faire l'histoire du régime des hommes célèbres : les philosophes, les grands penseurs, se distinguent sous ce rapport d'une manière frappante.

La vie d'un homme qui s'est distingué dans une carrière quelconque est d'un grand enseignement; car il y a tant de rapport, tant d'analogie entre ses habitudes, son régime, son hygiène et sa vie intellectuelle, que ceux qui suivent ses traces peuvent y

---

[1] *Émile*, liv. II, p. 163.

voir de puissants exemples et y puiser les conseils les plus salutaires.

Newton passait les jours de ses grandes découvertes avec un peu de pain trempé dans du vin.

Pendant quarante années, Buffon ne déjeuna que d'un peu de pain, de l'eau et du vin.

Platon vivait de peu : sa nourriture ordinaire n'était que des oignons et des olives ; aussi avait-il le teint pâle, comme Socrate.

Sénèque le philosophe menait une vie très-austère, soit à la cour, soit dans ses maisons de campagne. Lotion, son précepteur, qui avait été pythagoricien, lui avait persuadé de s'abstenir de viande. Il en fit l'essai pendant une année, et s'accoutuma tellement à ce genre de vie, qu'il lui devint non-seulement aisé, mais encore agréable, parce qu'il lui rendait l'esprit plus vif et plus pénétrant.

Horace était épicurien ; cependant il ne mangeait à son ordinaire que des légumes et des fruits. « Son régime, dit Lamartine, était si sobre, qu'il se contentait, comme moi, d'une nourriture végétale, et que la laitue, la courge, les gâteaux pétris de farine et de crème, étaient le seul luxe de sa table. »

« Pour moi, dit Horace lui-même après avoir parlé de toute l'opulence qu'il ne désire pas, les olives de mon verger, la chicorée, les mauves légères, suffisent à mes repas ; fils de Latone, mes vœux se bornent à jouir du peu que je possède, à

---

[1] 47e *Entretien*.

me bien porter, à conserver mon âme tout entière, à ne pas traîner une misérable vieillesse, et à jouer encore jusqu'à la mort avec la lyre. »

« Voilà ce qui était de tous temps dans mes rêves ! Un domaine rustique d'une étendue aussi bornée que mes désirs, une source d'eau vive auprès de la maison, un toit ombragé par un petit bocage. La bonté des dieux m'a accordé plus et mieux encore ! Qu'ils soient bénis ! Je ne leur demande plus rien ; conservez-moi seulement, ô dieux ! les dons que vous m'avez faits [1]. »

Cependant le régime d'Horace n'était pas exclusivement végétal ; ailleurs il s'écrie :

« O champ, quand te reverrai-je enfin ? Quand me sera-t-il donné, tantôt en relisant les livres des anciens, tantôt en m'assoupissant dans de faciles sommeils, tantôt en m'abandonnant à la molle paresse des heures qui ne doivent rien à la vie, de prolonger les doux oublis d'une existence autrefois si agitée ? Quand verrai-je sur ma table la fève chère à Pythagore, et mes légumes assaisonnés d'un lard appétissant ? O délicieux déclin des jours, repos divin où, en présence des dieux de mon humble foyer, je me retrouve avec mes amis au milieu d'heureux serviteurs, auxquels je fais distribuer les mets de la même table, à mesure qu'on les dessert, et dont la rustique joie me réjouit moi-même ?... Après que chacun de nous a bu à sa soif, l'entretien se ravive :

---

[1] Lamartine, 4ᵉ *Entretien.*

nous causons, non pas sur nos voisins pour en médire, ni sur les propriétés pour les envier, ni sur le
talent plus ou moins merveilleux du danseur *Lepos ;*
nous nous entretenons sur des sujets qui nous intéressent davantage et qu'il n'est pas sage d'ignorer. »

V

Il est très-possible que nous devions le beau talent
de M. de Lamartine au régime pythagorique.

« Ma mère, dit-il, était convaincue, et j'ai comme
elle cette conviction, que tuer les animaux, pour se
nourrir de leur chair et de leur sang, est une des infirmités de la nature humaine ; que c'est une de ces malé-
dictions jetées sur l'homme, soit par sa chute, soit par
l'endurcissement de sa propre perversité. Elle croyait,
et je le crois comme elle, que ces habitudes d'endurcissement de cœur à l'égard des animaux les plus
doux, nos compagnons, nos auxiliaires, nos frères
en travail et même en affection ici-bas ; que ces im-
molations, ces appétits de sang, cette vue des chairs
palpitantes, sont faits pour brutaliser et endurcir
les instincts du cœur. Elle croyait, et je le crois
aussi, que cette nourriture, bien plus succulente et
bien plus énergique en apparence, contient en soi
des principes irritants et putrides qui irritent le sang
et abrègent les jours de l'homme. Elle citait, à l'appui de ses idées d'abstinence, les populations innombrables, pieuses, douces, de l'Inde, qui s'interdisent

tout ce qui a eu vie, et les races saines et fortes des peuples pasteurs, et même des populations laborieuses qui travaillent le plus, qui vivent le plus innocemment et les plus longs jours, et qui ne mangent pas de viande dix fois dans leur vie. Elle ne m'en laissa jamais manger avant l'âge où je fus jeté dans la vie pêle-mêle des colléges. Pour m'en ôter le désir, si je l'avais eu, elle n'employa pas le raisonnement; mais elle se servit de l'instinct, qui raisonne mieux en nous que la logique... Je ne vécus donc, jusqu'à douze ans, que de pain, de laitage, de légumes et de fruits. Ma santé n'en fut pas moins forte, mon développement moins rapide, et peut-être est-ce à ce régime que j'ai dû cette pureté de traits, cette sensibilité exquise d'expression et cette douceur sereine d'humeur et de caractère que je conservai jusqu'à cette époque [1]. »

Les grands législateurs n'ont pas méconnu l'influence du régime végétal : tout ce que l'antiquité a eu de grands hommes, de réformateurs, de législateurs, de philosophes, ont mis dans l'observation du régime végétal et de la sobriété le fondement de la sagesse, la fermeté et la stabilité des États. Les Perses, dans le principe, ne vivaient que de pain et de cresson. Lycurgue, d'après Porphyre, défendit la viande aux Lacédémoniens.

Nous n'avons certainement pas la folle prétention de vouloir ramener le genre humain au régime pu-

---

[1] *Nouvelles Confidences*, tome 1er, page 81.

rement végétal; mais nous pensons que les citations et les réflexions que nous venons de faire peuvent être utiles à un certain nombre de personnes : aux personnes qui veulent s'étudier sérieusement, soit pour refaire leur santé perdue, soit pour prévenir des accidents funestes, soit pour développer leurs facultés physiques ou morales.

On sait d'ailleurs qu'il n'y a rien d'absolu dans le régime : celui qui convient à l'un peut ne pas convenir à l'autre. Cela est si vrai, qu'une simple observation suffit pour le démontrer. Il y a des personnes qui sont naturellement malades, qui sont nées malades; il faut par conséquent, pour qu'elles se portent passablement bien, que leur régime soit un remède continuel : il est évident que ce régime rendrait malade une personne bien portante.

VI

C'est non-seulement la nature des aliments qui influe sur l'homme, mais c'est aussi la manière dont on les prend et dont on les fait succéder les uns aux autres.

J'ai observé plusieurs points importants qui intéressent spécialement les artistes, les savants, et en général les personnes qui s'occupent des travaux de l'esprit.

Bien que ces observations me soient personnelles, elles peuvent être généralisées et même être regardées comme des lois, car, indépendamment des expériences que j'ai faites, j'ai attiré sur ce sujet l'attention de plusieurs de mes amis et de différentes personnes dont le régime pouvait m'éclairer, et toujours elles m'ont dit qu'elles éprouvaient les mêmes influences que moi. Ce qui ne peut certainement pas empêcher de trouver des exceptions.

J'ai remarqué :

1° Lorsque l'on fait des repas réguliers et de même nature, au bout d'un certain temps, on perd toute spontanéité : l'esprit n'a plus d'initiative, plus d'élan ; il tombe dans une monotonie analogue à celle de l'estomac.

2° Lorsqu'après avoir pris des aliments copieux, substantiels et stimulants, on passe à un régime sévère et d'abstinence, alors les idées naissent avec abondance, l'esprit prend de l'initiative, voit des points nouveaux ; en un mot, on sent toutes ses facultés se développer à un haut degré relativement à leur état ordinaire. On est porté à toutes sortes d'énergies, on a du goût pour les travaux intellectuels et on les exécute avec facilité.

3° Si l'on prolonge trop l'abstinence, les idées cessent de se produire, et l'on se sent incapable d'exprimer le peu que l'on entrevoit.

4° Lorsqu'après cet état d'abstinence on vient à reprendre des aliments copieux, substantiels et stimulants, alors les idées se pressent de nouveau, on sent la vie, la force, un bonheur inaccoutumé courir dans ses veines ; mais cet état disparaît bientôt si l'on ne retourne à l'abstinence.

5° On éprouve des différences physiques et morales plus grandes encore, si l'on passe du régime végétal au régime animal, et réciproquement.

6° Les remarques que j'ai faites dans cette direction, et que je ne puis exprimer ici que très-succinctement, m'ont appris que si nous connaissions mieux l'influence du régime sur le physique et sur le moral, l'homme pourrait, par cela seul, chasser la tristesse, le spleen, l'abattement, et se tenir dans un état continuel de santé, de gaieté et d'activité ; qu'il pourrait en un mot arriver à jouir du plus grand développement de ses facultés, soit intellectuelles, soit corporelles.

Pour ceux qui voudraient suivre ces expériences, il est bon d'observer qu'en passant d'un régime d'abstinence à un régime copieux et succulent, on est incommodé si l'on débute par faire de forts repas : on doit commencer par manger peu et souvent.

Bacon, dans les lignes suivantes, semblait envisager les choses dans le sens que je viens d'indiquer : « Les médecins, comme les moralistes, dit-il, recommandent la frugalité ; mais une diète fréquente et des excès passagers raffermissent plus le tempérament qu'un régime uniforme qui appesantit le corps, engourdit les forces et nous rend incapables d'aucun effort [1]. »

Après ces réflexions, on est naturellement frappé de voir que dans tous les temps toutes les religions,

[1] Bacon, *de la Médecine*.

dont les chefs ont toujours été doués d'une intelligence
d'élite, ont constamment ordonné des jours de péni-
tence et de jeûne, suivis de jours de fête et de réjouis-
sance. Il fallait que la nature humaine leur fût bien
connue. On se presserait moins de tourner en ridicule la plupart des pratiques religieuses si l'on était
plus savant ou plus philosophe.

VII

En général, on se trouve mieux de faire le repas
principal le soir plutôt que le matin.

L'homme de peine, le manœuvre, sous l'influence
d'une action musculaire énorme, peut digérer les
aliments les plus grossiers ; cependant beaucoup
d'aliments pris au milieu de la journée, surtout s'ils
sont nourrissants, rendent l'ouvrier plus lourd et
moins habile pendant la digestion ; le soir, au contraire, ils réparent les pertes que le corps a faites, et
leur assimilation s'achève complétement pendant un
bon sommeil ; c'est aussi pour le soir que l'homme
sédentaire doit généralement réserver le principal
repas, surtout s'il consacre sa soirée au repos.

Lorsque l'on doit se livrer à de violents exercices
corporels longtemps continués, il est bon de prendre
copieusement une nourriture substantielle et stimulante.

Achille, dans son impatience de vaincre, ayant
exhorté les Grecs à combattre à jeun, Ulysse parla

en ces termes : « Achille, semblable aux dieux, quelle que soit ta valeur, n'entraîne pas les fils des Grecs à combattre les Troyens près d'Ilion, avant d'avoir pris le repas du matin : la lutte ne sera pas de courte durée, une fois que les phalanges en viendront aux mains, et que les dieux des deux parts les animeront. Ordonne donc aux Argiens de se rassasier, près de leurs vaisseaux, de vin et de mets, car c'est force et valeur. Quel guerrier peut combattre, sans nourriture, depuis la première lueur du jour jusqu'au coucher du soleil? Malgré son ardeur, ses membres, à son insu, s'appesantissent, la faim, la soif le surprennent, et ses genoux fléchissent. Mais, s'il est rassasié, durant tout le jour il luttera contre ses ennemis : dans sa poitrine, son cœur battra plein d'audace; il n'éprouvera point de fatigue avant que la bataille ait cessé. Crois-moi donc, disperse l'armée, et que l'on prépare le repas [1]. »

Les Romains suivaient le conseil d'Ulysse : « Il y a quelque chose des habitudes britanniques, dit M. Maignen, dans le soin attentif qu'apportent les généraux de Rome à faire bien manger les soldats la veille d'une action importante. La naïveté de l'historien, qui n'omet pas ce détail, est encore un trait de mœurs antiques. Postumius, avant de combattre les Èques, ordonne à ses soldats de *bien soigner leur corps* (*curare corpora*), et de se tenir prêts pour la quatrième veille. Le consul Æmilius, avant d'attaquer

____

[1] *Iliade*, chant XIX.

les Étrusques, ordonne que le soldat dîne (*prandeat*) et prenne les armes après avoir ainsi affermi ses forces. C'est l'armée de Fabius elle-même qui demande qu'on lui apporte à manger, pendant qu'elle va rester sous les armes, promettant d'attaquer la nuit ou au point du jour le camp des Samnites. Marcellus pourvoit au même besoin avant l'assaut de Syracuse, Marius avant d'attaquer les Carthaginois, Acilius avant de combattre Antiochus, et avant l'assaut de Lamia [1]. »

Si l'on doit se livrer à des combats intellectuels importants, ou si l'on se prépare à éprouver de fortes sensations morales, il est bon, au contraire, de prendre peu de nourriture, surtout si l'on a pu se prémunir quelques jours à l'avance par des repas abondants.

VIII

Voici quelques observations dont j'ai pu apprécier la justesse :

« Pendant mes études médicales, dit M. Véron, les concours étaient de rudes épreuves pour mes condisciples et pour moi ; les uns déjeunaient amplement, buvaient du vin et prenaient du café, pour surmonter leur timidité et leurs appréhensions. J'avais adopté un système contraire : je dînais très-peu la veille, et le lendemain du concours je gardais la diète. Un succulent dîner avec des vins au moins naturels excite l'esprit, il est vrai, mais cette excitation

[1] *Correspondant*, du 10 mars 1869.

est toujours plus ou moins désordonnée ; elle peut même troubler l'attention, entraver la réflexion et paralyser la mémoire. La diète, au contraire, lorsque l'esprit est vivement préoccupé, excite toutes les facultés de l'intelligence et accroît leur puissance ; on improvise mieux, on a plus à soi toute sa mémoire l'estomac vide que l'estomac plein.

« Lorsque vous êtes en proie à de vives contrariétés, ou à des chagrins, votre estomac lui-même semble vous imposer le devoir de peu manger. Les contrariétés vives et les chagrins sont d'invincibles obstacles à de bonnes digestions. Les digestions pénibles ont aussi pour effet d'augmenter la tristesse, les troubles de l'esprit, et de retarder cette réaction morale, ces efforts de résignation qui sont pour l'homme, à tous les âges, une nécessité et un devoir [1]. »

Une autre remarque importante et assez facile à faire est la suivante :

On conserve d'une manière permanente, tenace, les dispositions dans lesquelles on prend ses repas. On dirait que les aliments reçoivent une première impression de l'humeur dont on se trouve dans le temps que l'on en use.

Prend-on son repas avec gaieté, avec joie, on sera ensuite gai, joyeux naturellement ; il faudra de graves circonstances, ou se faire violence, pour changer ces dispositions.

[1] *Mémoires de M. Véron*, t. VI, p. 358.

Le prend-on avec tristesse, on se lèvera de table avec le spleen, qui vous accompagnera et vous suivra partout.

La dissipation, l'étourderie y préside-t-elle, il faudra bien du temps et prendre beaucoup sur soi pour se recueillir ensuite et s'occuper convenablement de choses sérieuses.

On comprend tout l'avantage que l'individu se procurerait en se préparant convenablement à cet acte important de la vie, et en prenant sa nourriture, suivant les termes de l'Écriture, avec joie et simplicité de cœur.

Les anciens, qui connaissaient l'importance des principes de l'hygiène, et qui les mettaient en pratique, avaient des fous et des bouffons autour de leur table pour provoquer le rire, qui est excellent pour la digestion, lorsqu'il n'est pas porté à l'excès. Il fortifie les nerfs, chasse la bile, et établit une circulation salutaire du sang. Rien de plus vrai que ce dicton populaire, que l'on répète quelquefois lorsque l'on a bien ri : « Je viens de me faire un verre de bon sang. » Aussi, les maisons dans lesquelles la mauvaise humeur et la dispute président aux repas sont grandement à plaindre, rien ne dispose plus aux sombres maladies que cela : le spleen, les maladies bilieuses, les maladies de foie en sont souvent la conséquence. Les enfants surtout, qui sont obligés de subir ces conditions, sont bien malheureux, car c'est alors que leur tempérament se forme pour toute la vie.

CHAPITRE IV.

Curiosités utiles sur l'alimentation.

I

Il est à remarquer que les plus petites choses dans le régime alimentaire peuvent avoir les plus grandes conséquences.

De même que pour les plantes, il suffit qu'il manque à la terre un élément qui, de prime abord, peut paraître insignifiant pour occasionner le dépérissement, la maladie et la mort du végétal; un élément qui manquera dans l'alimentation de l'homme, ou qui sera en quantité trop minime ou trop considérable, suffira pour troubler sa santé et produire la maladie.

La loi de la *restitution*, qui est venue jeter un si grand jour sur la culture, peut aussi nous guider dans l'alimentation de l'homme.

Cette loi consiste à rendre au sol les principes qui lui sont ravis par les plantes. Appliquée à l'homme, elle consiste à rendre à l'organisation les principes éliminés par l'action de la vie.

Une personne bien portante jusqu'ici se sent devenir malade; la vigueur disparaît de ses membres et les symptômes les plus inquiétants se manifestent.

D'où vient cet état ? Souvent de peu de chose : un élément, un peu de fer, un peu de soufre, par exemple, manquent à son organisation ; son alimentation n'en contient pas en assez grande quantité, et cela suffit pour amener le dépérissement : de même qu'un peu de soufre ou un peu d'azote qui manque au sol suffit pour faire disparaître la grappe vermeille et pour amener la disette dans nos champs.

Un engrais choisi et distribué avec intelligence ramènera l'abondance dans nos guérets, de même qu'un aliment convenable ranimera la vie dans nos membres.

II

Tout agronome a pu remarquer que les cultures faites en saison convenable, avec de bonne semence, sur un terrain bien approprié à ce genre de semence, résistent le plus souvent aux pluies, aux gelées, aux sécheresses et autres accidents météorologiques, tandis que ces mêmes cultures faites sur des terres épuisées subissent tous les effets pernicieux de ces influences.

De même on a remarqué que les personnes qui étaient le plus capables de supporter de longues fatigues, les soldats, par exemple, qui soutenaient le mieux les privations d'un long siége, étaient ceux qui, avant d'entrer en campagne, pouvaient user d'une nourriture abondante et variée.

Les maladies et la mort naturelle de l'homme, comme celles des plantes, tiennent à deux causes principales, qui sont l'épuisement des substances indispensables à leur nature, et la caducité amenée par l'âge. On doit s'efforcer, par une excellente hygiène, d'empêcher l'un et de retarder l'autre.

Une foule de règles fécondes dans l'agronomie trouveront l'application la plus heureuse chez l'homme, si on considère les aliments comme étant le sol dans lequel l'arbre animal, le corps humain, puise sa nourriture, et l'estomac comme en étant les racines.

L'étude des mœurs des animaux nous fait voir avec plus d'évidence encore l'influence profonde des aliments sur les êtres vivants. L'ingénieuse organisation des abeilles résulte principalement du merveilleux instinct qui les guide dans le choix des aliments. Écoutons un éminent physiologiste : « Lorsque le naturaliste cherche la raison de ces singuliers instincts et de cette admirable organisation du travail (chez les abeilles), il la trouve dans une pratique au moyen de laquelle les ouvrières font développer ou avorter à leur gré les organes de la génération des larves confiées à leur soin. Cette pratique consiste à n'offrir à la reine, pour le dépôt de ses premiers œufs qui sont tous femelles, sauf la plus grande cellule réservée à l'héritière du trône, que d'étroites alvéoles où les larves sorties de ces œufs, ne rencontrant ni la nourriture, ni l'espace suffisant pour leur régulière et pleine métamorphose, contractent, sous l'empire de conditions favorables, une difformité qui les prive de la plus importante fonction de l'animal parfait, celle de la maternité, et fait ainsi tourner leurs instincts au profit de l'œuvre commune..... Lorsque la reine meurt, les ouvrières, inquiètes des périls de l'anarchie, se hâtent d'élargir une des alvéoles où un œuf en voie d'incubation aurait certainement donné une femelle stérile s'il fût resté dans les mêmes conditions, mais dont elles font sortir une femelle féconde en administrant à la larve une plus copieuse nourriture [1]. »

L'homme, comme la plante, comme l'animal, doit retrouver dans son alimentation les principes épuisés par la vie, de telle façon qu'aucune de ses humeurs ne prédomine aux dépens des autres. Il doit y puiser tous les éléments qui lui sont nécessaires, suivant la nature de son tempérament et le genre de ses occupations. La moindre erreur sous ce rapport peut avoir de funestes conséquences.

III

Voici quelques faits qui trouvent naturellement leur place ici, car les expériences faites sur les animaux peuvent éclairer le sujet qui nous occupe.

M. Reiset a communiqué à l'Académie des sciences

---

[1] M. Coste, de l'Institut, *De l'observation et de l'expérience en physiologie*, p. 8.

d'habiles expériences sur l'alimentation du bétail, entre autres les suivantes :

Pendant un certain temps, plusieurs moutons avaient reçu une nourriture abondante et très-substantielle, cependant ils avaient perdu de leur poids. On ne pouvait songer à augmenter la ration d'avoine en grains ou celle de betteraves cuites, puisqu'à chaque distribution les moutons laissaient une partie notable de ces aliments.

Le son était seul entièrement consommé, et on se proposait de l'augmenter, lorsque l'instinct des animaux révéla d'une manière frappante ce qui manquait à leur régime.

Le jour où on les conduisit à la balance, les moutons trouvèrent sur leur passage un lien de paille qui traînait dans la cour de la ferme. Ils se jetèrent comme des affamés sur cet aliment, qui ordinairement leur paraît peu friand, et le lien de paille fut dévoré en quelques instants.

En réfléchissant à cette révélation de l'instinct même des animaux, M. Reiset n'a plus hésité à introduire la paille dans la ration journalière, et le changement qui survint justifia son interprétation.

Dès ce moment, on donna chaque jour, outre les betteraves cuites, le son et l'avoine, deux distributions de menue paille de blé. A ce régime, les moutons regagnèrent en très-peu de temps le poids qu'ils avaient perdu, et leur engraissement s'opéra progressivement.

Remarquons ici que l'on n'attribue cependant à la

paille qu'une valeur nutritive presque nulle, mais il suffisait qu'elle contînt un élément nécessaire à la constitution des moutons, propre à féconder ou à imprimer un caractère spécial aux aliments plus nourrissants qu'on leur donnait, pour produire cet effet surprenant.

IV

Quelques faits communiqués à l'Académie de médecine par M. Daniel nous paraissent également dignes d'être cités :

Dans le régiment de la garde de Paris, il y avait un cheval maigre, sur lequel on fit l'expérience suivante. On diminua la ration journalière d'avoine de 1 kilog. 1/2, sans modifier la ration de paille et de foin, et on fit tenir constamment dans l'auge de l'eau à la disposition du sujet. De temps en temps on mettait dans cette eau un peu de son, dont le total chaque jour était de 500 grammes.

Au début, le 22 mai 1864, le cheval pesait 512 kilogrammes, le quinzième jour 520, le vingt-septième jour 530, ce qui donne une augmentation de 18 kilogrammes. Cependant les 500 grammes de son, ajoutés au régime alimentaire, n'ont pas remplacé les 1500 grammes d'avoine diminués. Il y a là un précieux enseignement si on sait en tirer les conséquences.

Dans le même régiment, il se trouve une jument

qui était énormément grasse. Elle souffrait sous son cavalier. Ainsi que les hommes surchargés d'embonpoint, elle était en sueur aussitôt qu'elle faisait un exercice un peu prolongé; elle subissait en un mot tous les inconvénients des sujets qui sont excessivement gras.

Cette jument buvait considérablement, elle absorbait 60 litres d'eau par jour. Le maréchal des logis qui la monte l'a réduite à 15 litres. Depuis elle a acquis une vigueur, une force qu'elle n'avait pas, et qui lui permettent de faire son service sans suer, sans souffrir.

La nourriture modifie non-seulement la forme, mais aussi le principe constitutif des organes; elle y introduit de la fibre ou de la graisse, de l'énergie ou de la matière : « L'alimentation, dit un savant administrateur, modifie aussi puissamment les animaux au physique et au moral, que la culture modifie promptement les plantes [1]. »

Cette opinion est aussi celle des Arabes, dont les chevaux de race font notre admiration; l'Arabe dit : « Le bon cavalier doit connaître la mesure d'orge qui convient à son cheval, aussi bien que la mesure de poudre qui convient à son fusil. »

Si la plupart de nos cavaliers, ajoute M. le Dr Auzoux, l'ingénieux promoteur de l'anatomie plastique, ignorent l'importance de ces préceptes, l'éleveur ordinaire est loin de se douter qu'ils aient

---

[1] Eug. Gayot, *la France chevaline.*

autant de pouvoir; il est loin de se douter surtout qu'en soumettant le poulain au même régime que le bœuf, il développe son tube digestif, rétrécit la poitrine, gêne la respiration, influe sur la qualité du sang, rend l'animal lent et paresseux, indépendamment de tous les changements qu'il apporte dans la forme.

Tous ces faits viennent à l'appui de ce que nous disions tout à l'heure : de grands changements peuvent être produits dans une organisation par des éléments qui ne paraissent pas en rapport avec eux.

V

L'instinct des peuples et la nature du sol conduisent naturellement à modifier l'alimentation; plus on avance vers le tropique, moins la nourriture a besoin d'être solide; un Toscan, un Napolitain serait bien en peine s'il fallait manger, à son repas, la quantité de viande qui n'a rien que d'ordinaire pour un ouvrier anglais. Quelques fruits, et surtout des aliments féculents, font la base de la nourriture des peuples de l'équateur.

C'est toujours au péril de sa vie, ou tout au moins de sa santé, que l'homme des climats septentrionaux, transporté sous des latitudes plus chaudes, persiste à conserver son régime et ses habitudes; la première chose à faire est de suivre immédiatement l'exemple du peuple au milieu duquel on vit, en usant d'une prudente transition.

« Dans l'alimentation, il y a également une hygiène pour chaque saison; personne ne niera que la succession des saisons et la variation de température ne doivent imprimer aux organes de la digestion et par suite à toute l'économie des degrés et des nuances d'activité fort divers. En effet, dans nos climats tempérés, nous passons par toutes les températures; nous avons des hivers très-froids, des étés très-chauds et des printemps humides. De là, la nécessité de la réparation et de la stimulation, de l'alimentation tonique, de l'alimentation légère et stimulante, de l'alimentation douce et rafraîchissante [1]. »

Cependant on ne peut donner aucune règle fixe pour le choix des aliments, car non-seulement ceux qui conviennent et qui sont bons à certains tempéraments ne conviennent nullement à d'autres, mais ce qui incommode dans un âge peut être salutaire dans un autre, et bien souvent les variations que l'on est porté à regarder comme des bizarreries ou des caprices de l'individu proviennent des changements survenus dans sa constitution; le meilleur guide dans le choix des aliments, c'est l'instinct éclairé.

Une des choses les plus curieuses à observer pour le philosophe, ce sont les antipathies ou les sympathies nationales pour certains mets.

Les Persans abhorrent l'esturgeon, et les Russes l'écrevisse et l'alose; les Irlandais ont une aversion

[1] Dr E. Decaisne, *Cosmos*, 16 avril 1870.

aussi forte et non moins singulière pour les anguilles.

Le mets le plus vanté chez les Lacédémoniens était le brouet noir. Les vieillards, quand on en servait, n'avaient plus d'appétit pour les viandes : ils les laissaient aux jeunes gens, et ils mangeaient le brouet de grand cœur. Un roi de Pont acheta exprès, dit-on, un cuisinier lacédémonien, pour qu'il lui fît du brouet : lorsqu'il en eut goûté, il le trouva détestable : « O roi, dit le cuisinier, il faut, pour savourer ce brouet, s'être baigné dans l'Eurotas [1]. »

Dans bien des départements de France on répugne de manger des escargots, que les Allemands regardent comme un mets exquis, tandis qu'ils ont en horreur les grenouilles dont usent beaucoup de Français.

La répugnance de la plupart des hommes pour la chair de cheval et le lait de jument ne peut guère mieux s'expliquer.

Le chien, pour la chair duquel nous éprouvons une aversion insurmontable, sert à la nourriture de certains peuples et notamment à celle des habitants de la mer Pacifique ; les nègres préfèrent la chair du chien à celle de tous les autres animaux ; un chien rôti est pour eux le mets le plus délicieux.

« Les aliments qui plaisent au goût, a dit Hippocrate, quoiqu'ils soient mauvais par eux-mêmes, sont préférables pour la santé à des aliments moins

[1] Plutarque, *vie de Lycurgue.*

agréables et auxquels on n'est pas habitué, quoique ceux-ci soient meilleurs par eux-mêmes. »

Les aliments les meilleurs et les plus faciles à digérer, mais qui répugnent instinctivement, éludent, par la contraction qu'ils font éprouver, l'action de l'estomac.

Les sensations agréables qui nous affectent lorsque nous prenons des aliments ne se produisent qu'en raison de certaines dispositions du corps, et ces sensations agréables désignent ordinairement une affinité entre l'aliment et l'état actuel de l'organisation.

VI

Les aliments qui flattent le plus le palais, et que l'on prend avec le plus de sensualité, sont mêlés plus intimement avec la salive, reçus dans l'estomac avec plus de plaisir, et dissous plus facilement et plus complétement par les sucs gastriques.

On voit assez souvent des personnes délicates digérer des aliments durs et compactes, qu'elles mangent par envie, et se trouver incommodées d'aliments plus tendres et plus succulents, pour lesquels elles ont de la répugnance.

La force de l'habitude peut neutraliser l'influence des aliments nuisibles sur l'organisation, à un point surprenant : on sait que Mithridate, roi de Pont, était tellement habitué à certains poisons, qu'il n'en éprouvait aucun mal.

On voit de même des personnes avaler impunément des doses énormes d'opium, tandis que cinq ou six grains suffisent pour faire périr ceux qui n'y sont pas accoutumés.

Pour la même raison, si l'on prend plusieurs jours de suite un purgatif, de la manne, par exemple, l'impression de dégoût qu'elle faisait sur l'estomac s'y affaiblit, elle devient un aliment, et l'on n'est plus purgé.

L'odeur de l'*assa fœtida*, que nous ne pouvons souffrir, faisait les délices des anciens; elle est encore très-estimée chez les Perses; celle du citron leur paraissait au contraire fort désagréable.

De ce que nous venons de dire, il résulte que l'on doit faire extrêmement attention, dans le traitement des maladies, aux habitudes et au régime ordinaire des personnes.

« Il y a moins de maux à craindre, dit Hippocrate, des choses auxquelles on est habitué depuis longtemps, et qui pourraient passer pour mauvaises en elles-mêmes, que des choses auxquelles on n'est pas habitué et cependant meilleures. Il convient donc de varier de temps en temps son régime et de s'habituer à tout. »

Érasistate ajoute que le médecin qui néglige ces principes court les risques de commettre les plus grandes fautes et de tuer ses malades, comme il est arrivé à l'égard d'Arius le péripatéticien; ce philosophe redoutait l'eau froide, parce qu'il était affecté du hoquet aussitôt qu'il en avait bu. Un jour qu'il avait la fièvre, les médecins, nonobstant cette observation, s'opiniâtrèrent à lui en faire avaler; il en but et périt sur-le-champ.

VII

Peu de personnes soupçonnent les résultats immenses que l'on pourrait obtenir si l'on étudiait le régime qui convient à l'homme, comme l'on étudie celui qui convient à l'animal et même à la plante.

C'est surtout à la première enfance qu'il faudrait faire attention, pour rendre forts et solides tous les organes qui doivent présider à la réparation; car, nous le répétons, les premiers aliments que l'enfant reçoit, la manière dont on se conduit à son égard pendant les premières années de sa vie, sont ce qui décide surtout de son tempérament. Et, on est bien forcé de le dire, il est déplorable de voir ce que l'on fait en général sous ce rapport.

La plante tire nécessairement du milieu où elle se trouve les aliments qui conviennent le mieux à sa vie et à sa santé. Chose surprenante et curieuse, ses racines semblent quelquefois agir avec une intelligence toute-puissante : elles s'accrochent aux roches, pénètrent dans leurs fissures, les brisent et les font éclater, ou elles décrivent quelquefois des détours incroyables pour atteindre l'aliment substantiel relégué dans quelque coin.

Une force aveugle, que l'on appelle instinct, guide

de même l'animal dans le choix de ses aliments.
Cet instinct agit comme une intelligence supérieure
soit pour conserver l'animal en santé, soit pour le
guérir lorsqu'il est malade. Il peut se dépraver par
les contraintes que lui impose la vie domestique,
mais il reprend sa première initiative dès que l'animal est libre.

C'est donc une force presque invincible qui guide
la plante et l'animal dans le choix des aliments qui
leur conviennent ; mais qu'est-ce qui guide l'homme
dans une chose si importante, de laquelle dépendent
sa vie et sa santé, sa joie et sa tristesse, sa bonne
ou sa mauvaise humeur? car il n'est pas besoin d'être
un grand philosophe pour remarquer l'immense influence des aliments et du régime sur les tendances
de chaque individu.

Chose triste à dire, ce qui guide l'homme dans ce
choix important, c'est le plus souvent des habitudes
dépravées dès la jeunesse. Pourquoi forcer l'enfant
à prendre des aliments qui lui répugnent? Pourquoi
ne pas lui donner en abondance ceux qu'il désire,
lorsqu'il n'y a pas de difficultés? Son instinct tout
jeune, qui n'a pas encore été égaré, est aussi sûr
que celui de l'animal, et l'on éviterait bien des malheurs en le suivant et en l'éduquant avec intelligence.

Beaucoup de personnes disent : On ne sait pas
dans quelles circonstances on peut se trouver; il
est bon que l'enfant s'habitue à toutes sortes d'aliments. Ce raisonnement n'a qu'une apparence

de bon sens, il n'est propre qu'à égarer l'instinct, car l'observation fait voir que le goût pour les aliments change naturellement avec les années, sous l'influence des humeurs, des occupations et des circonstances dans lesquelles on se trouve; que le même individu arrive à aimer les aliments pour lesquels il avait le plus de répugnance et, réciproquement, à ne pouvoir supporter ceux qui autrefois avaient toutes ses sympathies, et cela tout naturellement, par la simple influence d'une force protectrice de la vie, qui agit différemment sur lui, suivant ses différents besoins.

« On peut observer, dit justement madame Necker, que les centenaires ne sont jamais parvenus à ce grand âge par aucun précepte de médecine; presque tous ont quelque genre de vie particulier qui leur a été suggéré par une sorte d'instinct que l'on peut comparer à la faim ou à la soif, et qui est sans doute l'effet de quelque sentiment secret de leur tempérament[1]. »

On dirait des merveilles, si l'on voulait rapporter les guérisons étranges dues à l'instinct qui pousse des malades, souvent abandonnés des médecins, à prendre des aliments condamnés dans leur position par les règles de l'art.

C'est donc par l'étude attentive des indications de l'instinct, surtout dès l'enfance, que l'on arrivera à former un régime propre à produire des organes

---

[1] *Mélanges*, page 254.

sains et robustes, à imprimer ni trop ni trop peu
d'énergie à la force vitale, et à conduire l'homme
jusqu'au terme le plus long qui lui soit assigné
ici-bas.

Ve PARTIE.

INFLUENCE DES LIEUX

SUR LA VIE HUMAINE.

INFLUENCE DES LIEUX

SUR LA VIE HUMAINE.

CHAPITRE I.

Influence du sol et de ses émanations sur l'homme.

1

Dans chaque lieu se trouvent des influences favorables ou défavorables à la vie.

La composition du sol, les changements atmosphériques, les variations de température, l'orientation des sites et leur élévation au-dessus de la mer agissent d'une manière puissante sur l'organisation.

Des relations intimes existent entre la constitution géologique du sol, les éléments qui le composent, l'eau qui l'arrose, l'atmosphère qui l'environne, les plantes qui en tirent leurs sucs, les animaux qui s'abreuvent de cette eau, respirent cet air et se nourrissent de ces plantes ; entre le sol, les plantes, les animaux et l'homme qui puise sa vie dans tout ce qui l'entoure. Nous avons fait remarquer ces curieuses relations en parlant des aliments.

Il y a des régions privilégiées où tout ce qui s'exhale tend à développer la vie physique et même la vie morale. Un génie bienfaisant semble y veiller au salut de l'humanité et prendre soin de son bonheur. Il y a également des contrées funestes où les émanations du sol, les effluves malsains des matières corrompues, l'atmosphère empoisonnée agissent d'une manière permanente et terrible sur l'homme, et lui impriment un cachet de dégénérescence. En voici un navrant tableau :

« Les Bressans, déshérités en quelque sorte par la nature, n'ont jamais senti que le poids de la vie; la funeste influence de l'air dans lequel ils végètent est imprimée fortement sur leurs traits; elle modifie à un degré extraordinaire leurs fonctions et leurs facultés. *Ils naissent valétudinaires, ils ont achevé d'exister dans l'âge de la vigueur.* L'enfance a perdu dans ce climat son charme et son enjouement; elle n'y montre pas ses contours arrondis, ses formes molles et délicates, sa grâce enchanteresse; des rides nombreuses sillonnent de jeunes visages; une peau décolorée et sans ressort enveloppe des organes débiles, une bouffissure repoussante ôte aux membres leur agilité et fait perdre à la physionomie son expression. Tous les éléments dont le Bressan reçoit l'action conspirent à sa ruine : l'air qu'il respire est empoisonné, l'eau dont il s'abreuve est corrompue; sa demeure chétive est exposée sans défense à l'influence d'une atmosphère pernicieuse ; ses aliments sont grossiers et insuffisants, ses vêtements ne le protégent pas contre les modificateurs les plus nuisibles, et le genre de travail auquel il est condamné ne lui permet pas de consoler sa misère par les illusions d'un avenir plus heureux..... La mélancolie, l'apathie, *une sorte d'idiotisme*, telle est l'expression habituelle de son visage rarement modifié par les passions..... Tout chez lui est en harmonie avec ces caractères, et c'est dans la Bresse surtout que le physique est une traduction fidèle du moral. Écoutez l'homme qui est né sous le ciel de cette terre insalubre ; sa voix est gutturale et rauque, sa prononciation gênée, les finales des mots sont traînantes. Voyez-le se mouvoir ; combien sa démarche est lente et pénible ! Quelle faiblesse dans l'âge de la vigueur ! Combien ce corps cacochyme a peu de vie ! A vingt ans le mouvement de décomposition commence, et des maladies continuelles ajoutent à la débilité constitutionnelle [1]. »

II

Hippocrate donnait déjà de précieux détails sur les influences maladives des lieux ; écoutons-le traduit par la plume de M. Littré : Dans les contrées marécageuses « les femmes conçoivent difficilement, et

[1] Monfalcon, *Histoire médicale des marais, et traité des fièvres intermittentes*; 2e édition, 1826.

leur accouchement est laborieux. Les nouveau-nés sont gros, boursouflés ; mais pendant la nourriture ils maigrissent et deviennent chétifs... Le flux qui suit les couches ne se fait pas d'une manière avantageuse, les enfants sont atteints de hernies ; les hommes le sont de varices et de plaies aux jambes ; de sorte que la longévité est impossible avec de pareilles constitutions ; la vieillesse arrive avant le temps [1]. »

D'après M. le docteur Morel, qui a fait une étude spéciale et consciencieuse du crétinisme, la cause principale de cette dégénérescence se trouve également dans la constitution géologique du sol et dans les modifications qu'il imprime à l'air, à l'eau et aux fruits qu'il produit. M. Chatin croit également que l'*influence toxique* sous laquelle se développe le goître appartient au sol : elle est transportée par les eaux et pénètre dans l'économie par les aliments.

M. le docteur Carrière a raison de s'exprimer ainsi : « L'émigrant même a beau secouer la poussière du sol de la patrie qui s'attache à ses pieds, il en reste toujours quelque chose, et ce quelque chose est pétri dans la substance de son organisme [2]. »

Les animaux ne sont pas exempts de ces pernicieuses influences : « Les quadrupèdes qui habitent les pays marécageux sont en général de petite taille. Ils ont peu de force et paraissent être rachitiques ; ils paissent au milieu d'eaux stagnantes et n'y trou-

[1] *Des airs, des eaux et des lieux.*
[2] *De la climatologie médicale*, p. 28.

vent que des substances nutritives de qualité vicieuse à quelques exceptions près… J'ai vu des vaches et des bœufs étiques chercher leurs aliments dans des étangs dont l'eau fangeuse atteignait leur poitrine; ces ruminants, ainsi que les moutons, y dépérissent avec rapidité; leur chair devient aqueuse, insipide, peu nourrissante… C'est un fait reconnu que celle des brebis qui paissent dans les lieux marécageux n'a pas la saveur ni la délicatesse de celle des animaux nourris dans un pays sec et élevé… En général les grandes espèces dépérissent dans les sols marécageux : dix ans suffisent au renouvellement des races, et elles s'abâtardissent à la première génération [1]. »

M. le docteur Morel fait remarquer que, dès 1761, Stokes avait observé que les vaches, les chevaux et les brebis qui paissent dans les contrées où se trouvent des mines de plomb, en éprouvaient des effets funestes. Les chiens y sont atteints de coliques de plomb et les oiseaux *cessent de pondre*. Carte avait fait les mêmes observations dans le Derbyshire, en 1678. Hensinger a remarqué dans la Carinthie l'influence délétère exercée sur les plantes, les quadrupèdes et les oiseaux, par les eaux qui contiennent de l'oxyde de plomb). M. Kuers prétend que sur ces mêmes terrains les brebis ne réussissent pas. M. Meyer a fait des observations très-étendues sur l'action des mines de plomb dans le Harz. Les poules, les canards et les

[1] Monfalcon, *Histoire médicale des marais*, etc.

oies soumis à ces influences intoxicantes ne pondent
plus et très-souvent ils y succombent. Rien de si
commun, d'après cet auteur, que les avortements
chez les animaux domestiques dans la Prusse-Rhé-
nane. « Il est très-probable, comme le fait observer
M. Heusinger, que les sols qui contiennent du mercure, du cuivre, de l'arsenic, etc., produisent une
action non moins malfaisante sur l'homme et sur les
animaux. Quelques observations de Roraas, pour ce
qui regarde la Suède, tendraient à le faire supposer;
mais ce sujet d'hygiène si intéressant a besoin encore
d'être éclairé par des observations nouvelles [1]. »

Dans son travail sur la *climatologie*[2], M. Carrière
rappelle que le gouvernement autrichien, il y a
une dizaine d'années, fit dresser la carte sanitaire
de l'empire, y compris le territoire de l'Italie sep-
tentrionale. Elle a pour but de marquer les différents degrés de salubrité du sol. D'un coup d'œil
on peut y lire tout ce que son titre permet d'y
chercher. L'étendue comme les frontières des lieux
salubres, de ceux qui le sont peu et de ceux qui ne le
sont pas, y sont tracés avec la netteté qui distingue
les travaux graphiques les plus remarquables. — Il
serait à désirer que partout on suivît cet exemple.

III

Rien n'est triste et navrant comme l'aspect des lieux

---

[1] *Traité des dégénérescences*, p. 618.
[2] Carrière, *Climatologie*, p. 65.

qui produisent ces exhalaisons fatales, dont les effets sont quelquefois aussi rapides qu'effrayants. Il suffit, par exemple, de respirer seulement pendant quelques secondes, dans certains parages redoutés de Madagascar, ou de quelques îles funestes environnantes, pour que la prompte mort envahisse instantanément toute l'organisation.

Le jeune homme le plus fort, le plus robuste et le plus vigoureux, le jeune homme rayonnant d'ardeur qui va chercher l'avenir doré dans ces parages, sous l'influence de ces miasmes, se sent expirer comme si le venin dévorant du crotale courait dans ses veines, et, s'il échappe à ces tortures, c'est souvent pour végéter tristement le reste de ses jours comptés.

Que d'infortunés de ce genre n'ai-je pas rencontrés pendant mon voyage dans la mer des Indes !

On regarde les fièvres intermittentes comme étant produites par des miasmes marécageux. Cependant, jusqu'à ce jour, on n'avait pu découvrir méthodiquement l'existence de ces agents morbifiques. M. le professeur Salisbury a dirigé ses investigations persévérantes sur ce sujet, et il a été assez heureux pour les voir couronnées de succès.

Quelques détails sur ses importantes expériences trouvent naturellement leur place ici.

A l'aide du microscope, il a constaté la présence des *sporules d'une plante cryptogame* suspendus dans l'atmosphère humide des régions palustres, où les fièvres intermittentes et rémittentes sont endémiques, c'est-à-dire inhérentes au pays, dépendantes de causes locales.

Voici comment : il suspendait, durant la nuit, des plats de verre à une hauteur d'un pied environ de la surface des eaux marécageuses et stagnantes. Le matin, le dessous du vase était invariablement recouvert de gouttes d'eau contenant les mêmes corps microscopiques constatés ensuite dans l'expectoration des malades ; tandis que le dessus ne contenait que des cellules spéciales, qu'il considère comme la cause de l'intermittence.

Des expériences répétées en divers lieux donnèrent constamment les mêmes résultats. De plus, M. Salisbury a rencontré ces cellules dans l'expectoration d'un grand nombre de fébricitants et de personnes exposées, le soir, la nuit et le matin, aux effluves paludéens. Leur sécrétion salivaire contenait des cellules microscopiques et d'autres corps; mais les cellules en question étaient les seules qui s'y trouvassent constamment.

M. Salisbury découvrit la nature algoïde de ces cellules en répétant ses expériences sur les marais et les marécages avoisinant la ville de Lancaster, dans l'Ohio. Obligé pour s'y rendre de traverser une vaste prairie, avec des fondrières d'où les eaux s'étaient retirées, et où croissaient des plantes du type palmé, il éprouvait une sensation particulière dans le gosier et les bronches, et, à son retour, ses crachats contenaient les cellules en question. En suspendant ses plats de verre à la surface du sol de cette plaine desséchée, foulée par les bestiaux, le dessous était recouvert, le lendemain matin, des mêmes cellules, et il les retrouva également dans la boue des fondrières en plaçant un fragment sous le champ du microscope. Cette triple épreuve confirmative était donc concluante.

En poursuivant ses recherches dans plusieurs districts infestés de fièvres intermittentes, le docteur Salisbury démontra partout l'existence de ces cellules et de ces plantes et leur influence sur la production de la fièvre.

IV

M. Salisbury étendit plus loin encore ses observations : il fit remplir six tonnes de terre prises à la surface d'une prairie humide, marécageuse, palustre, recouverte des plantes palmées dont il s'agit. Des gâteaux de la dimension des tonnes furent enlevés à la surface avec cette végétation et encaissés avec soin. Transportées dans un district montueux, élevé, dans une localité à 300 pieds au-dessus du niveau de la mer, parfaitement salubre, où jamais un cas de fièvre intermittente n'avait paru, et à cinq mille environ de toute contrée palustre, ces boîtes de cryptogames, découvertes, furent placées sur le châssis d'une fenêtre, au second étage, ouvrant sur la chambre à coucher de deux jeunes gens. La fenêtre fut tenue constamment ouverte. Des plats de verre furent suspendus au-dessus durant la nuit; la surface inférieure ne tarda pas à être recouverte de spores palmelés, et de nombreuses cellules de la même espèce adhéraient à un plat suspendu dans la chambre, lequel avait été mouillé avec une solution concentrée de chlorure de calcium.

Dès le douzième jour, un des jeunes gens eut un accès de fièvre intermittente, et le second en fut atteint le quatorzième jour. Tous deux eurent ainsi trois accès successifs du type tierce qui furent jugés par le remède souverain.

Des quatre membres de la famille couchant au quatrième, aucun ne fut atteint.

Ces expériences, répétées à plusieurs reprises, donnèrent les mêmes résultats.

M. Salisbury décrit cinq espèces de plantes sous le nom de *Gemiasma*, pouvant produire la fièvre intermittente. A un autre type, il donne le nom de *Protuberansa*. Le seul moyen d'en prévenir les effets serait l'arrosage avec une solution de chaux caustique.

Il paraît que cette découverte, qui vient d'être faite méthodiquement, avait été faite empiriquement sans que l'on s'en rendît bien compte, depuis longtemps déjà. « Étant étudiant, disait dernièrement M. le docteur Van den Corput[1], j'ai constaté sur moi-même et à plusieurs reprises qu'ayant laissé séjourner dans ma chambre à coucher des algues et des végé-

[1] *Journal de médecine de Bruxelles.*

taux palustres, contenus avec de la vase dans un large bassin, je ressentis invariablement quelques jours après de véritables accès de fièvre intermittente. » Le rédacteur en chef du journal, M. le docteur Hannon, n'est pas moins explicite. « En 1843, dit-il, j'étudiais à l'université de Liége : le professeur Charles Morren m'avait enthousiasmé à tel point, à l'étude physiologique des algues d'eau douce, que j'avais encombré la fenêtre et la cheminée de ma chambre à coucher d'assiettes remplies de vaucheries, de conferves, d'oscillaires, etc.

« J'entretenais avec bonheur mon professeur de mes observations sur ces algues, et chaque fois il me disait : « Prenez garde à l'époque de leur fructifi- « cation, les spores des algues donnent la fièvre inter- « mittente. Je l'ai éprouvé chaque fois que je les ai « étudiées de trop près. » Comme je cultivais mes al- gues dans de l'eau pure et dans l'eau des marais où je les avais recueillies, je n'attachais aucune impor- tance à ces observations. Mal m'en prit. Un mois plus tard, à l'époque de la fructification, je fus pris d'un frisson, mes dents claquèrent ; j'avais la fièvre. Elle dura six semaines. Ce fut le docteur Alfonse Leclercq qui m'en débarrassa à Bruxelles, car j'avais alors quitté Liége. Quand je revis le professeur de botanique, Charles Morren, je lui racontai ce qui m'était arrivé : « Vous n'êtes pas le seul, dit-il, que « j'aie vu devenir fiévreux de la sorte[1]. »

<hr>

[1] *Même recueil*, page 497.

Voilà des faits bien constatés, que l'on peut d'ailleurs contrôler de nouveau, et qui démontrent que les fièvres paludéennes sont dues à des émanations végétales.

V

Quoique l'on classe généralement le choléra parmi les fièvres, on est moins sûr de la cause qui le produit ; cependant beaucoup de savants sont persuadés qu'il est dû à des émanations animales. M. le docteur Pérès, qui paraît partager cette opinion, a donné une étude sur la nature du choléra-morbus de l'Inde, reproduite dernièrement par *l'Abeille médicale*, qui n'est pas indigne d'attirer l'attention des personnes intelligentes. « L'Hindoustan, ou presqu'île de l'Inde, s'étend sous les Tropiques ; sa population est à peu près de cent quatre-vingt millions d'habitants qui suivent tous la religion de Brahma, excepté quelques millions de musulmans ; la religion de Brahma prescrit aux Hindous de brûler tous les corps morts soit de vieillesse, soit de maladie ; les femmes mêmes se font honneur d'être brûlées vivantes sur le bûcher de leurs maris défunts. Depuis des milliers d'années que cette coutume religieuse existe, combien de millions de corps ont été combustionnés ! quelle quantité de vapeurs délétères lancées dans l'atmosphère ! que de compositions et de décompositions développées par le feu ! Selon moi, voilà le vrai principe du choléra-morbus de l'Inde : d'après ma conviction profonde, le *choléra asphyxia* a pour cause unique un poison gazeux, formé par la crémation de tous les corps morts dans ces contrées populeuses, depuis des milliers d'années. Ce poison gazeux engendré sous le ciel des tropiques est suspendu, pendant le jour, dans les régions élevées de l'atmosphère, mais descend dans les régions inférieures après le coucher du soleil, pour se mêler à l'eau, aux aliments divers, et pour pénétrer dans les poumons par la respiration. Lorsque ce poison gazeux s'est introduit dans les corps vivants, il y détermine la diarrhée, les vomissements, les crampes et la cyanose, qui sont les symptômes ordinaires de ce terrible fléau ; mais, au début, son caractère le plus distinctif est d'être *foudroyant*.

« Le choléra asphyxia est endémique dans l'Hindoustan ; néanmoins, sous l'influence de certaines conditions atmosphériques, il devient quelquefois épidémique et se répand dans les contrées les plus lointaines.

« Pour détruire le principe du choléra-morbus de l'Inde, il faudrait que la diplomatie européenne non-seulement invitât, mais forçât les peuples de l'Hindoustan à ensevelir tous leurs morts à deux mètres sous terre, et dans des lieux situés à l'abri des inondations du Gange et de l'Indus. Alors le choléra asphyxia disparaîtra pour toujours de la surface du globe. Ce sera une grande victoire remportée dans l'intérêt de l'humanité. »

Il est possible que l'on finisse par s'apercevoir que la plupart des fléaux qui périodiquement viennent couvrir notre globe de deuil ne sont dus qu'à quelques erreurs hygiéniques qu'il serait facile de faire disparaître. L'auteur de la nature veut que nous arrivions à vaincre ces forces destructives par les travaux de l'intelligence, de même qu'il est dans l'ordre de ses lois que la sueur de l'homme féconde les sillons, et fasse ainsi succéder aux ronces les moissons abondantes.

VI

L'épidémie cholérique de Londres a permis de constater des faits d'une haute importance. Le *Times*, s'appuyant sur l'autorité officielle de l'*Administration sanitaire*, pense que l'influence et la qualité des eaux est l'agent principal et le plus actif de la propagation du fléau, et il cite, en confirmation de sa thèse, des circonstances qui sont de nature à provoquer dans les autres pays un examen attentif et une vérification sérieuse.

Comme c'est là une question d'intérêt pour tous les temps, pour toutes les classes et pour tous les pays, nous croyons devoir publier, sans y rien changer, le résumé de l'important article que le *Times* a consacré à ce sujet :

« En résumé, Londres est divisé en 37 districts; 6 districts sont approvisionnés par l'Old-Fort, et chacun d'eux a été ravagé par l'épidémie; les autres

31 districts, pendant six semaines de suite, n'ont souffert que légèrement. Plus l'observation entre dans les détails et plus le fait apparaît distinctement. Ces 37 districts sont divisés en 145 sous-districts; 21 d'entre eux sont approvisionnés par la même eau et tous ont souffert six semaines de suite; 115 sous-districts n'ont presque pas été atteints, à l'exception de ceux où cette même eau avait pénétré et où la mortalité s'est partiellement élevée.

« Il est digne de remarque que le genre d'eau est indiqué d'une façon aussi particulière que le district. L'eau fatale est celle de l'*East London* Company; mais ce ne sont pas toutes ses eaux. Une partie en est fournie directement par les filtres (*fealdes beds*) de Lea-Bridge, et celles-là paraissent avoir été inoffensives. Il n'en est pas de même des autres. Le reste des eaux distribuées par cette compagnie provient des réservoirs de l'Old-Fort, situés plus bas, et c'est cette eau qui semble avoir été funeste. Il serait difficile d'avoir une plus ample confirmation de cette découverte, maintenant familière aux hommes de science, que le grand agent de la propagation du choléra, c'est l'eau.

« Par la théorie des chances, dit le Registre général, il est impossible que cette coïncidence entre cette eau particulière et le degré de la mortalité puisse être fortuite dans les cent trente-cinq localités pendant six semaines de suite, et ce fait confirme simplement les observations qui ont été recueillies dans les épidémies précédentes.

« Maintenant la conséquence que nous tirons de ce remarquable résultat est aussi simple qu'elle est importante. C'est que le choléra a cessé pratiquement d'être une maladie mystérieuse. Il est vrai que notre ignorance de sa pathologie reste presque aussi grande que jamais, et que les observateurs les plus impartiaux doutent que nous ayons fait aucun progrès réel pour la découverte du traitement applicable à ce mal terrible. Mais nous connaissons, avec une certitude remarquable, la source d'où il dérive et la manière dont il se propage.

« Son poison se trouve dans les déjections des cholériques lorsqu'elles sont dans un état de décomposition, et c'est principalement par l'eau que ce poison se transmet. Pour combien d'autres maladies, que nous regardons avec beaucoup moins d'alarmes, possédons-nous une égale somme d'informations?

« A tout événement, il en est très-peu à l'égard desquelles nous ayons acquis une connaissance aussi utile et aussi pratique. On en pourrait réellement induire que, si nous pouvions protéger nos approvisionnements d'eau de l'infection, nous serions presque à l'abri du choléra.

« Le fait que nous avons signalé relativement aux districts du sud de Londres peut nous conduire à conclure que la limitation comparative du fléau dans les conjonctures actuelles est due aux améliorations dans le drainage et l'alimentation d'eau de la métropole qui ont été effectuées depuis 1854.

« Nous ne pouvons toutefois oublier qu'il est encore trop tôt pour tirer aucune conclusion péremptoire quant à l'épidémie présente. Nous avons devant nous deux mois dangereux, et la première semaine de septembre a été le point culminant des épidémies antérieures. Mais le fait que nous avons développé sert à indiquer les conditions auxquelles nous pouvons étendre au reste de la métropole l'augure favorable que nous avons le droit d'en tirer pour les districts de l'est.

« L'épidémie ne s'étendra point probablement *aussi longtemps que l'approvisionnement d'eau ne sera pas infecté*. Avec quelle rapidité cela peut-il s'obtenir et par quels moyens? c'est ce que nous ne sommes pas capables de décider. Nous pouvons être certains que l'eau dans les districts de l'est est infectée, mais aucune explication n'a encore été offerte sur la source de cette infection, et, aussi longtemps que nous tirerons notre eau de rivières qui sont empestées par le produit des égouts répandus sur toute une ligne du pays, il doit être impossible d'assurer la pureté de l'approvisionnement.

« Pour le moment donc, nous sommes dans une grande mesure à la discrétion des compagnies d'eau; il nous reste deux précautions subsidiaires qui contribueraient beaucoup à préserver notre santé.

« Sans aucun doute, le meilleur préservatif serait de ne point boire d'eau; mais, quand cela est impossible, deux précautions sont impératives : la première, de ne boire aucune eau avant qu'elle ait été bouillie et filtrée, s'il est possible, la seconde, de purifier toutes les citernes et tous les réceptacles d'eau. Ce sont là les deux grandes règles que chacun doit recommander aux pauvres. En un mot, notre grand principe doit être que le choléra, très-difficile à guérir, est facile à prévenir. »

Le *Times* fait de plus remarquer qu'il y a bien eu dans presque tous les districts de la métropole un petit nombre de cas isolés : mais nulle part, excepté dans les districts de l'est, le fléau n'a montré aucune tendance à s'étendre, et il est remarquable, qu'au moins pour quelques-uns des cas, dans les autres districts, le mal paraît avoir été contracté dans les quartiers infectés de Londres.

Des personnes pauvres sont allées dans ces derniers quartiers pour faire une visite à leurs amis, et, à leur retour dans les quartiers de l'ouest ou du nord, elles ont été prises d'une attaque de choléra. Ce fait en lui-même est un important résultat; il prouve, si l'on veut nous permettre cette expression, que l'infection est locale aussi bien qu'épidémique.

VII

Les quartiers des grandes villes où toutes les misères sont entassées sont aussi funestes à la vie de l'homme que les pays marécageux ; les nombreuses enquêtes officielles ne laissent aucun doute sur ce sujet et signalent les faits les plus déplorables. « Une quantité de familles n'ayant que la même chambre, et souvent le même lit, puisent dans ces milieux méphitiques le germe de toutes sortes de maladies physiques et morales... Si même nous ne voulons examiner que le côté physique de la question, celui de l'influence exercée sur la santé par le miasme méphitique qui se dégage dans ces antres où s'entassent les êtres humains, nous aurons l'occasion de faire des rapprochements instructifs sur la nocuité des atmosphères pestilentielles, soit qu'on étudie la question au milieu des Marais-Pontins, ou dans les logements insalubres [1]. »

M. Léon Faucher, qui a si bien étudié ces questions, s'exprime ainsi : « Il meurt à White-Chapel un enfant sur deux ! presque autant qu'à Manchester et à Liverpool ! Les chances de vivre, qui sont dans le West-End de 26 ans, pour la classe des artisans et des domestiques, y descendent à 22 pour l'union de White-Chapel, et à 16 pour celle de Bethnal-Green. »

Le docteur Chadwick s'écrie : « Voilà donc les conséquences de l'état effroyable dans lequel on laisse White-Chapel ; la fièvre y est aujourd'hui endémique, et y met tous les ans la population en coupe réglée. New-York a la fièvre jaune en permanence, le Caire la peste, Rome la malaria, et Londres le typhus. »

M. le docteur Smith : « La chambre d'un malade attaqué de la fièvre, dans un appartement de Londres, où l'air frais ne circule pas, est dans des conditions parfaitement semblables à celles d'un marais d'É-

[1] M. Morel, *Traité des dégénérescences*, p. 637.

thiopie où pourrissent des amas de sauterelles. Le poison qui s'engendre dans les deux cas est le même, et ne se distingue qu'au degré de puissance qu'il déploie. La nature avec son soleil brûlant, avec ses vents languissants, avec ses marais putrides, *manufacture la peste* sur une immense et formidable échelle. La pauvreté dans sa hutte, couverte de haillons, enveloppée de sa fange, s'efforçant d'écarter l'air pur et d'augmenter la chaleur, ne réussit que trop bien à imiter la nature. Le procédé est le même ainsi que le produit; il n'y a d'autre différence que la grandeur des résultats. »

De célèbres économistes ont jeté d'effrayantes clartés sur les horreurs physiques et morales que présentent les quartiers populeux, habités spécialement par les ouvriers et par la misère dans les grandes villes; espérons que leurs efforts et leur courageuse initiative feront trouver des remèdes efficaces à de si grands maux.

VIII

Les considérations précédentes nous engagent à donner ici le résumé d'une remarquable conférence, faite à l'*Institution royale* de Londres par l'éminent physicien, M. John Tyndall, sur la composition des poussières que contient l'air que nous respirons, sur les maladies qu'elles peuvent produire et les moyens de les éviter. Cette conférence a été reproduite en entier dans *les Mondes*[1]; c'est sa traduction que nous prendrons pour guide.

Par le moyen d'appareils ingénieux, M. Tyndall est parvenu à mettre en évidence l'existence d'une quantité immense de poussière organique dans l'air que nous respirons, même dans l'air le plus pur de la campagne; cependant cette poussière existe en plus grande quantité dans les appartements de nos villes. La lumière ordinaire du jour peut la dissimuler, mais un faisceau de lumière suffisamment puissant fait paraître comme un corps à demi solide, plutôt que comme un gaz, l'air et la poussière qu'il tient en suspension. Personne ne pourrait respirer sans un profond dégoût l'air éclairé au foyer du faisceau électrique, à cause des impuretésqui y sont mises en évidence. Cependant nous les faisons passer et repasser sans cesse dans nos poumons à chaque instant de notre vie.

Il y a quelque temps, c'était une croyance commune que les maladies épidémiques étaient généralement propagées par une sorte de malaria, consistant en une matière organique à l'état de putréfaction; que, lorsque une pareille matière était introduite dans le corps par les poumons ou par la peau, elle avait la propriété d'y faire naître la décomposition qui l'avait atteinte elle-même. On voyait un peu de levain faire fermenter toute une masse considérable; une seule particule de matière, en cet

[1] *Les Mondes*, revue hebdomadaire des sciences.

état supposé de décomposition, paraissait capable de propager indéfiniment sa propre décomposition.

Nous savons à quoi nous en tenir maintenant sur ce sujet, grâce à M. Cagniard de la Tour, qui en 1836 a découvert la plante de la levure, organisme vivant qui, placé dans un milieu convenable, se nourrit, se développe, se reproduit et opère ainsi ce que nous appelons la fermentation. Il fut donc prouvé que la *fermentation est un produit de la vie au lieu d'être un effet de la décomposition*[1].

D'autres savants, Schwann, Helmotz, etc., arrivèrent ensuite, par des routes diverses, au même résultat que M. Cagniard de la Tour. Cependant, pour ce qui est de la fermentation, les esprits des chimistes subissant probablement l'influence de la grande autorité de Gay-Lussac, qui attribuait la putréfaction à l'action de l'oxygène, revinrent à l'ancienne idée d'une matière à l'état de décomposition. Ce n'était pas la plante vivante, mais les parties mortes ou très-malades du levain, qui, assaillies par l'oxygène, produisaient la fermentation. Cette théorie a été définitivement renversée par M. Pasteur. Il a prouvé que ce que l'on appelait *ferments* étaient des êtres organisés qui trouvaient leur aliment nécessaire dans les substances où ils établissaient la fermentation.

A côté de ces recherches et de ces découvertes, s'est développée la *théorie des germes des maladies*

---

[1] *Quelle que soit la théorie que l'on professe sous le rapport de la nature du principe épidémique, il est évident que cela n'infirme pas ce que nous venons de dire sur le mode de propagation.*

épidémiques. Kircher a le premier exprimé l'idée, adoptée ensuite par Linné, que les maladies épidémiques avaient pour cause des germes flottants dans l'atmosphère, entrant dans le corps et y produisant des troubles par le développement des parasites vivants. De même qu'un gland planté en terre donne naissance à un chêne capable de produire une abondante récolte de glands, qui ont chacun la propriété de reproduire à leur tour un arbre semblable à celui d'où ils sont sortis, et de former ainsi une forêt tout entière issue d'une seule plante; de même, ces maladies épidémiques répandent littéralement leurs semences qui se développent et produisent de nouveaux germes, et ceux-ci, rencontrant dans le corps humain l'aliment et la température qui leur conviennent, en prennent possession et produisent des populations entières. Ainsi le choléra asiatique, ayant pris de faibles commencements dans le delta du Gange, est arrivé en dix-sept ans à se répandre presque sur toute la terre habitée. Un autre exemple de cette propagation est le développement d'un grand nombre de pustules provenant d'une particule infinitésimale du virus de la petite vérole, chargées toutes du poison qui leur a donné naissance.

IX

M. Tyndall cite d'autres faits à l'appui de ces principes, puis il fait remarquer que l'air loge ses impuretés dans les poumons ; il rapporte une expérience qui peut rendre la distribution de ces impuretés dans cet appareil, aussi évidente que si la poitrine était transparente. Il rappelle que le coton, que la ouate de coton, qui n'est pas trop serrée, filtre l'air qui le traverse et le débarrasse de ses impuretés, que c'est la partie essentielle du filtre employé par M. Schrœder dans ses expériences sur la génération spontanée, et par M. Pasteur dans ses savantes recherches, et lui-même, M. Tyndall, se sert habituellement d'un filtre analogue depuis 1868.

Ces faits, ajoute le savant professeur, nous révèlent la véritable raison philosophique d'une pratique suivie par les médecins, plus par instinct que par une connaissance réelle. Dans une atmosphère contagieuse, ils tiennent un mouchoir contre leur bouche et respirent à travers. En faisant ainsi, ils arrêtent les impuretés et les germes contenus dans l'air ; si le poison était un gaz, il est évident qu'il ne serait pas intercepté par ce moyen. Après avoir été témoin des expériences qui ont conduit à ces conclusions, M. le docteur Bence Jones essaya de substituer un mouchoir de soie au filtre de coton ; le résultat fut analogue, mais moins efficace.

Dans les demeures où sont entassés les pauvres de Londres et où il est difficile, sinon impossible, d'isoler les malades, l'air nuisible qui les environne peut être suffisamment purifié par le respirateur de coton. Les infirmiers respireront impunément l'air filtré de cette manière. Suivant toute probabilité, la protection des poumons sera la protection de tout le système : car il est extrêmement probable que les germes qui se logent dans les voies aériennes et qui peuvent à loisir pénétrer à travers la membrane muqueuse sont ceux qui engendrent la maladie épidémique. Le temps décidera si, dans de longues maladies, le respirateur de coton ne pourrait pas calmer l'irritation, ou peut-être arrêter le dépérissement. Au moyen de ce respirateur, qui doit devenir général pour se garantir des maladies épidémiques, on pourrait respirer dans la chambre d'un malade un air aussi pur de germes que l'air des sommets les plus élevés des Alpes.

Telles sont les doctrines récemment professées par un savant des plus illustres de l'Angleterre et des plus autorisés.

Peu de personnes soupçonnent tout ce qui peut entrer par les poumons dans le corps des êtres qui respirent; on lit dans un excellent ouvrage, dû à la plume bien connue et bien appréciée de M. A. Pouchet, directeur du Muséum d'histoire naturelle de Rouen [1] : « On sait que les os des oiseaux, au lieu d'être remplis de moelle, sont absolument creux, et qu'à l'aide d'un curieux mécanisme ils communiquent avec les poumons et servent à la respiration ; aussi ces os pneumatiques sont-ils très-propres à retenir les corpuscules aériens qui parviennent dans leurs cavités. — Un paon, élevé dans un château,

---

[1] *L'Univers, les infiniment grands et les infiniment petits.*

offrait dans ses os d'abondants filaments de laine et
de soie, teints des plus magnifiques couleurs. C'é-
taient d'évidents vestiges des riches parures des nobles
châtelaines du lieu, ou de quelques ouvrages tissés
par leurs délicates mains. — Au contraire, des
poules de l'humble maison d'un boulanger avaient
leurs cavités pneumatiques presque uniquement
bourrées de farines et de quelques débris de vêtements grossiers; celles d'un charbonnier y offraient
d'abondantes parcelles de charbon.

« Des pics, qui n'habitent que les sites les plus
solitaires des forêts, n'ont leurs voies respiratoires
envahies que par des débris de feuilles et d'écorces.
A l'opposé de cela, les corneilles, dont la vie se
passe en partie sur les toits de nos demeures et en
partie dans les campagnes, ont leurs os remplis de
tout ce qui voltige dans les lieux variés qu'elles fré-
quentent. On y découvre des filaments de laine et de
coton diversicolores, ainsi que de la fécule et de la
fumée, qu'elles hument sur le faîte de nos demeures;
puis de fines parcelles végétales, qu'elles aspirent au
milieu des bois. Il est curieux de voir ainsi les
mœurs des animaux se traduire par l'examen de
leurs voies respiratoires. »

X

Plus on étudie l'action des milieux sur l'homme,
plus on est frappé de leur puissance. Un voyageur

distingué, M. Trémaux, a essayé de démontrer, dans plusieurs mémoires à l'Académie des sciences, que l'homme se transforme du type blanc au type nègre, simplement par cette action.

Il nous fait remarquer les coïncidences qui existent entre des types physiques et la nature géologique des contrées agissant surtout par leurs produits; l'homme le moins parfait, ou plutôt celui qui s'éloigne le plus de notre type, appartient aux terrains les plus anciens et subsidiairement aux climats les moins favorisés. L'homme le plus parfait appartient au pays qui, sur le moindre espace, offre la plus grande variété de terrain, en laissant prédominer les plus récents, et subsidiairement aux climats les plus favorisés et à d'autres causes plus secondaires quoique très-complexes.

La carte géologique de l'Europe, dit M. Trémaux, nous montre que la plus grande surface de terrains primitifs correspond à la Laponie, qui possède aussi le peuple le plus inférieur. En revenant dans le sud de la Scandinavie, le gneiss et le granite occupent encore une grande partie du pays; mais cette région est en contact avec d'autres mieux partagées; elle contient beaucoup de lacs, et son climat est plus favorisé, ainsi que ses habitants. Quant aux Scandinaves du Danemark, ils ont un type purement germanique et sont, en effet, sur un même sol. La Russie possède divers terrains d'un âge moyen; mais la grande surface de chacun d'eux ne permet pas à ses peuples de profiter des ressources de ceux qui avoisinent, et, par conséquent, son peuple est médiocrement favorisé.

Si nous nous reportons aux contrées qui sont dans les meilleures conditions, nous y remarquons, en général, tout l'occident et le sud de l'Europe, et plus particulièrement la France, l'Italie, la Grèce, la partie orientale de l'Espagne et le nord-est de l'Angleterre. C'est en effet là que dominent la civilisation et les facultés intellectuelles.

La race ne change pas tant qu'elle demeure sur le même sol, dans le même milieu, tandis qu'elle se transforme peu à peu selon le nouveau milieu, lorsqu'il y a déplacement.

L'action des milieux et les croisements ont une manière distincte de se faire sentir. Par le croisement, les traits se modifient tout de suite très-fortement et individuellement, mais surtout dans le sens propre au milieu sous lequel il se produit. Ainsi, en Europe, le métis passe plus fortement au type blanc, dans le Soudan au type noir.

L'homme paraît se modifier plus facilement dans le sens du perfectionnement que dans le sens contraire. L'action des milieux agit non en détail, mais d'une manière générale, en commençant par modifier le teint de plus en plus à chaque génération; elle agit moins vite sur la chevelure et plus lentement encore sur les traits.

Le croisement n'est considéré comme le principal agent modificateur que parce que ses effets sont tout d'abord très-saisissables; mais il ne saurait expliquer qu'imparfaitement les faits observés.

XI

La grande différence que présentent les individus dans l'espèce humaine, suivant les lieux qu'ils habitent, a porté plusieurs savants à croire que chaque race avait une origine particulière; mais je suis persuadé qu'une étude attentive de l'influence des milieux et des aliments peut démontrer que cette influence suffit pour produire les différences les plus marquées dans les races.

On sait que M. de Quatrefages, de l'Institut, a parfaitement traité les questions qui se rapportent à ce point, et, dernièrement encore, dans un important ouvrage, il a résolu scientifiquement un des plus hauts problèmes philosophiques [1].

Les doctrines générales sur l'origine de l'homme peuvent se réduire à deux, fait-il remarquer dans quelques passages que nous résumons ici : le *mono-génisme* et le *polygénisme*. — La première admet que tous les hommes appartiennent à une seule et même *espèce*, et que les différences physiques, intellectuelles et morales, qu'on a reconnues entre les divers groupes humains ne sont que des différences de *races*. — La seconde de ces deux doctrines voit, au contraire, dans les groupes humains, ou au moins

[1] *Les Polynésiens et leurs migrations.*

dans un certain nombre d'entre eux, autant d'espèces différentes.

Parmi les savants qui ont adopté le principe de la multiplicité des espèces humaines, il en est qui restreignent beaucoup le nombre de ces espèces et vont jusqu'à le réduire à deux. D'autres, au contraire, les multiplient autant que possible, admettant que chaque nation, chaque tribu, chaque horde, pour ainsi dire, forme une espèce à part.

Toutes les doctrines polygénistes ont d'ailleurs ceci de commun, qu'elles admettent un lieu de création distinct pour chacune des espèces humaines, si bien que le nombre des centres s'accroît comme celui des espèces.

Aux polygénistes proprement dits se rattachent aussi les naturalistes qui, cherchant une sorte de compromis impossible entre les deux doctrines, ont proclamé à la fois l'unité d'espèce et la *multiplicité indéfinie des centres de création*, donnant naissance chacun à une *race primordiale* dont les caractères n'ont pas varié.

M. de Quatrefages rappelle qu'il a examiné avec détail toutes ces questions dans un ouvrage publié en 1861 : *Unité de l'espèce humaine*. Il a démontré, avec le rare talent qui le distingue, comment l'application des lois physiologiques à l'anthropologie conduit invinciblement à reconnaître *l'unité de l'espèce humaine*; comment la géographie géologique oblige non moins impérieusement à croire au cantonnement primitif de cette espèce.

De ces deux faits fondamentaux, démontrés en dehors de toute idée préconçue, de tout dogme religieux, comme de tout système philosophique, il résulte que l'homme, parti de son centre de création situé très-probablement dans les hautes régions de l'Asie, n'a occupé le reste du monde que peu à peu et de proche en proche. En d'autres termes, le peuplement du globe s'est fait par *voie de migrations*.

La recherche de ces migrations, le relevé des traces qu'elles ont laissées, l'indication de leurs résultats, font partie de la tâche dévolue à l'anthropologiste, et l'on comprend sans peine tout ce qu'une telle étude doit présenter de difficultés et d'écueils.

Les polygénistes n'ont pas manqué de s'emparer de ces difficultés trop réelles, de les exagérer encore, et de les opposer, à titre d'objection, à la doctrine monogéniste. La plupart, prenant même le problème dans ce qu'il a de plus général, ont déclaré ces migrations *impossibles*.

C'est surtout à propos de l'Amérique et de l'Océanie que ces mots ont été prononcés, et cela par des hommes d'un incontestable savoir. Or, plus ces autorités sont réelles, fait justement remarquer l'éminent auteur, plus il est nécessaire de leur répondre et de réfuter par des faits ce qui n'est qu'une assertion sans fondement.

M. de Quatrefages démontre d'une manière irréfragable dans son savant ouvrage : les *Polynésiens et leurs migrations*, que cette prétendue impossibilité des migrations humaines n'existe pas. Telle est la conclusion à laquelle conduisent impérieusement, non pas des dogmes, des théories, des préjugés ou des suppositions quelconques, mais bien un ensemble de faits recueillis lentement, un à un, par des observateurs divers travaillant à l'insu l'un de l'autre et dans des voies différentes.

La haute importance d'un pareil travail dans ses conséquences philosophiques est immense, surtout lorsque ce travail est exécuté par un savant aussi profond, aussi consciencieux et aussi impartial que M. de Quatrefages.

CHAPITRE II.

Influences des causes météorologiques et des lieux sur l'homme.

I

Ce n'est pas seulement la nature du sol, sa composition, ses émanations, qu'il est utile d'étudier sous le rapport de la salubrité ; on doit aussi porter son attention sur les différentes positions d'un même lieu, sur les différents quartiers d'une même ville. M. Junod a présenté à l'Académie des sciences, il y a quelques années, un travail plein d'intérêt sur ce sujet.

En étudiant dans les grandes cités la distribution de la population, on est frappé de voir que la classe aisée a une tendance à se porter principalement vers l'ouest, abandonnant le côté opposé aux diverses industries ; il semble que, par une sorte d'intuition, elle ait ainsi deviné les conditions de localité auxquelles il lui faut emprunter les éléments d'immunité dans les grandes calamités publiques.

Ainsi, pour parler d'abord de Paris, c'est vers le couchant que, depuis la fondation de cette grande cité, s'est constamment dirigée la classe opulente. Il en est de même à Londres et généralement dans toutes les villes d'Angleterre. A Vienne, à Berlin, à Saint-Pétersbourg, dans toutes les capitales de l'Europe, en un mot, les mêmes faits se reproduisent, le même mouvement de la population riche s'accomplit dans la direction de l'ouest, où se groupent constamment les palais des rois et les habitations auxquelles on ne demande qu'agrément et salubrité.

En visitant les ruines de Pompéi et d'autres villes anciennes, j'ai pu constater, ainsi que M. Junod, que cette particularité remontait à la plus haute antiquité. Dans ces mêmes villes, comme cela s'observe à Paris de nos jours, les plus grands cimetières se trouvent à l'est, et le plus ordinairement il n'en existe aucun à l'ouest.

M. Junod, cherchant ensuite la raison d'un fait si général, croit qu'elle se rattache à la pression atmosphérique. Lorsque la colonne barométrique s'élève, la fumée et les émanations nuisibles s'évanouissent rapidement dans l'espace. Dans le cas contraire, nous voyons la fumée et les vapeurs nuisibles séjourner dans les appartements et à la surface du sol. Or tout le monde sait que, de tous les vents, celui qui fait le plus monter la colonne barométrique est le vent d'est, et que celui qui l'abaisse le plus est le vent d'ouest. Lorsque celui-ci souffle, il a l'inconvénient d'entraîner avec lui, sur les quartiers situés à l'est des villes, tous les gaz délétères qu'il a rencontrés dans son parcours venant de l'ouest. Il résulte de là que les habitants de la partie orientale d'une ville ont non-seulement leur propre fumée et leurs miasmes, mais encore ceux de la partie occidentale, que leur amènent les vents d'ouest. Lorsque, au contraire, le vent d'est souffle, il purifie l'air en faisant remonter les émanations nuisibles qu'il ne peut rejeter sur l'ouest de la ville.

Donc, les habitants qui sont à l'ouest reçoivent un air pur, de quelque part de l'horizon qu'il leur arrive : ajoutons que, les vents d'ouest étant ceux qui prévalent ou règnent le plus souvent, ils sont des premiers à recevoir cet air, tout frais et tel qu'il arrive de la campagne.

De ce qui précède, M. Junod déduit les propositions suivantes:

1° Les personnes qui ont la liberté du choix, surtout celles d'une santé délicate, doivent habiter l'ouest des villes ;

2° Par la même raison, on doit concentrer à l'est tous les établissements d'où se dégagent des vapeurs ou des gaz nuisibles ;

3° Enfin, en élevant une habitation en ville, et même à la campagne, on doit reléguer à l'est les cuisines et toutes les dépendances d'où peuvent se répandre dans les appartements des émanations nuisibles.

Après cette communication, M. Élie de Beaumont signale quelques faits qui lui paraissent tendre à prouver la constance et la généralité de la loi signalée par M. Junod. Il a remarqué, dans la plupart des grandes villes qu'il a visitées, cette tendance de la population aisée à se porter constamment d'un même côté, qui, sauf l'influence de certains obstacles locaux, est généralement le côté de l'ouest. Turin, Liége, Caen, en offrent des exemples. M. Moquin-Tandon a remarqué la même chose à Montpellier et à Toulouse. Paris et Londres présentent à cet égard des faits analogues, quoique les fleuves qui traversent ces deux grandes agglomérations roulent en sens diamétralement contraire.

Paris s'accroissait dans la direction du nord-est à l'époque où l'on bâtit la Bastille, le palais des Tournelles, l'hôtel Saint-Paul, etc.; mais alors on était encore sous l'influence de la terreur produite par les excursions des Normands, dont les flottilles remontaient la Seine jusqu'à Paris, et n'étaient arrêtées que par le Pont-au-Change. A cette époque, et tant que la même impression dura, on devait avoir beaucoup de répugnance à habiter Auteuil ou Grenelle; mais, depuis la fondation du Louvre, et surtout depuis le règne de Henri IV, le phénomène a repris son cours normal.

M. Élie de Beaumont est porté à croire que, parmi les causes de ce phénomène, on doit tenir compte de la température et de l'état hygrométrique de l'air, généralement plus chaud et plus humide pendant les vents d'ouest et du sud-ouest que pendant les vents d'est et du nord-est.

II

Ce qui contribue le plus à prolonger l'existence,

c'est une certaine uniformité sous le rapport du chaud et du froid, de la pesanteur et de la légèreté de l'atmosphère. Voilà pourquoi les pays où le baromètre et le thermomètre sont sujets à des changements subits et considérables ne sont jamais favorables à la durée de la vie.

Ces pays peuvent être sains d'ailleurs et les hommes y vivre longtemps, mais jamais on ne les y voit parvenir à un âge extraordinaire, parce que les changements de l'atmosphère sont autant de révolutions intérieures qui consument à un degré surprenant et les forces et les organes.

Trop de sécheresse ou trop d'humidité nuit également à la durée de la vie ; aussi l'air le plus favorable à la longévité est-il celui qui contient une certaine quantité d'eau en suspension.

Un air humide, étant déjà en partie saturé, soustrait moins au corps et ne le consume point aussi vite qu'un air sec ; il entretient plus longtemps les organes dans un état de souplesse et de jeunesse, tandis qu'un air trop sec accélère le dessèchement des fibres et hâte l'approche de la vieillesse.

Le froid est l'ennemi des nerfs, fait remarquer M. Réveillé-Parise [1]. Une température basse produit non-seulement une impression douloureuse sur la peau, mais elle engourdit et paralyse les extrémités nerveuses ; elle arrête le mouvement des fluides, et de là découlent toutes sortes de maux.

<hr>

[1] *De l'Hygiène des gens de lettres ;* nous en résumons ici quelques passages.

Les hommes livrés aux travaux de l'esprit, ayant une susceptibilité nerveuse extrême, sont principalement éprouvés par le changement de la température. Il ne faut donc pas s'étonner si les facultés de l'intelligence ont été poussées à leur plus haut degré de supériorité dans certains climats. Les natures d'élite, les génies et les poëtes ne portent leurs plus beaux fruits que sous l'influence d'un soleil ardent, d'une atmosphère pure et brillante. C'est dans les climats chauds et tempérés que la nature et la vie sont prodigues de leurs trésors : c'est là qu'on crée, partout ailleurs on ne fait qu'imiter, à l'exception des sciences physiques, résultat d'une suite d'observations. Il est à remarquer que si les hommes du Nord ont conquis le Midi, les opinions du Midi ont toujours conquis le Nord.

D'ailleurs, une terre fertile, un ciel doux délivrent l'homme, dans les contrées méridionales, des soucis du présent, des inquiétudes sur l'avenir, et lui permettent cet heureux calme de l'âme, si favorable à l'essor de l'imagination. Dans les climats brumeux du Nord il faut lutter sans cesse contre les intempéries de l'atmosphère ; dès lors l'intelligence perd la moitié de sa force. Cette lutte est presque toujours au désavantage des pensées des hommes éminemment impressionnables, souvent réduits à un état d'énervation musculaire.

Le froid, les brouillards, les vents impétueux, les rapides changements de température, les pluies abondantes, des hivers sans fin, des étés incertains, orageux, des exhalaisons malsaines : quels ennemis pour un organisme délicat, nerveux, irritable, souffrant, épuisé !

L'état atmosphérique agit donc puissamment sur l'intelligence; il y a vraiment des jours où l'esprit ne voit pas juste. Les pensées, quelquefois faciles, abondantes, s'arrêtent tout à coup, les sources de l'imagination s'ouvrent et se tarissent d'après les degrés du baromètre et du thermomètre. Les diverses époques de l'année influent plus qu'on ne croit sur les chefs-d'œuvre des arts, sur les affections, les événements de la vie et même sur les catastrophes politiques. L'histoire rapporte que le chancelier de Cheverny avertit le président de Thou que si le duc de Guise irritait l'esprit de Henri III pendant la gelée, qui le rendait furieux, il le ferait assassiner, ce qui arriva en effet, le 23 décembre 1588.

« Napoléon ne pouvait supporter le moindre froid sans en souffrir à l'instant même. Il faisait faire du feu au mois de juillet, et ne comprenait pas que l'on ne fût point, comme lui, saisi au moindre vent de bise... Il était dans la nature de Napoléon de prendre de l'air et de faire de l'exercice. La privation de ces deux choses le mettait dans un état violent. On s'apercevait toujours du temps qu'il faisait à l'humeur qu'il témoignait en dinant. Si la pluie ou tel autre motif l'avait empêché de faire sa promenade habituelle, il était non-seulement maussade, mais souffrant [1]. »

[1] Duchesse d'Abrantès, t. IV, p. 326 et 362.

On lit dans Eugénie de Guérin : « Pluie, vent froid, ciel d'hiver, le rossignol qui de temps en temps chante sous des feuilles mortes, c'est triste au mois de mai. Je ne voudrais pas que mon âme prît tant de part à l'état de l'air et des saisons, que, comme une fleur, elle s'épanouisse ou se ferme au froid ou au soleil. Je ne le comprends pas, mais il en est ainsi tant qu'elle est enfermée dans ce pauvre vase du corps [1]. »

III

Demandez aux poëtes, aux artistes, à tous les penseurs, dit M. Réveillé-Parise, si chez eux un vif sentiment d'énergie, d'allégresse qui fait désirer le mouvement, l'action, le travail, ou bien un certain état de langueur, de malaise inconnu, indéfinissable, ne se lie pas à l'état atmosphérique.

Posons donc en principe qu'un climat tempéré, une saison douce, un air pur, toujours renouvelé, constitue non-seulement la première des jouissances physiques, mais une des conditions indispensables de la santé.

Sous l'influence d'une atmosphère très-chaude, toutes les fonctions perdent leur énergie, les facultés morales et intellectuelles languissent. Sous le ciel brûlant des tropiques l'esprit n'est pas moins énervé

[1] E. de Guérin, *Journal*, p. 121.

que le corps. L'homme retrouve son énergie dans les climats moins chauds, tels que les contrées méridionales de l'Europe.

Les climats très-froids sont aussi défavorables à l'intelligence que les climats très-chauds. Sous un ciel moins sévère, dans les contrées septentrionales de l'Europe, par exemple, les facultés intellectuelles renaissent, mais elles sont remarquables par d'autres qualités que celles qui caractérisent l'intelligence de l'habitant du Midi.

Dans les contrées chaudes et marécageuses, où la matière morte est exposée à l'action de la chaleur et de l'humidité, surtout à l'embouchure des grands fleuves, sur le littoral des golfes qui reçoivent un grand nombre de torrents, en un mot, dans toutes les localités ou les eaux douces viennent se mélanger avec les eaux salées, on remarque de funestes influences sur la salubrité générale du pays.

Entre les tropiques de semblables localités sont très-communes, et l'on a constaté que c'est toujours après l'époque des pluies, lorsque le sol commence à se dessécher, que l'insalubrité s'y manifeste. Dans certains endroits les fièvres se déclarent chaque année, régulièrement après la saison pluvieuse; il suffit alors qu'un habitant des montagnes descende dans la plaine pour tomber malade presque à l'instant même. Sous la zône torride un défrichement est un combat à mort entre l'homme et la végétation; la première colonie qui prétend conquérir la forêt languit et s'éteint.

IV

L'homme peut parvenir à un âge avancé dans presque tous les climats, sous la zone torride comme sous la zone glaciale; mais, nous le répétons, on ne peut partout atteindre le plus long terme de la vie humaine, et les exemples de longévité sont plus communs dans certaines contrées que dans d'autres.

Quoiqu'un climat septentrional soit en général favorable à la longévité, cependant un degré de froid trop considérable lui est nuisible. En Islande et dans le nord de l'Asie, c'est-à-dire en Sibérie, les hommes vivent tout au plus soixante à soixante-dix ans.

Les contrées qui ont produit les hommes les plus avancés en âge dans ces derniers temps sont la Suède, la Norvège, le Danemark et l'Angleterre. Les individus de cent trente, cent quarante et cent cinquante ans leur appartiennent.

L'Irlande partage avec l'Angleterre et l'Écosse la réputation d'être favorable à la durée de la vie. On a compté quatre-vingts personnes plus qu'octogénaires dans un seul petit village de ce pays, appelé Dumsford. Bacon disait qu'il ne croyait pas que l'on pût y citer un seul village où l'on ne trouvât au moins un homme âgé de quatre-vingts ans. Il raconte que dans le comté d'Hereford il y avait aux jeux floraux un quadrille de huit vieillards dont les âges pris ensemble formaient 800 ans, ce que les uns avaient de trop pour faire cent ans, suppléait à ce qui manquait aux autres.

Les exemples de longévité sont plus rares en France, en Italie, et surtout en Espagne.

Chez les Monténégrins, les centenaires sont très-communs. Le colonel Vialla, qui a été gouverneur de la province de Cattaro, de 1807 à 1813, rapporte avoir assisté à une fête de famille où se trouvaient six générations réunies. Le sixième aïeul avait cent dix-sept ans; son fils en avait cent, le petit-fils touchait à la fin de sa quatre-vingt-deuxième année, l'arrière-petit-fils en avait soixante accomplis, le descendant de celui-ci en comptait déjà quarante-trois, le suivant vingt et un, et enfin le dernier avait deux ans. Le vieillard but jusqu'à la dernière rasade et resta à table jusqu'à la dernière prière : après quoi tous allèrent, dans le plus respectueux silence, le baiser à la poitrine et recevoir sa bénédiction.

On cite quelques cantons de la Hongrie pour l'âge avancé auquel y parviennent les hommes. L'Allemagne renferme beaucoup de vieillards, mais peu qui soient d'un âge extraordinaire; on en trouve aussi en Hollande, mais en petit nombre; dans ce pays, il est rare de parvenir à l'âge de cent ans.

Le climat aussi sain qu'agréable de la Grèce passe encore aujourd'hui, comme jadis, pour y être très-favorable à la longévité. L'île de Naxos, surtout, se distingue sous ce rapport. Il était généralement admis en Grèce que l'air de l'Attique rendait philosophe.

On trouve des exemples de longévité en Égypte et aux Indes orientales, principalement dans la caste des brahmes et parmi les anachorètes et les ermites qui ne sont pas, comme le reste des habitants, adonnés à la paresse et aux débauches de toutes espèces.

Il a été fait pour 1860 et les années précédentes un curieux travail sur la longévité comparée de chacun des départements.

Le nombre moyen annuel des décès à l'âge de cent ans et au-dessus, en France, est de 148. Voici, par ordre décroissant, les quinze départements qui en comptent le plus : Basses-Pyrénées, Dordogne, Calvados, Gers, Puy-de-Dôme, Ariége, Aveyron, Gironde, Landes, Lot, Ardèche, Cantal, Doubs, Seine, Tarn-et-Garonne. On voit que les pays montagneux se rencontrent en grand nombre dans cette série. On est étonné d'y voir figurer la Seine.

Cependant, ces départements ne conservent pas le même rang quant à la durée de la vie moyenne, ce qui semblerait prouver que quelques cas d'une extrême longévité ne suffisent pas pour préjuger les conditions de vitalité d'une contrée. Voici, en effet, leurs numéros d'ordre : Basses-Pyrénées, 7 ; Dordogne, 42 ; Calvados, 2 ; Gers, 9 ; Puy-de-Dôme, 30 ; Ariége, 48 ; Aveyron, 34 ; Gironde, 18 ; Landes, 52 ; Lot, 33 ; Ardèche, 43 ; Cantal, 23 ; Doubs, 25 ; Seine, 54 ; Tarn-et-Garonne, 13.

Les quinze départements où la vie ordinaire est la plus considérable sont : Orne, Calvados, Eure-et-Loir, Sarthe, Eure, Lot-et-Garonne, Deux-Sèvres,

Indre-et-Loire, Basses-Pyrénées, Maine-et-Loire, Ardennes, Gers, Aube, Hautes-Pyrénées et Haute-Garonne.

On le voit, il n'est pas nécessaire que les lieux soient très-éloignés les uns des autres pour différer d'influence sur la durée de la vie.

V

Voici une curieuse série de cas de longévité propre à faire voir l'influence des diverses contrées, et que nous devons à l'obligeance de notre savant confrère M. Radau, rédacteur de la *Revue des deux Mondes*.

Il est mort dans le courant du siècle dernier, en Angleterre, quarante-neuf personnes âgées de cent trente à cent soixante-quinze ans. Sept de ces individus atteignirent cent trente-quatre ans; — quatre en avait cent trente-huit, — deux en comptaient cent quarante-six, — quatre allèrent à cent cinquante-cinq, — un arriva à cent cinquante-neuf, — un parvint à cent soixante, — un mourut à cent soixante-huit, — un autre à cent soixante-neuf, et le dernier à cent soixante-quinze.

Les recensements officiels de la Russie, au siècle dernier, donnèrent un total de 1,338 centenaires de plus de cent vingt ans.

En France, nous ne vivons pas aussi longtemps: voici toutefois quelques exemples de longévité assez remarquables : Le 3 janvier 1710, un paysan, Jean Mazard, décéda à l'âge de cent dix-huit ans trois mois vingt-deux jours, près de Dun-le-Roi, en Berry; il conserva jusqu'au dernier moment sa tête et son jugement. Il avait épousé dix femmes. En dernières noces il s'était uni, à l'âge de quatre-vingt-dix-neuf ans, à une personne de dix-huit ans, qui, deux ans après, le rendit père.

Un curé de Lisieux, nommé Desroches, mourut en 1712, à l'âge de cent vingt-trois ans, dont quatre-vingt-onze s'étaient passés sur la même paroisse. A l'âge de quatre-vingt-dix-sept ans, il sauva d'un incendie une mère et ses deux enfants. A cent deux ans, il se jeta à l'eau au secours d'un batelier qui se noyait.

En cette même année de 1712, Jacques Thévenot, agriculteur à Château-Vilain, mourut à cent vingt-quatre ans, d'un refroidissement gagné en fauchant ses prés; il avait eu trois femmes et trente-neuf enfants.

Un officier, du nom de Bultrade, enterré à Saint-Germain, mort à cent quinze ans, laissa dix-sept garçons : l'aîné avait quatre-vingt-dix ans et le plus jeune douze.

Un médecin, François le Beaupin, demeurant à Châteaubriand, mourut à cent dix-sept ans; mais, ce qui est remarquable, c'est que, marié deux fois, il avait contracté son second mariage à quatre-vingts ans révolus, et que sa deuxième femme, imitant le chiffre de la première, lui donna aussi seize enfans.

Il était dans sa cent sixième année quand la bonne dame accoucha de deux garçons jumeaux, qui moururent le même jour, cent deux ans plus tard.

Le 13 janvier 1747 mourut à Lourdes M. Nazon de Vigé, qui avait été capitaine des gardes du duc d'Albret, et qui était âgé de cent vingt-huit ans. Chasseur infatigable, il avait mené assez longtemps la vie de garçon, et, en vertu du dicton : « Il faut que jeunesse se passe, » il avait attendu ses cent ans révolus pour se marier.

Enfin, le 20 décembre 1757, est décédé à Bar, près de Tulle, le nommé Antoine Nouthac, fermier, âgé de cent vingt-six ans, qui n'avait eu, dans le cours de sa longue carrière, d'autre maladie que celle qui l'emporta. Il s'était marié trois fois ; la seconde fois à quatre-vingt-douze ans ; la troisième à cent deux ans. Ce centenaire fut le plus malheureux de tous, car il survécut à ses trois femmes, à ses vingt-huit enfants et à ses quarante-trois petits-enfants.

VI

L'élévation des lieux au-dessus du niveau de la mer influe d'une manière radicale sur la phthisie.

Dans le but de préciser les régions et la limite des hauteurs où cette maladie est rare ou manque complètement, M. le docteur Schnepp a rapproché une série d'observations météorologiques recueillies dans les Pyrénées, aux Eaux-Bonnes, de documents analogues que nous fournissent les voyageurs qui ont séjourné sur les plateaux élevés et habités de l'Ancien et surtout du Nouveau Continent.

Le travail qu'il a envoyé à l'Académie des sciences sur ce sujet fait remarquer que dans le choix d'une station médicale on se guide trop exclusivement d'après les conditions de chaleur, en méconnaissant les indications les plus formelles que nous donne la nature, dans la distribution des maladies du genre humain sur la surface du globe.

Ainsi, la phthisie existe dans la zone tropicale; au Brésil, elle figure au moins pour un cinquième dans les causes de mortalité; au Pérou, pour trois dixièmes; aux Antilles, elle donne de 6 à 7 décès par 1,000 vivants; aux Indes orientales, les rapports de la plupart des médecins anglais la représentent parmi les causes de décès par 2 sur 1,000 vivants.

Dans les zones tempérées, la phthisie est une des maladies les plus meurtrières; elle frappe en général de 3 à 4 pour 1,000 vivants. Les trois régions où on la voyait absente : l'Algérie, l'Égypte et les steppes russes de Kirghis sont envahies également par elle, quoique dans une proportion moindre.

En Algérie, les décès par phthisie sont aux décès en général comme 1 est à 24 ou 27; en Égypte, comme 1 est à 8.

Cette vieille maladie devient plus rare vers les régions froides; on croit même qu'elle n'existe pas en Sibérie, en Islande et dans les îles Féroé.

Ainsi les maladies de poitrine semblent être plus

rares dans certains pays froids que dans les régions chaudes.

On a de même observé qu'à certaines altitudes le nombre des cas diminue de beaucoup, et même qu'elle disparaît complètement.

Brockman a reconnu que la phthisie devient rare sur les plateaux de Hartz, élevés de 600 à 700 mètres au-dessus du niveau de la mer, et C. Fuchs, constatant le même fait sur certains points élevés de la Thuringe et de la forêt Noire, posa le premier, en 1853, le *problème de la diminution de la phthisie suivant certaines latitudes*.

Depuis lors, le docteur Brüggens a également reconnu la rareté de cette maladie dans les Alpes suisses, à des hauteurs de 1,500 à 2,000 mètres dans l'Engaddine; elle n'existe pas non plus chez les religieux du couvent du Grand-Saint-Bernard, à 2,475 mètres d'altitude. Suivant M. Lombard, elle disparaît complétement à 1,500 mètres d'élévation dans ces montagnes.

Les villes populeuses du continent américain qui sont situées dans la zone tropicale, à une altitude de 2,000 mètres au-dessus du niveau de la mer, sont exemptes de poitrinaires, même quand, sous la même latitude, la phthisie est commune dans les régions inférieures; cette immunité existe dans la même zone de l'Ancien Continent, sur les plateaux élevés de l'Hindoustan et de l'Himalaya.

En recherchant les conditions climatériques des hauteurs sur lesquelles nous voyons la phthisie rare ou absente, nous y trouvons, même sous l'équateur, une température moyenne de l'année assez basse : entre 12 et 15 degrés pour les altitudes inférieures à 3,000 mètres; entre 3 et 5 degrés pour celles comprises entre 3,000 et 4,000 mètres.

Dans la zone tempérée elle est encore moins élevée. Mais les mois les plus chauds, sur les hauteurs tropicales, ne s'écartent pas à plus de 6 ou 8 degrés de la moyenne, ainsi que sur les plateaux des Alpes et en Islande; et c'est là un caractère général et commun aux régions où la phthisie manque.

Les écarts au-dessous de la moyenne annuelle paraissent même pouvoir aller beaucoup plus loin avec cette même immunité.

Si les observations ne sont pas suffisantes pour se prononcer sur le degré d'humidité relative des altitudes supérieures à 4,000 mètres, nous savons que les hauteurs où la phthisie manque jouissent d'un état hygrométrique plus voisin de la saturation que les régions inférieures, et les pluies y sont également plus abondantes.

Il est à désirer que les hauteurs de nos Cévennes, des Pyrénées, des Alpes et surtout des parties élevées de nos possessions algériennes soient étudiées soigneusement au point de vue du traitement des maladies de poitrine, qui sont le plus grand fléau du genre humain, car il meurt chaque année par la phthisie plus de trois millions de personnes.

VII

Les îles et les presqu'îles, surtout dans les pays chauds, présentent en général toutes les conditions qui peuvent contribuer à une longue vie : pureté de l'air, état hygrométrique, température que l'on peut souvent choisir à volonté, fruits sains, eau limpide, climat peu variable, etc. Aussi ont-elles été et sont-elles encore le berceau de la vieillesse ; les hommes y vivent plus longtemps que sur les continents placés à la même latitude.

J'ai eu une chance que j'enviais depuis longtemps, celle de parcourir l'Océan jusqu'au delà des îles Tristan, et de revenir dans la mer des Indes en doublant le cap de Bonne-Espérance, avec un capitaine qui désirait reconnaître les principales îles qui se trouvaient sur notre chemin : j'ai pu ainsi visiter et voir de près, tant en allant qu'en revenant, les îles nombreuses de l'Océan, et je pourrais en parler avec connaissance de causes. Dans mon ouvrage sur les plantes [1], je fais suffisamment connaître, sous le rapport hygiénique, l'île de la Réunion que j'ai habitée ; ce que je dis de ce beau pays peut donner une idée générale de l'état sanitaire de la plupart des îles exemptes de foyers pestilentiels.

Il est à remarquer qu'un climat, qu'un pays peut ne pas être toujours favorable à la longévité ou tou-

[1] *Histoire et légendes des plantes.*

jours malsain; la prédominance d'une industrie sur une autre, le choix pour la bâtisse de tels matériaux plutôt que de tels autres, une modification soudaine dans les habitudes générales, de nouveaux procédés agricoles, apportent nécessairement des modifications profondes dans les conditions de la longévité.

C'est ce qui est arrivé à l'île de la Réunion; jusqu'à ces dernières années on ne connaissait dans cette île fortunée aucune maladie épidémique ou contagieuse : ni fièvre, ni choléra, ni angine, ni petite vérole, etc. ; et toutes ces maladies ont fondu sur ses habitants en même temps que nos engrais, nos matériaux de construction, nos produits en général sont entrés chez elle en grande quantité.

Le desséchement d'un marais, l'abatis d'une forêt, la substitution d'une culture à une autre peuvent déterminer, dans un rayon fort étendu, des changements atmosphériques qui améliorent ou compromettent la vitalité des populations.

Il y a quelques années, derrière la ville du Caire se trouvait un marais séparé du désert par une colline. On avait constamment remarqué que les épidémies pestilentielles paraissaient prendre naissance en ce lieu si malsain et se répandaient ensuite dans tout l'Orient.

Le pacha d'Égypte, sans penser à cette coïncidence, remarquait, d'autre part, que la colline située en arrière du marécage cachait entièrement la vue très-belle qu'il aurait eue sans cela de son palais.

Il donna ordre d'abattre la colline et de combler avec ses débris le marais fangeux, en sorte que les vents, qui se trouvaient autrefois arrêtés contre ces obstacles circulent librement, assainissent l'atmosphère; tandis que le sol, modifié dans ses profondeurs, a cessé de dégager les effluves pestilentielles. Depuis lors la peste n'a pas reparu. Un caprice de pacha aura produit plus que toutes les quarantaines, que tous les efforts de la science; il aura débarrassé le monde, peut-être pour toujours, du plus terrible des fléaux.

On sait que le choléra nous vient de l'Inde : il est engendré dans l'immense triangle formé par deux fleuves, le Gange et le Brahmapoutra.

C'est à la compagnie anglaise dans les Indes, suivant M. le comte de Waren, qu'il faut renvoyer l'accusation du crime de lèse-humanité; c'est elle qui a laissé détruire les canaux et les dérivations des deux plus beaux fleuves du monde; pendant les vingt-cinq dernières années de l'occupation anglaise, dans un seul district, celui de Nort-Arcoth, le nombre des étangs crevés ou emportés par les inondations a été de onze cents.

Du temps des conquérants mogols, un admirable canal, le Doab, partant de Dehly, fertilisait dans son parcours 200 lieues de pays; ce canal est détruit, et ces contrées jadis fertiles et salubres sont maintenant le séjour infect des bêtes féroces, et dépeuplées d'autres habitants par la maladie et la mort.

M. Rayet a publié une note sur les changements

légers mais appréciables que l'introduction des eaux au milieu de l'isthme de Suez avait apportés au climat de cette région. D'après le *Boston traveller*, une influence analogue serait exercée par les lignes de chemin de fer qui traversent les contrées désertes. Dans l'Ohio central, par exemple, on dit que le climat a subi une révolution complète depuis l'établissement des voies ferrées qui coupent le pays dans tous les sens. On attribue ce résultat à l'équilibre produit dans les courants électriques qui amènent une distribution plus uniforme des pluies. Les fils télégraphiques qui suivent partout les voies ferrées ne seraient pas non plus sans action [1].

En Australie, où l'attention publique se dirige depuis quelque temps sur les changements qu'éprouve le climat, par suite de l'abattage rapide et systématique des arbres. On a observé, par exemple, que dans le district de Ballarat, la destruction des bois a été suivie d'une diminution correspondante de la chute de la pluie, et que depuis 1863 la quantité de l'eau tombée a diminué plus ou moins régulièrement de $0^m,947$ en 1863 à $0^m,438$ en 1868. Durant les sept derniers mois de 1869, comprenant les deux qui sont ordinairement les plus humides, la quantité de pluie n'a été que de $0^m,284$. Cette situation préoccupe le gouvernement, qui a nommé un inspecteur général des forêts de l'État, et l'a chargé de veiller sur les abus du défrichement [2].

---

[1] *Cosmos du 26 mars 1870.*

[2] *Les Mondes scientifiques*, 19 mai 1870.

L'état hygiénique des diverses contrées peut donc être modifié de bien des manières.

En 1698, Bigot de Molville, président à mortier au parlement de Normandie, avait reconnu, d'après des recherches très-bien conçues, que de toutes les villes de France Rouen était celle qui, proportion gardée, possédait le plus d'octogénaires et de centenaires. Vers le milieu du siècle dernier, ce privilége sembla devenir l'apanage de Boulogne-sur-Mer, qui le conserva près de cinquante années ; cette ville fut nommée alors la patrie des vieillards.

VIII

« L'histoire des maladies et surtout des épidémies, dit M. F. Heusinger, *doit être basée sur l'histoire de l'agriculture et de l'industrie des peuples.* » On pourrait citer des faits nombreux qui viennent à l'appui de cette assertion, et qui démontrent qu'à peu de frais on pourrait transformer les régions malsaines. Nous nous bornerons à faire connaître sur ce sujet un travail plein d'intérêt et d'actualité. Dans le deuxième volume d'un remarquable ouvrage[1] que vient de faire paraître M. Barral, directeur du *Journal de l'Agriculture*, il se trouve une étude qui nous a principalement frappé : c'est celle qui concerne les Moëres. Nous croyons qu'elle doit attirer

[1] *L'Agriculture du nord de la France* (1870).

l'attention non-seulement des agriculteurs, mais de toute administration, de toute personne qui, de près ou de loin, s'intéresse au bien-être des populations.

Le pays que l'on nomme les Moëres, et qui présente maintenant des fermes salubres, riches et prospères. n'était autrefois, comme le nom l'indique, que des marais : marais incultes, qui répandaient autour d'eux des miasmes délétères, les fièvres, les maladies de toutes sortes et la mort. Quelle magnifique conquête !

On est arrivé à ce résultat avec moins de peine, moins de dépense qu'on ne le croirait de prime abord, lors même que l'on ne disposât pas de tous les moyens que l'industrie possède aujourd'hui. Il a suffi de la volonté énergique d'un homme de bien, désireux d'être utile à son pays ; le reste était l'accessoire. Résumons succinctement quelques-unes de ces pages, plaines d'intérêt.

Le territoire de l'arrondissement de Dunkerque était naguère presque complétement couvert par les eaux de la mer. La verdoyante plaine où coule l'Aa continuerait encore à être envahie par les eaux si des travaux de main d'homme ne la défendaient contre les flots. Elle est livrée à la culture depuis le douzième siècle, ainsi que le vaste espace dont elle fait partie, espace de quatre-vingt-dix lieues carrées, limité par des dunes et deux contreforts entre Calais. Nieuport et Saint-Omer. A l'aide de moyens aussi simples que grandioses, on est parvenu à soustraire ce pays à l'action de la haute mer. Les administrations dites des Wateringues entretiennent l'écoulement des eaux et la fertilité des campagnes, dans un terrain qui deux fois par jour pourrait être submergé par la Manche.

Cependant deux lacs marécageux, nommés les Moëres, demeurèrent longtemps couverts d'eau après l'établissement des Wateringues. Ces lacs, de cinq lieues de tour, formaient un cloaque infect, effroi des populations. Durant les étés chauds, des maladies épidémiques et la peste dépeuplaient les contrées environnantes. Tel était l'état de ce pays lorsqu'un homme dont les actes ont été des bienfaits et dont le nom est presque inconnu, Cobergher, est parvenu à les transformer.

D'après une notice de M. Bortier, Cobergher naquit à Anvers, en 1560. Son penchant le poussa d'abord vers la peinture, et bientôt il se distingua parmi les nombreux élèves de Martin de Vos. Dès ses débuts, Cobergher était passé maître ; ses succès comme peintre et comme architecte lui valurent la gloire et la fortune ; Albert et Isabelle l'appelèrent à leur cour. Mais, avant de quitter l'Italie, l'éminent artiste voulut voir Naples, où l'appelaient la nature et l'art, les récits des voyageurs et l'enthousiasme des poëtes.

En allant de Rome dans cette ville, il traversa les marais Pontins, lieux funestes, habités par la fièvre. Son génie bienfaisant, dit M. Bortier, avait immédiatement porté sa pensée vers la mère patrie. Un marais moins étendu, mais non moins redouté par les populations voisines, existait entre Furnes, Bergues et Dunkerque; l'air pestilentiel qui s'en exhalait enveloppait une grande étendue de pays, des fièvres intermittentes décimaient périodiquement les habitants à deux et trois lieues à la ronde. Ce marais était les Moëres. A son retour, il se livra à de longues et consciencieuses études ayant pour but le dessèchement de ce marais. Plusieurs années s'écoulèrent avant qu'il obtînt l'autorisation de commencer ses travaux; enfin il put se mettre à l'œuvre dès 1620.

VIII

Cobergher commença par entourer les Moëres d'une digue plus élevée non-seulement que l'intérieur du marais, mais encore que les terres environnantes ainsi que d'un fossé ou canal extérieur de ceinture. Ce canal, ayant cinq lieues de développement et étant plus élevé que le fond du marais, facilita d'autant mieux l'écoulement vers la mer des eaux qui y furent rejetées par des machines élévatoires qu'une pente naturelle existe vers Dunkerque. Dans l'intérieur du marais, Cobergher ouvrit des canaux adossés à de larges chemins servant de voies de transport. Puis la surface fut découpée en rectangles par des canaux secondaires aboutissant aux points les plus bas de l'enceinte. Il fut établi sur la digue vingt moulins à vent faisant mouvoir des vis d'Archimède, qui déversaient les eaux en les élevant de l'intérieur dans le canal de ceinture. Un canal fut creusé en droite ligne des Moëres à la mer, pour conduire les eaux jusqu'à l'arrière-pont de Dunkerque, où Cobergher plaça une écluse portant son nom. En peu de temps le desséchement fut complet.

Ces magnifiques travaux, pour l'exécution desquels Cobergher fut secondé par Bruno Vanknik, habile ingénieur, furent terminés en 1624. Quatre ou cinq années à peine avaient donc suffi pour opérer une merveilleuse transformation, pour faire surgir une immense plaine, qui bientôt se couvrit de fermes comme par enchantement : car les récoltes obtenues étaient abondantes. Dès 1632 une jolie église fut bâtie sous le nom de Moërckerque; avec les cent quarante fermes alors établies, elle formait le nouveau village des Moëres. L'entreprise était achevée, et Cobergher n'eût plus dû avoir qu'à jouir des fruits de son génie et de son activité. Arrêtons-nous là, puisque nous ne pouvons donner ici toute cette magnifique histoire, bien plus utile cependant à être racontée et bien plus digne d'être connue que celle des conquérants dévastateurs.

Maintenant que nos moyens d'action sur la nature sont incomparablement plus grands qu'alors, que ne pourrait-on pas faire avec la volonté énergique et l'inspiration d'un Cobergher? Avec moins de frais que n'exigerait la plus petite guerre, et surtout moins de deuil, ne pourrait-on pas assainir et rendre prospère la plupart des lieux pestilentiels et marécageux de la France, et d'où s'épanchent la misère, les maladies et la mort, faire jaillir la vie féconde et heureuse?

L'agriculture est l'art de changer les détritus, les rebus de toutes espèces, les matières les plus viles, c'est-à-dire tout ce qui constitue l'engrais, en herbe, en blé, en fruits, en sucre, en huile, en aliments de toutes sortes; elle fait plus encore : elle transforme une terre malsaine, fiévreuse, les miasmes de la maladie et de la mort, en un sol fertile, d'où s'écoulent la richesse, la vie, le bien-être des populations. On est émerveillé quand on réfléchit avec quelque attention sur ce qu'elle pourrait faire; on est facilement absorbé comme on le serait devant des richesses incalculables : mais aussitôt que l'on revient à la réalité, on éprouve la même déception que laisserait un rêve brillant au moment du réveil.

IX

Dans une note communiquée dernièrement à l'Académie des sciences, M. Da Garogna fait remarquer que l'on trouve dans des relations imprimées ou manuscrites qui nous restent sur les anciennes éruptions de Santorin, des détails fort intéressants relativement à diverses maladies observées à cette époque dans l'île et occasionnées par ces éruptions, et qui viennent à l'appui de ce que nous venons de dire sur l'état hygiénique variable des différents lieux.

D'après ces relations, ce sont surtout des conjonctivites assez intenses, des accidents cérébraux assez sérieux, des suffocations et des accidents du côté du tube digestif, qui forment le bilan pathologique de ces différentes éruptions.

Il a constaté que les influences morbides ne se manifestaient que dans les rumbs des vents qui apportaient les émanations volcaniques. Dans les parties de l'île qui n'étaient pas atteintes par ces vents, on ne trouvait aucune trace des maladies en question. De plus, selon que les vents s'élevaient ou tombaient, on voyait s'aggraver ou s'améliorer l'état hygiénique des lieux situés sur leur parcours. On doit également remarquer que ces émanations volcaniques ont porté leur action morbide sur les îles plus ou moins éloignées de Santorin.

Il résulte de cette note les conclusions suivantes :

1° L'éruption actuelle de la rade de Santorin a une influence manifeste sur la santé des habitants de cette île;

2° Elle a donné spécialement lieu à des conjonctivites, à des angines, à des bronchites et à des troubles digestifs;

3° Les cendres acides ont été la cause directe des conjonctivites, tandis que c'est surtout à l'acide sulfurique que doivent être attribués les autres accidents morbides;

4° Les plantes ont également souffert de l'éruption actuelle, et principalement celles de la famille des liliacées;

5° C'est l'acide chlorhydrique qui a probablement.

au début de l'éruption, produit les altérations végétales;

6° Les émanations sulfhydriques paraissent au contraire avoir exercé une action salutaire sur la maladie de la vigne; elles pourraient avoir pour effet de détruire l'oïdium.

On le voit, la question de l'influence des lieux sur la vie est des plus vastes et des plus fécondes; la nature nous donne des indications formelles dans la répartition des maladies du genre humain, et l'étude des lieux, l'étude climatologique sous le rapport de l'hygiène, quoique dans l'enfance, présente déjà de précieuses données; cette étude est pleine d'avenir.

On arrivera sans doute à connaître le rapport exact qu'il y a entre telle maladie, telle épidémie et tel terrain, tel site, telle orientation, ainsi que l'influence bienfaisante et spéciale sur nos principaux organes, des principes qui s'exhalent des différents lieux, et que l'on pourrait appeler le génie des localités.

VIᵉ PARTIE

INFLUENCE DE L'HÉRÉDITÉ

ET DES

PREMIERS DÉBUTS DE LA VIE.

INFLUENCE DE L'ÉRÉDITÉ

ET DES

PREMIERS DÉBUTS DE LA VIE.

CHAPITRE I.

Hérédité chez les plantes, chez les animaux et chez l'homme. — Alliances consanguines.

I

Une des choses qui influent le plus sur l'humanité, sur son avenir, sur ses progrès ou sa décadence, c'est l'hérédité.

Et ce qui est singulier et déplorable, c'est qu'il n'y a pas de question qui soit moins connue !

Les hommes spéciaux, si rares, savent à peu près à quoi s'en tenir sur ce sujet, mais pour le commun des mortels, c'est leur faire toute une révélation que de soulever un coin du voile, et mettre leur intelligence à même d'apercevoir les conséquences si fécondes et si terribles d'une des premières lois qui président au développement de l'humanité.

« Personne n'ignore, dit le docteur Buchez, que dans l'espèce humaine un grand nombre de dispositions organiques sont de nature à être transmises par voie de génération des parents aux enfants; mais tout le monde ne sait pas jusqu'où cette espèce d'hérédité peut s'étendre. On croit généralement qu'elle comprend seulement ces quelques formes extérieures d'où résulte la ressemblance, *mais la puissance de l'hérédité va beaucoup plus loin....* Les médecins ont constaté que toutes les dispositions morbides, ou toutes les dispositions pathologiques, sont transmissibles des parents aux enfants, aussi bien celles qui résident dans les appareils les moins essentiels à la vie, que celles qui siègent dans les parties les plus essentielles de l'économie[1]. »

Ce sont non-seulement les formes, les affections organiques qui se transmettent par l'hérédité, mais aussi les modifications de l'instinct et les tendances morales : l'homme, matière et esprit, dit avec raison M. le docteur Morel, ne peut dégénérer dans sa constitution physique, sans dégénérer dans sa constitution intellectuelle et morale, et réciproquement.

II

La nature est un grand livre où chacun peut puiser une instruction salutaire. Dieu y parle à tous les hommes qui veulent l'écouter avec intelligence et

---

[1] *Essai d'un traité complet de philosophie*, t. III, p. 546.

attention. Que d'enseignements féconds les plantes et les animaux ne nous offrent-ils pas dans ces hautes et mystérieuses questions qui nous intéressent si profondément !

Tout nous montre en effet que les êtres vivants naissent avec des aptitudes qui dépendent de leur organisation. Ces aptitudes sont héréditaires. L'hygiène et l'éducation les développent ou les contrarient, mais chaque génération ne peut léguer à la suivante que ses qualités et ses défauts.

« *Tout être qui a la faculté de se propager ne saurait propager qu'un être semblable à lui*. La règle ne souffre pas d'exception ; elle est écrite sur toutes les parties de l'univers. Si donc un être est dégradé, sa postérité ne sera plus semblable à l'état primitif de cet être, mais bien à l'état où il a été ravalé par une cause quelconque. Cela se conçoit très-clairement, et la règle a lieu dans l'ordre physique comme dans l'ordre moral[1]. »

Rien n'est plus propre à nous faire voir la puissance immense de l'hérédité que la grande question de la variabilité des espèces.

Une espèce quelconque, modifiée de génération en génération, lègue aux générations successives ses diverses modifications et fait arriver aux variétés les plus opposées, variétés que de prime abord on serait tenté de prendre pour des espèces différentes.

Nous pourrions citer des études aussi savantes

[1] *Soirées de Saint-Pétersbourg*, t. 1, Entret. 2.

que curieuses de nos grands maîtres sur ce sujet, mais nous nous bornerons à rappeler les importantes expériences entreprises par M. Decaisne, de l'Institut, sur les poiriers spécialement, et dont il a fait connaître les résultats à l'Académie des sciences en 1863. Dans les expériences de l'ingénieux expérimentateur, ce n'est pas seulement par les fruits que les arbres issus d'une même variété ont différé, c'est aussi par leur degré de précocité, par le port et par la forme des feuilles. Ces différences sont frappantes pour qui observe ces arbres rapprochés dans les mêmes planches. Autant d'arbres, autant de variétés différentes : les uns sont épineux, les autres sont sans épines; ceux-ci ont le bois grêle, ceux-là l'ont gros et trapu, etc. Rien n'aurait été plus facile que de faire de ces jeunes arbres presque autant d'espèces nouvelles, si l'on n'avait pas su d'où ils provenaient.

M. Dureau de la Malle avait également communiqué à l'Académie des sciences, en 1855, quelques faits curieux qui viennent à l'appui des résultats obtenus par les expériences suivies de M. Decaisne, et qui font de même voir la puissance de l'hérédité dans le règne végétal par les générations successives[1].

III

Chez les animaux les modifications héréditaires

---

[1] Nous avons donné avec quelques détails les communications de MM. Decaisne et Dureau de la Malle dans le 2⁰ volume de *la Science populaire*, 1864, p. 247.

sont bien plus étendues et bien plus surprenantes encore que chez la plante : « On connaît les singuliers résultats auxquels sont arrivés dans ces derniers temps les éleveurs d'animaux, qui ont pour ainsi dire modelé les races à toutes les exigences de l'industrie, de l'agriculture et de la consommation. Ils sont parvenus de cette façon à créer des races sans cornes, à créer telle partie plutôt que telle autre ; ils ont même, se reposant sur la loi des transmissions héréditaires, profité de telle ou telle difformité congéniale qui pouvait avoir un but d'utilité ou satisfaire un caprice dans les goûts, pour former des espèces qui conservent telle ou telle déviation de leur type normal..... Cette science nouvelle, *de la déformation des espèces*, est assez avancée de nos jours pour que l'on soit arrivé à la formule de quelques lois dont l'importance ne saurait être niée[1]. »

C'est non-seulement la forme de l'organisation qui se propage par cette voie, mais aussi les habitudes physiques et les modifications de l'instinct.

Ainsi, certaines habitudes acquises par l'éducation, lors même qu'elles n'ont pas leur origine dans une longue suite de générations, se perpétuent chez les descendants ; telles sont chez les chevaux les prédispositions au pas, à l'amble, au trop, à la docilité, à la douceur ; les prédispositions à ruer, à mordre, à tiquer, etc.

La marche à l'amble et au pas relevé, chez les

[1] Dr Morel, *Des dégénérescences*, p. 207.

chevaux issus de ceux que l'on éduque sur les plateaux des Cordillières, est évidemment, d'après les hommes compétents, le résultat d'une transmission héréditaire; les parents ayant été dressés à ce mode de mouvement, que la nature est loin de leur donner.

Cependant, « ce n'est pas seulement le poulain sauvage dont on s'est emparé dans une forêt qu'on élève difficilement, mais encore celui qui étant né dans une écurie a eu pour père un cheval sauvage. Si ce poulain devenu adulte est employé à la reproduction, il aura pour fils des animaux peu dociles, et ce n'est qu'à la troisième et quatrième génération que s'éteindront les habitudes farouches de l'état de nature [1]. »

Rien de plus frappant que la transmission d'un instinct modifié ou d'un nouvel instinct. Des faits de ce genre ont été spécialement remarqués dans la race des chiens que l'on trouve chez les habitants des bords de la Madeleine, et que l'on emploie à la chasse du pécari. M. Roulin, de l'Institut, dit que la première fois que l'on mène les chiens issus de cette variété à la chasse de ce dangereux animal, ils savent comment l'attaquer, tandis que les chiens d'une autre espèce sont dévorés en un instant [2].

D'après le docteur Prichard, l'aboiement est également une habitude acquise, transmise héréditairement dans l'espèce canine, et qui devient naturelle aux chiens domestiques; les jeunes en effet appren-

---

[1] M. Goguier, *Cours de multiplication.*
[2] *Mémoires du Muséum*, tom. XVII, p. 201.

nent à aboyer, même lorsque dès la naissance ils sont séparés de leurs parents[1].

Il est en effet bien prouvé que les chiens sauvages n'aboient pas; les races de chiens qui n'ont jamais reçu les soins de l'homme ne savent que hurler. Deux chiens amenés des contrées occidentales d'Amérique en Angleterre par le voyageur Mackenzie n'aboyèrent jamais, et continuèrent à faire entendre leur hurlement habituel, tandis qu'un chien qui naquit de ceux-ci en Europe apprit à aboyer.

On a remarqué dans un grand nombre d'espèces d'animaux, entre autres dans celles du cheval et dans celles du bœuf, des qualités qui, s'étant transmises pendant une longue suite de générations, sont devenues des qualités, des caractères de races : telles sont la douceur et la docilité dans la race carrossière du Cotentin, l'indocilité du cheval camargue, l'aptitude dans la race bovine de Salerne, la paresse du bœuf suisse. Sous ce rapport on lira avec intérêt le livre de M. le docteur Morel sur les dégénérescence.

IV

Plus l'individu s'élève dans l'échelle des êtres, plus sa puissance héréditaire augmente.

Cette puissance est plus grande chez les animaux que chez les plantes, et chez l'homme que chez les

[1] Trad. de l'anglais par M. Roulin.

animaux; elle est plus grande également dans les races d'élite que dans les races dégénérées. Les principes aptes à se propager y possèdent des forces plus actives et trouvent un champ d'action plus vaste.

L'homme est sujet à toutes les influences héréditaires que l'on rencontre chez la plante et chez l'animal, et, de plus, à celles qui dépendent des dispositions morales permanentes et des passions dont l'animal est dépourvu; et même des dispositions passagères auxquelles sa liberté peut le soumettre.

Ainsi, par exemple, les procréations opérées pendant l'ivresse produisent ordinairement des épileptiques, des idiots ou des aliénés. Cette assertion est mise hors de doute, les faits cités à l'appui par les observateurs les plus éclairés et les plus consciencieux sont nombreux. « Les uns, dit M. le docteur Morel en parlant sur ce sujet, apportent même en naissant le germe d'une dégénération complète, et ils viennent au monde imbéciles ou idiots... Les autres ne vivent intellectuellement que jusqu'à un certain âge, au delà duquel ils s'arrêtent et tombent progressivement dans un état que je ne puis comparer qu'à l'idiotisme[1]. »

M. le docteur Morel mentionne ensuite les exemples les plus tristes et les plus navrants, et s'écrie : « Que de faits ne pourrais-je pas encore citer à l'appui des idées que j'ai émises sur la dégénérescence

[1] *Traité des dégénérescences*, p. 114 et 155.

des descendants d'individus livrés à l'alcoolisme chronique[1]. »

Dans une note à l'Académie des sciences, M. le docteur Demeaux s'exprime ainsi : « Sur trente-six malades, soumis dans le délai de douze ans à mon observation et dont j'ai pu connaître l'histoire, je me suis assuré que cinq d'entre eux ont été conçus le père étant dans un état d'ivresse; j'ai apporté dans mes investigations tout le soin, toutes les convenances, toute la réserve que comporte un pareil sujet, et mon assertion est basée sur les déclarations formelles des parents.

« J'ai observé dans une famille deux enfants atteints de *paraplégie congéniale*, et je me suis assuré, par les aveux de la mère, que la conception avait eu lieu pendant l'ivresse. Chez un jeune homme de dix-sept ans atteint *d'aliénation mentale*, chez un enfant idiot âgé de cinq ans, je trouve encore la même cause. De ces faits je me crois autorisé à conclure que l'état d'ivresse exerce dans la génération une influence funeste; que cette influence porte principalement son action sur les centres nerveux du produit qui provient d'une conception opérée dans ces conditions anormales. »

A l'occasion de cette communication M. le docteur Dehaut, dit[2]. « Le jeune X..., âgé de quinze ans, est épileptique depuis l'âge de dix-huit mois. Au moment de la conception de cet enfant, le père,

[1] *Traité des dégénérescences*, p. 126.
[2] *Note à l'Académie des sciences*.

grand buveur, finissait, pour faire usage de son expression, une neuvaine bachique. Pour le second
fils, on a également l'aveu du père; le sujet, âgé
aujourd'hui de vingt-deux ans, est épileptique depuis
son jeune âge. »

M. Heulhard d'Arcy dit également : « Des hommes
d'ailleurs vigoureux ont eu avec des femmes également bien constituées des enfants alternativement
ou chétifs ou robustes, suivant les conditions dans
lesquelles ils se trouvaient à l'instant où ils leur ont
donné la vie. C'est le potier qui aviné et dirigeant
mal son travail, au lieu d'une amphore élégante, ne
produit qu'un vase ridicule [1]. »

V

Si l'imbécillité congéniale et l'idiotie sont les termes
extrêmes de la dégradation chez les descendants
d'individus alcoolisés, un grand nombre d'états intermédiaires se révèlent par des aberrations de l'intelligence et par des perversions tellement extraordinaires de sentiments, que l'on ne doit pas être
étonné si de tout temps ils ont attiré l'attention des
hommes sérieux.

Ces grandes questions préoccupaient Platon :
« Que le banquet nuptial soit présidé par la décence, et que l'ivresse en soit bannie… Que la sa-

[1] *Abeille médicale*, du 20 décembre 1868.

gesse veille toujours de part et d'autre entre les époux, car personne ne connaît la nuit ni le jour où la reproduction de l'homme s'opérera avec l'assistance divine. Un homme ivre n'est point du tout propre à reproduire ; il est dans un véritable état de démence qui affecte l'esprit autant que le corps... Si dans un tel état il a le malheur de devenir père, il y a tout à parier qu'il aura des enfants faibles, mal constitués et qui dans l'un et l'autre sens ne marcheront jamais droit[1]. »

M. J. de Maistre, qui a vu si profondément et si loin sur certains points, peut quelquefois, comme philosophe, être cité à côté des hommes de science :

« Le sage nous dénonce avec un redoublement de force les suites funestes des *nuits coupables;* et si nous regardons autour de nous avec des yeux purs et bien dirigés, rien ne nous empêche d'observer l'incontestable accomplissement de ses anathèmes. La reproduction de l'homme, qui d'un côté le rapproche de la brute, l'élève de l'autre jusqu'à la pure intelligence, par les lois qui environnent ce grand mystère de la nature, et par la sublime participation accordée à celui qui s'en est rendu digne. Mais que la sanction de ces lois est terrible ! Si nous pouvions apercevoir clairement tous les maux qui résultent des générations désordonnées et des innombrables profanations de la première loi du monde, nous reculerions d'horreur[2]. »

[1] Plat. *De leg.*, VI, t. VIII, p. 298, 299.
[2] *Soirées de Saint-Pétersbourg*, t. I, Entret. 1er.

Si l'ivresse produit des effets irrémédiables si effrayants, les passions mauvaises et persévérantes ne doivent pas en produire de moindres, quoique plus difficiles peut-être à être constatés. Il est impossible que les sentiments de basse envie, de haine profonde, d'ambition exagérée n'aient pas une influence également funeste.

Plutarque revient assez souvent sur ces questions :

Croyez-vous, dit-il, que Dieu n'en sache pas autant qu'Hésiode, qui nous a laissé ce précepte :

> Prudent époux, crains de devenir père,
> Quand tu reviens du bûcher funéraire ;
> Attends la fin de nos banquets joyeux,
> Faits en l'honneur des habitants des cieux.

M. de Maistre, qui cite ce passage [1]. ajoute : « Ainsi, les anciens sages croyaient que de simples idées lugubres, trop fraîchement excitées dans l'esprit d'un père au moment où il donnait la vie, pouvaient influer en mal sur le caractère et la santé de son fils. On peut donc aisément juger de ce qu'ils pensaient des vices et des excès honteux, qui ne troublent pas seulement l'âme d'une manière passagère, mais qui la changent et la dégradent jusque dans son essence. Platon était pénétré de ces vérités lorsqu'il disait : « Tâchons de rendre les mariages saints « autant qu'il est au pouvoir humain ; car les plus « saints sont les plus utiles à l'État [2]. »

---

[1] *Délais de la justice divine*, page 60.
[2] Plat., *de Rep.*, t. VIII, p. 22.

On ne saurait trop attirer l'attention sur ces hautes questions, surtout de nos jours, où la nature humaine paraît s'affaisser d'une manière effrayante, et les races perdre complétement leur caractère antérieur. Écoutons sur ce sujet un savant des plus autorisés, M. le professeur Fonssagrives :

« On né peut en effet contester, même en se gardant de toute exagération chagrine, que le niveau de la santé et de la vigueur physique ne baisse d'une manière sensible, et presque à vue d'œil. Les hommes d'un âge mûr comparant ce qu'ils voient à ce qu'ils ont vu ont déjà une perception très-nette de la gravité du mal.

« Combien apparaît-elle plus manifeste encore quand, sous la perspective de l'histoire, on reporte sa pensée vers ces fortes et saines générations qui, en disparaissant, nous ont laissé le souvenir de leur beauté et de leur virile énergie! La taille s'abaisse; les muscles s'en vont; la pureté des lignes et l'harmonie des proportions s'effacent peu à peu... Comment en serait-il autrement avec les conditions de la vie actuelle? L'oubli des exercices physiques; l'entraînement des passions surexcitées à un degré inouï; la concurrence de la vie et du plaisir coïncident avec l'affaiblissement des freins modérateurs; le mariage détourné de ses conditions naturelles et salutaires; l'envahissement du luxe au détriment de la satisfaction des besoins réels; les inexplicables progrès des drogues enivrantes; un travail intellectuel précoce et excessif, imposé aux enfants; la désertion des campagnes et l'encombrement des villes : que de causes d'affaiblissement pour la génération actuelle! Et a-t-on lieu de s'étonner dès lors du cachet de débilité dont elle porte l'empreinte [1]? »

C'est une page bien effrayante et bien terrible que celle qui nous présente l'hérédité dans le mal chez l'homme.

Les hommes de l'art qui ont suivi dans le moindre détail la marche progressive des lésions de l'organisme ont démontré que les symptômes maladifs de l'ordre intellectuel et moral marchent sur une ligne parallèle, avec les symptômes maladifs de l'ordre physiologique ; et les philosophes, d'accord sur ce sujet avec les savants, vont jusqu'à professer qu'il n'y a pas un vice, pas un crime, pas une passion désordonnée qui ne produisent dans l'ordre physique un effet plus ou moins funeste. « Les vices qui compromettent notre santé sont des maladies de l'esprit avant d'être des maladies du corps [2]. »

« Pour moi, dit J. de Maistre, je ne puis me refuser au sentiment d'un nouvel apologiste, qui a soutenu que toutes les maladies ont leur source dans quelques vices proscrits par l'Évangile; que cette loi sainte contient la véritable médecine du corps autant que celle de l'âme, de manière que dans une société de justes qui en feraient usage la mort ne serait plus que l'inévitable terme d'une

[1] *Entretiens familiers sur l'hygiène*, p. 8 et 9.
[2] Jules Simon, *la Religion naturelle*, 2⁰ partie, chap. 1ᵉʳ.

vieillesse saine et robuste; opinion qui fut, je crois, celle d'Origène.

« Ce qui nous trompe sur ce point, c'est que lorsque l'effet n'est pas immédiat, nous ne l'apercevons plus, mais il n'est pas moins réel. Les maladies une fois établies se propagent, se croisent, s'amalgament par une affinité funeste, en sorte que nous pouvons porter aujourd'hui la peine physique d'un excès commis il y a plus d'un siècle[1]. »

VI

En résumé, tous les défauts comme toutes les qualités, soit organiques, soit instinctives, intellectuelles et morales, peuvent se transmettre par voie héréditaire ; la beauté ou la laideur des traits : il y a des yeux, des nez, des bouches, des fronts qui ont reçu pour qualificatifs des noms propres de famille, à cause de la persistance avec laquelle ils se reproduisent dans les descendants.

La constitution, le tempérament, la régularité ou l'irrégularité des membres, les difformités de toutes sortes, les monstruosités, les mutilations et même les plus simples vices de conformation subissent la loi de transmission. On a vu, par exemple, des parents sexdigitaires, c'est-à-dire qui avaient six doigts, procréer des enfants semblables à eux sous ce rapport.

[1] *Soirées de Saint-Pétersbourg.*

L'hérédité des dispositions aux qualités ou aux défauts de l'instinct, de l'intelligence ou du moral, n'est pas plus contestable que l'hérédité des dispositions aux qualités ou aux défauts physiques. Des faits nombreux et l'expérience de chaque jour nous le démontrent; d'ailleurs, on peut s'en rendre compte *à priori*, puisque l'âme s'exprime dans le corps, le corps n'étant que l'expression, la représentation sensible de l'âme. Il est vrai que des parents intelligents peuvent procréer des êtres d'un esprit au-dessous du médiocre, et des parents vertueux donner la vie à des enfants portés au mal, de même que des parents bien constitués peuvent procréer des individus contrefaits, et cela s'explique facilement; mais on n'a jamais vu des parents ineptes par organisation procréer des individus de haute capacité.

Ainsi les faits d'hérédité sont nombreux dans les dispositions aux sciences, aux arts, etc.; mais il est bon de remarquer que pour devenir illustre il n'est pas nécessaire de sortir d'une souche illustre, au contraire, les meilleures dispositions sont souvent amoindries, surtout chez les descendants, au sein des faveurs et des fatigues de la gloire et de la fortune. Les plus grandes illustrations ont dû le jour, en général, à des parents obscurs, mais vertueux, sages, tempérants, doués de hautes qualités, soit au physique, soit au moral, et se trouvant dans des circonstances où toutes ces qualités pouvaient se développer avec aisance. C'est là que prend naissance la vraie noblesse, c'est-à-dire les grandes âmes agissant dans des corps sains.

Malheureusement, les instincts criminels : les dispositions au vol, au suicide, à l'assassinat et à tous les crimes suivent également la loi fatale de transmission.

Il est rare cependant que les qualités, comme les défauts, se transmettent à tous les membres d'une même famille ; le plus souvent ils ne se remarquent que sur un ou quelques enfants. Quelquefois aussi, le germe héréditaire attend un certain âge ou certaines circonstances, certaines conditions pour se développer.

Une des choses les plus mystérieuses de l'hérédité c'est l'intermittence : elle sommeille, elle se repose, elle saute quelquefois une génération et même plusieurs pour reparaître ensuite dans toute sa force.

VII

La puissance de l'hérédité peut bien surprendre ceux qui n'ont jamais étudié sérieusement cette question. Cependant, ce que nous venons de dire de l'*hérédité ordinaire*, dans ses résultats, est peu de chose si on le compare à ce que nous présente l'*hérédité dans les alliances consanguines*.

En étudiant cette importante question, nous avons résumé très-succinctement les débats auxquels elle a donné lieu ; en les comparant et faisant intervenir quelques éléments qui nous sont propres, et à l'aide des savantes observations de nos devanciers, nous croyons être à peu près arrivé à la solution de ce problème compliqué. Voici le résumé du mémoire que nous avons présenté à l'Institut, et qui a été inséré dans les *Comptes rendus de l'Académie des sciences*, du 16 avril 1866[1] :

Dans le grave problème des alliances consanguines, on a négligé quelques éléments importants que je vais exposer en peu de mots, après avoir rappelé très-succinctement l'état actuel de la question.

Des études consciencieuses, des statistiques comprenant une longue série d'années et dépouillées avec soin par des savants de diverses contrées, sont venues donner leur appui aux conséquences suivantes, que l'on attribue aux mariages consanguins :

L'absence de conception ; le retard de conception ; la conception imparfaite ou fausse couche ; des produits incomplets ou monstruosités ; des produits plus spécialement exposés aux maladies du système nerveux, et par ordre de fréquence : l'épilepsie, l'imbécillité ou idiotie, la surdimutité, la paralysie, des maladies cérébrales diverses ; des produits lymphatiques et prédisposés aux maladies scrofulo-tuberculeuses ; des produits qui meurent en bas âge et dans des proportions plus fortes que celles qui atteignent les enfants nés dans d'autres conditions ; des produits qui, s'ils franchissent la première enfance, sont

---

[1] *Comptes rendus de l'Académie des sciences*, tome LXII, page 886.

moins aptes que d'autres à résister à la maladie et à la mort.

J'ai pu remarquer que les colonies présentent un champ fertile pour ce genre d'observations, car les mariages s'y font presque tous entre parents ; les résultats en sont quelquefois effrayants : les maladies nerveuses de tous genres y sont portées à un degré étrange.

Des hommes non moins compétents ont étudié la question sous un point de vue opposé.

Ils ont observé que des faits défavorables à la consanguinité avaient été exagérés, et qu'au contraire on avait atténué ou même passé sous silence ceux qui indiqueraient un résultat heureux.

Les relevés statistiques, pour lesquels on ne saurait avoir une trop sévère exactitude, présentent jusqu'à ce jour, suivant eux, peu de renseignements satisfaisants ; ils sont obscurs et incomplets, et peuvent être invoqués aussi bien par ceux qui combattent les mariages consanguins, sous le rapport hygiénique, que par ceux qui les regardent comme indifférents ou qui les patronnent.

Comme des causes puissantes autres que celles des alliances consanguines peuvent influer dans l'acte de la conception, et par conséquent sur ses produits, ils craignent que l'on n'attribue à ces alliances les effets dus aux dispositions individuelles permanentes, et quelquefois instantanées à l'heure du rapprochement des sexes, à l'état de jeûne, de sobriété excessive, d'ivresse, de fatigue physique ou morale, etc.

VIII

Voyant que l'influence de la consanguinité étant bien difficile, sinon impossible à étudier chez l'homme d'une manière exacte, ils ont eu recours, pour résoudre le problème, à l'histoire naturelle des animaux, où tous les éléments de la question sont d'une plus facile observation. Il est d'ailleurs permis d'appliquer à la physiologie humaine des faits rigoureusement précis empruntés à celle des animaux.

L'étude des animaux nous apprend que pour conserver des races de choix et les faire se multiplier avantageusement, il ne faut pas recourir au croisement, tant que la famille n'est pas viciée par une maladie; qu'on ne saurait condamner la consanguinité saine, mode de reproduction auquel on doit nos plus belles races. De nombreux exemples sont cités à l'appui.

Il résulterait des études des premiers que les individus provenant de mariages consanguins seraient, par ce seul fait, voués à une dégénérescence presque inévitable; que l'union d'individus appartenant au même sang peut avoir les plus funestes conséquences et conduire à l'extinction et à l'abâtardissement de la famille.

D'après les seconds, les unions consanguines seraient moins à craindre; dans un grand nombre de cas, elles n'entraîneraient avec elles aucune détérioration dans leurs produits; au contraire, elles conserveraient et amélioreraient les races.

D'autres savants, ayant réuni les observations faites dans les deux camps opposés, se sont élevés à quelques lois bien précieuses, et qui peuvent être regardées comme le fondement de ces études.

Ils ont remarqué :

1° Que la consanguinité n'influence que l'hérédité; elle jouit par elle-même d'une parfaite innocuité, c'est-à-dire que de deux parents parfaitement sains, il ne se produira pas spontanément, par le seul fait de leur union, de maladies dans leurs produits, pas plus que si les individus étaient étrangers l'un à l'autre;

2° Que la consanguinité chez l'homme aussi bien que chez les animaux élevait l'hérédité des défauts comme celle des qualités à sa plus haute puissance; par conséquent, dès qu'une viciation existe dans une famille, si on en marie les membres entre eux, au lieu de se reproduire au même degré seulement, cette viciation se multiplie et augmente son intensité d'une manière effrayante. Les germes morbifiques fermentent et font explosion dans un terrain propice à l'infection; ils se décuplent alors rapidement en intensité. — Ces unions ont une influence analogue sur les qualités.

3° L'aptitude développée soit en bien, soit en mal, par le régime ou par toute autre cause chez les individus, peut être multipliée et fixée dans la famille d'abord, puis dans la race par les alliances consanguines. *Ce qui n'est qu'une tendance dans les individus devient ainsi une réalité dans le produit de leur union.*

Ceux qui professent la première opinion sont naturellement et complétement opposés aux mariages consanguins. Ceux qui professent la deuxième en sont au contraire les partisans. Les derniers se tiennent en général sur une prudente réserve; s'ils ne sont pas tout à fait contraires à ces unions, ils n'en sont pas non plus de chaleureux partisans, et penchent plutôt pour l'abstention.

IX

Après une étude sérieuse, tel est le résumé impartial de tout ce qui a été dit et fait jusqu'à ce jour sur ce sujet.

Mais il y a un élément du problème dont on n'a pas tenu compte, sur lequel je crois utile d'attirer l'attention, et que l'on doit spécialement prendre en considération, lorsque l'on veut faire l'application de la zootechnie à l'homme.

L'homme compte à lui seul plus de maladies que tous les autres êtres de la création pris ensemble. Ses passions, ses vices, ses malheurs, ses travaux, toutes les causes morales, en un mot, viennent s'ajouter aux mille causes physiques qui tendent à abréger ses jours, en sorte que l'on peut dire que, généralement, même les plus sains ont toujours quelques principes d'une maladie ou quelques tendances à une affection.

Et lors même que l'homme se guérit d'une maladie, il peut conserver des tendances à cette maladie, et tout concourt alors à les transmettre à sa progéniture et à les y développer. Car dans la famille on respire le même air, on fait usage de la même nourriture, on prend les mêmes habitudes, etc., etc., et souvent la maladie n'est que la conséquence de ces conditions journalières, qui donnent aux individus qui y sont soumis un air de famille, quelque chose de commun, soit au physique soit au moral.

Il s'en suit : 1° qu'il est bien rare que les membres d'une même famille et des plus proches parents, ne soient pas portés à avoir des affections communes ; or, il a été reconnu que *les tendances mêmes deviennent des réalités dans les produits des consanguins.*

Cette seule considération démontrerait que l'homme a infiniment plus de chance d'avoir des produits funestes dans ce genre d'union que les animaux ;

2° Une autre considération non moins importante est celle-ci : les animaux ont un instinct qui les guide plus sûrement qu'une intelligence perspicace aux aliments, au régime qui leur convient, soit pour se conserver en santé, soit pour se guérir lorsqu'ils sont malades.

Ils peuvent donc faire disparaître de leur organisation des germes de maladie qui demeurent quelquefois dans l'homme à l'état latent pendant plusieurs générations, et qui n'attendent qu'une circonstance favorable pour se développer avec plus de violence; circonstance que leur présentent parfaitement les alliances consanguines.

On le voit, cette deuxième considération diminue encore grandement les chances heureuses des unions consanguines de l'homme, comparées à celles des animaux.

X

En résumé : le grand nombre de maladies, soit physiques, soit morales, qui assiègent l'homme; la facilité plus grande que les germes de ces maladies ont de rester dans son organisation, laissent bien peu de chances favorables aux unions consanguines dans l'espèce humaine, et les faits viennent à l'appui de cette observation.

Ce n'est donc qu'avec une extrême circonspection que l'on doit faire à l'homme l'application des principes de la zootechnie. Il est soumis à bien des causes secondaires étrangères aux animaux; ces causes en théorie peuvent paraître de peu d'importance, mais elles ont dans l'application les conséquences les plus dignes de considération. Ainsi, si les alliances consanguines peuvent être utiles dans certaines circonstances pour les animaux, elles sont toujours excessivement dangereuses pour l'homme, et la plus simple prudence doit les faire repousser sans balancer.

« Quelle loi dans la nature entière est plus évidente que celle qui a statué que tout ce qui germe dans l'univers désire un sol étranger? La graine se développe à regret sur ce même sol qui porta la tige dont elle descend : il faut semer sur la montagne le blé de la plaine, et dans la plaine celui de la montagne ; de tous côtés on appelle la semence lointaine. La loi dans le règne animal devient plus frappante ; aussi tous les législateurs lui rendirent hommage par des prohibitions plus ou moins étendues [1]. »

Et dans les *soirées de Saint-Pétersbourg*, après nous avoir fait remarquer que la religion, sans pouvoir tout dire à l'homme, s'est néanmoins emparé du mariage et l'a soumis à de saintes ordonnances, il nous dit : « Les sages de l'antiquité, quoique privés des lumières que nous possédons, étaient cependant plus près de l'origine des choses, et quelques restes des traditions primitives étaient descendus jusqu'à eux ; aussi voyons-nous qu'ils étaient fortement occupés de ce sujet important ; car non-seulement ils croyaient que les vices moraux et physiques se transmettaient des pères aux enfants, mais par une suite naturelle de cette croyance, ils avertissaient l'homme d'examiner soigneusement l'état de son âme, lorsqu'il ne semblait qu'obéir à des lois matérielles. Que n'auraient-ils pas dit s'ils avaient su ce que c'est que l'homme et ce que peut sa volonté. Que les hommes

[1] J. de Maistre.

donc ne s'en prennent qu'à eux-mêmes de la plupart des maux qui les affligent : ils souffrent justement ce qu'ils feront souffrir à leur tour. Nos enfants porteront la peine de nos fautes; nos pères les ont vengés d'avance. »

Telles sont les conclusions qu'une étude sérieuse des documents les plus importants publiés sur les alliances consanguines nous porte à exprimer.

CHAPITRE II.

1

Cette étude sur l'hérédité nous conduit à des considérations d'une haute importance sur les rapports intimes du physique et du moral.

Elle fait voir que l'instinct, les passions, les sentiments, l'âme tout entière s'exprime dans le corps qui est sa première et vivante expression; d'un autre côté, que la dégénérescence de l'organisme, quelles que soient les causes qui l'amènent, influe également sur le moral.

Ainsi, les formes générales de l'organisme, la composition, la texture, les dispositions imperceptibles des fibres et des matériaux qui le composent déterminent les tendances instinctives et morales. L'action est réciproque : on peut agir sur le corps par l'âme et sur l'âme par le corps.

Dans toute l'échelle progressive des animaux, il est facile de remarquer que chaque espèce a un instinct particulier comme les formes qui lui sont propres, depuis l'espèce qui occupe le premier degré de la progression jusqu'à celle qui occupe le dernier.

Cela se voit aussi en particulier, car dès que l'on modifie l'instinct de l'animal, on modifie aussi son organisme; ainsi, les animaux sauvages rendus familiers, domestiques, perdent leur air, leur attitude sauvage et prennent une physionomie douce et calme comme leur instinct, et cet instinct et cette physionomie se propagent par la génération.

Ainsi, si l'animal est éduqué, si son instinct est élevé, ennobli, etc., cet instinct élevé, ennobli s'exprimera dans l'organisme et donnera à l'individu l'air, l'attitude noble et élevée. Pour s'en convaincre il n'y a qu'à jeter un coup d'œil, par exemple, sur le cheval, le poulain qui sortent d'une bonne école d'éleveurs et sur ceux qui sont abandonnés aux mains routinières et inhabiles. De même pour les autres animaux.

II

Mais cette influence de l'instinct sur l'organisme de l'animal est peu de chose, si on la compare à l'influence de l'intelligence sur l'organisme de l'homme.

L'enfant prendra une physionomie bonne, douce, candide, innocente, etc., comme ses vertus; ou cruelle, grossière, comme ses vices.

S'il change dans un âge plus avancé, alors que les fibres n'ont plus la même souplesse, la même

sensibilité, la même flexibilité, qu'elles se sont roi-
dies et fortifiées, l'influence de l'intelligence sur
l'organisme n'aura plus autant de force; mais les
parties intérieures, celles dans lesquelles l'instinct
et le moral s'expriment plus immédiatement, plus
particulièrement, étant plus tendres, plus molles,
sont aussi plus souples et plus obéissantes aux mouvements de l'âme; par conséquent, lors même que
l'âme n'aurait plus assez d'influence pour changer
la physionomie extérieure de l'organisme, elle peut
en avoir assez pour agir sur les parties intérieures
et qui influent directement, immédiatement sur elle.

Ainsi il peut y avoir des physionomies qui ne
correspondent pas au caractère, elles peuvent exprimer le bien ou le mal, et les dispositions intérieures de l'organisme le contraire, et cela non-seulement dans les grandes personnes, mais encore,
jusqu'à un certain point, dans les enfants; car ces
dispositions se transmettent par la génération.

Les individus d'une même famille ont quelque
chose de commun dans la physionomie, dans l'extérieur, qu'on appelle l'air de famille; ils ont de
même quelque chose de commun pour le moral; et
les tendances pour certaines vertus ou pour certains
vices se transmettent avec une évidence frappante.

Si quelquefois des enfants portés à la vertu naissent de parents vicieux, ou des enfants portés aux
vices de parents vertueux, cela tient à des causes
secondaires; la première éducation est une seconde
naissance et peut changer les inclinations de l'indi-

vidu, mais cela tient surtout à la disposition des parents au moment de la procréation; et relativement à ce point de vue, l'histoire de la physiologie peut fournir, comme nous avons pu le remarquer, des faits aussi surprenants qu'effrayants pour les pères et les mères.

III

Ainsi, l'intelligence influe, s'exprime dans l'organisme, soit pour le bien, soit pour le mal, plus ou moins fortement, plus ou moins profondément, suivant que l'organisme est plus ou moins sensible et que les pensées et les sentiments sont plus ou moins intenses, et cette expression, comme tout ce qui touche à l'intime, à l'essence de l'organisme, se transmet par la génération.

Ceci explique scientifiquement le fameux problème des tendances diverses : l'homme par l'intelligence connaît et veut une chose, et l'organisme, par ses dispositions, lui fait sentir l'expression d'une autre :

« La chair a des désirs contraires à ceux de l'esprit. »
(Saint Paul, *Galat.*, V, 17.)

« Je vois le bien, je l'aime et le mal me séduit. »
(Ovide, *Mét.*, VII, 17.)

« On fuit le bien qu'on aime; on hait le mal qu'on fait. »
(Voltaire, *Loi nat.*, II.)

« Je ne fais pas le bien que j'aime,
« Et je fais le mal que je hais. »
(Racine.)

Suivant que les dispositions intimes de l'organisme sont de telle ou de telle autre manière, il donne à l'âme qui l'anime des penchants plus ou moins marqués pour le vice ou pour la vertu, et si la transmutation de l'âme d'un homme vicieux dans l'organisme d'un homme vertueux, et de l'âme d'un homme vertueux dans l'organisme d'un homme vicieux pouvait s'opérer, l'âme vertueuse ressentirait aussitôt l'expression du vice, et l'âme vicieuse l'expression de la vertu, jusqu'à ce que l'une et l'autre ait de nouveau changé les dispositions de l'organisme.

Celui qui se fait violence pour faire le bien, peu à peu change l'expression du mal et ramène l'organisme à l'expression du bien, et ainsi peu à peu la concupiscence diminue, et s'il était possible sur la terre de ramener l'organisme à la parfaite expression du bien, il n'y aurait plus deux hommes dans l'homme, mais un seul. Il connaîtrait le bien, et les dispositions de l'organisme en feraient sentir l'expression.

Pour la même raison, plus l'homme commet de fautes, plus aussi la concupiscence, la force qui le porte au mal ou l'expression du mal que son organisation lui fait sentir augmente.

Ce n'est pas seulement les dispositions des éléments de l'organisme qui influent sur l'âme et lui font sentir l'expression du bien ou du mal, mais aussi leurs qualités; et la matière en général, organique ou inorganique, a la propriété d'influer sur la substance spirituelle, et cette propriété lui est peut-être aussi intime que la pesanteur et l'étendue. Ce principe, qui n'a pas encore été formulé d'une manière absolue, et que nous ne faisons qu'indiquer en passant, peut jeter une admirable clarté sur un grand nombre de questions.

IV

L'influence de l'hérédité se continue même après que la conception a eu lieu : tout ce qui affecte la femme enceinte, soit en bien, soit en mal, retentit inévitablement sur le fœtus. Elle doit donc éviter toutes les émotions violentes, soit au moral soit au physique. Tout ce qui l'entoure doit être autant que possible beau, élevé, bon et noble, car toutes ces impressions influent sur celui qu'elle mettra un jour au monde, et le modifient plus ou moins en sens divers.

Dans certains pays les mères vivent au milieu des chefs-d'œuvres des arts, et les enfants sont presque tous naturellement artistes, et dans les endroits où les artistes sont des exceptions, on trouverait peut-être assez souvent l'origine de l'inspiration de ceux qui se distinguent dans quelques circonstances particulières qui ont fortement et habituellement impressionné la mère.

Plusieurs savants professent qu'il existe une telle harmonie sympathique entre les organes homonymes de la mère et du fruit qu'elle porte dans son sein, que lorsque ceux de la mère éprouvent une lésion, ceux du fruit peuvent subir un changement analogue dans leur texture et leur conformation.

On pourrait faire des observations aussi curieuses qu'utiles sous ce rapport. Plusieurs journaux ont cité le fait suivant [1], d'après une brochure de M. le docteur Liégey, de Ramberviller : « Donnant des soins, pour de simples indispositions, à un monsieur âgé qui habite notre ville depuis plusieurs années, je remarquais chaque fois chez ce vieillard, bien conservé, de bonne santé habituelle, et qui a toujours été sobre et d'habitude régulière, un léger tremblement des mains et de la tête. Dernièrement lui ayant demandé depuis combien de temps il avait ce tremblement, il me dit : « Je suis né trembleur, d'une mère qui commença à trembler vers le milieu de sa grossesse, époque à laquelle elle fut terrifiée par une scène de la révolution. »

« J'ai trouvé un exemple du même genre dans un recueil de mémoires du siècle dernier. Le duc d'Elbeuf était violent au delà de tout ce que l'on peut dire. La duchesse étant grosse, ce misérable homme s'emporta un jour jusqu'à vouloir la jeter par la fenêtre, et la frayeur qu'elle en éprouva eut les plus tristes conséquences pour l'enfant qu'elle portait. C'était un garçon, qui fut dès sa naissance affecté d'un tremblement de tout le corps. Il grandit et vé-

---

[1] *La Tribune médicale* et le *Cosmos* du 4 avril 1868.

eut âge d'homme, mais dans la retraite, au Mans, si je ne me trompe, ayant un grade nominal dans l'ordre de Malte. Il était surnommé *le Trembleur*. On ne dit pas que, comme dans le cas de M. Liégey, la mère elle-même eût continué à trembler.

« La frayeur est un phénomène cérébral. Voilà ce qu'il faut établir d'abord, et ce qui ne souffre pas contradiction. Maintenant, comment un acte qui se produit dans le cerveau de la mère grosse peut-il se communiquer au cerveau de l'enfant qu'elle porte! Bien d'autres faits attribués justement à l'imagination de la mère par les personnes étrangères à la science attestent cette synergie, cette solidarité névropathique de la mère et de l'enfant. Les savants n'aiment pas à s'arrêter sur ces observations ; pour deux raisons : d'abord parce qu'elles sont souvent entachées d'erreur, ensuite parce qu'ils ne peuvent pas les expliquer.... Cette philosophie d'expérimentateur n'empêche pas qu'il y ait une masse de faits qui défient l'analyse expérimentale et s'imposent à la raison. »

Nous citons le fait suivant, en ne lui donnant cependant pas plus de valeur qu'il ne saurait en avoir :

« M. de Buffon prétendait à cette époque que les femmes pouvaient bien avoir des envies, mais que jamais ces envies ne laissaient de trace. Mon oncle (Mᵍʳ Bienaimé, évêque d'Évreux) prétendait le contraire, parce que les exemples qu'il avait vus le rendaient crédule. La discussion s'engagea ; la pauvre madame de Buffon fut le martyr destiné à vérifier le fait. Elle était grosse, et depuis quelques jours elle témoignait un vif désir de manger des fraises ; ce n'était pas la saison. Les belles serres chaudes de Montbard en contenaient plusieurs plates-bandes, mais encore vertes, et madame de Buffon guettait le moment de leur première rougeur pour les piller. « Pardieu, l'abbé ! dit M. de Buffon, nous verrons qui de nous deux a raison. » Et le lendemain la serre est fermée, les ordres les plus sévères sont donnés au jardinier, et la pauvre gourmande est condamnée à venir chaque jour contempler les plates-bandes verdoyantes sur lesquelles se détachait le fruit, que chaque jour aussi rendait plus vermeil. Enfin, madame de Buffon mit au monde un enfant ayant une belle fraise sur la paupière gauche, preuve vivante pour réfuter une erreur écrite et imprimée[1]. »

Napoléon 1ᵉʳ disait à ce sujet que M. de Buffon administrait la question à sa manière.

V

Tout ce qui entoure le début de la vie a une influence profonde, intime sur l'individu, lui imprime un cachet, lui donne des tendances et des aptitudes : *Heureux les enfants bien nés !* dit la sagesse des nations.

Les soins donnés à la première enfance ont une importance que l'on ne saurait exagérer ; c'est sur elle qu'il faut agir pour régénérer l'homme, car il

[1] *Mémoires de la duchesse de Brantès.*

serait difficile et le plus souvent impossible de modifier le tempérament, le caractère, les tendances de ceux qui procréent, mais l'enfant qui vient de naître est comme une cire molle, tout peut être modifié et corrigé chez lui : son corps débile peut facilement devenir fort et robuste, et ses facultés naissantes se développer selon leurs lois sans qu'il y mette obstacle. Ceux qui l'entourent sont presque tout-puissants sur lui, car toutes les fibres de l'organisation étant alors souples et obéissantes, elles se soumettent sans peine aux expressions, aux habitudes intellectuelles et morales que l'on inspire. Les influences de toutes sortes que subit l'enfant, et qui constituent la première éducation, peuvent changer les prédispositions, les penchants et les goûts, et l'enfant ainsi réformé, perfectionné, devenu homme, procréera des descendants qui participeront au perfectionnement qu'il aura conquis, eux à leur tour peuvent faire de même. De perfectionnement en perfectionnement légué aux générations successives, l'humanité pourrait se modifier jusqu'à un point qu'il serait difficile d'assigner.

C'est donc à la première enfance, à la première éducation qu'est attaché le véritable progrès de l'humanité.

Aussi peut-on dire en toute vérité que l'avenir des nations, comme l'avenir de l'individu, dépend des soins que l'on donne à la première enfance. Le germe de tout progrès, de toute prospérité est là.

Si la première éducation est bonne, chez une nation, elle est inébranlable et n'a rien à craindre : la vie généreuse et puissante circulant à flot dans toutes ses parties, la rendra victorieuse des plus graves blessures ; elle se relèvera triomphante de tous les échecs.

Si, au contraire, elle pèche dans la première éducation, c'est en vain qu'elle brille à l'extérieur par le développement des sciences, des arts et de l'industrie. C'est le fruit piqué au cœur : l'enveloppe peut, pendant quelque temps, masquer le travail de destruction intérieur qui s'opère, mais la vie n'en est pas moins atteinte et le mal est souvent irrémédiable.

Tacite attribuait la déchéance de la nation au peu de soin donné à la première enfance et à l'abandon des bonnes traditions dans l'éducation : «... Mais je commencerai par l'éducation sévère que donnaient nos aïeux. D'abord, le fils né d'une mère chaste n'était point élevé dans la maison d'une nourrice qu'on achetait, mais dans le sein et entre les bras de sa mère, qui mettait sa principale gloire à veiller sur son intérieur et à se dévouer à sa famille. On choisissait en outre quelque parente âgée, irréprochable dans ses mœurs pour lui confier tous les rejetons de la même maison ; et devant elle on ne pouvait rien dire de honteux, rien faire qui pût blesser l'honneur. Ce n'était point seulement les études et les travaux, mais aussi les plaisirs et les jeux de l'enfance qu'elle réglait avec gravité et retenue. C'est ainsi que Cornelie, mère des Gracques, Aurélie, mère de César, Atia, mère d'Auguste, ont présidé à l'éducation de leurs enfants, et en ont fait des hommes supérieurs.

Il résultait de cette discipline et de cette sévérité que ces âmes candides, droites et que les passions n'avaient pas encore fait dévier, s'appliquaient de suite aux connaissances libérales; et quand leur penchant les portait, soit vers l'art militaire, soit vers la jurisprudence, soit vers l'art oratoire, elles se livraient sans partage à l'étude et elles épuisaient tous les trésors de la science. — Aujourd'hui l'enfant vient à peine de naître qu'il est confié à quelque esclave grecque à laquelle on adjoint un autre esclave, quel qu'il soit, et c'est ordinairement le plus méprisable, celui qui ne peut remplir aucun emploi sérieux. Sous une pareille direction, ces esprits tendres et impressionnables sont imbus de fables et de préjugés. Personne dans toute la maison ne veille ni à ce qui se dit ni à ce qui se fait en présence du jeune maître[1]. »

VI

Il est difficile, même après avoir profondément étudié le sujet, de se faire une juste idée de l'importance des soins donnés à la première enfance, surtout des soins maternels.

Les caresses, les regards, les sourires d'une mère ont une onction divine. Ils transmettent une âme, un feu subtil qui pénètre, réveille, vivifie toutes les fibres de la tendre enfance.

[1] *Dialogue sur les orateurs*, v. XXVII et XXIX.

Les baisers, les regards, les sourires de l'étrangère, auprès de ceux d'une mère sont âpres et secs. Ils ne se contiennent pas condensés, ils ne transmettent pas l'intelligence, l'amour, la vie intime qu'une mère donne à son enfant. Ils empêchent de naître ou éteignent tous les germes nobles dans leur source. Ces germes demandent à être couvés par les effluves maternelles.

Voyez ce jeune homme dont le regard est doux et compatissant comme celui d'une femme, fort et vainqueur comme celui du héros; sa physionomie mobile comme les cordes d'une harpe fait rêver à tous les nobles et grands sentiments; ainsi qu'une suave poésie, il vous inspire une sympathie irrésistible. Soyez bien sûr que ce jeune homme s'est développé sous le regard d'une tendre mère. C'est ce regard qui a pétri sa chétive organisation dès les premiers jours de son existence, et qui lui a infusé toutes les grandes et nobles passions. Toute mère est sainte et héroïque auprès du berceau de son enfant, et son influence magnétique donne une seconde vie à celui qui est sorti de ses entrailles.

« Commence, jeune enfant, dit Virgile, à connaître ta mère à son sourire : ta mère! elle a, pendant dix mois, souffert bien des ennuis! Commence, jeune enfant; celui à qui n'a pas souri ses parents ne fut jamais admis à la table des dieux, jamais au lit d'une déesse [1]. »

[1] Virg., Eglogue V.

Aux premiers jours de l'existence, l'organisation étant comme une cire molle, toute l'âme d'une mère s'y infiltre, s'y incorpore par les doux regards incessamment répétés, par les sons inarticulés d'amour, par les inflexions profondes de sensibilité, de dévouement sans borne. L'enfant grandissant, se développant dans cette atmosphère de bonté, de tendresse, de sainteté, en un mot de tout ce qui est beau et noble dans l'humanité, son organisation s'imbibe de tous ces sentiments ; elle se les incarne, les condense, les exprime, les cristallise pour ainsi dire dans tout son être, et comme un diamant vivant et animé, il réfléchit toute l'âme sanctifiée de celle qui, après l'avoir mis au monde une fois, continue à l'enfanter tous les jours.

Rien de semblable pour la première enfance élevée sous le toit de l'étrangère.

Pour faire comprendre toute l'influence qu'une mère peut avoir sur la première enfance, rappelons que les êtres faibles sont susceptibles d'être atteints de tics nerveux, de maladies nerveuses en imitant les phénomènes que ces affections présentent ou même simplement en les voyant sur autrui, et ici nous pourrions citer des faits aussi curieux qu'instructifs. Puisque l'influence physiologique est si puissante que de remuer et d'atteindre par sa seule présence une organisation étrangère jusque dans ses profondeurs, que doit-ce être du rayonnement maternel sur la petite créature qui vient de naître. Les pauvres êtres infortunés qui sont privés de ce soleil divin sont peut-être bien de quitter au plus vite la terre, et le long gémissement que nous fait exhaler leur nécrologue nous paraîtrait superflu, si le regard ne s'arrêtait que sur le cyprès qui les couronne à l'entrée de la vie, mais il y a autre chose, il y a une plaie profonde qu'il est nécessaire de signaler.

VII

L'enfant grandissant, se fortifiant, les pensées généreuses, les sentiments nobles qui lui ont été inspirés, incorporés, se développent et se fortifient en même temps que son organisme, d'après les lois harmonieuses établies entre le corps et l'âme ; et bientôt, grâce à la sollicitude maternelle, l'homme fait nous présentera un noble type de l'humanité dans lequel resplendiront tous les grands sentiments, auréole qui distingue les hommes destinés à tracer la route lumineuse du progrès, et à rayonner à travers les âges comme les astres qui indiquent le port. Quel noble et généreux orgueil doit faire tressaillir une mère quand elle songe à l'œuvre qu'elle est appelée à faire !

« C'est à notre sexe, sans doute, qu'il appartient de former des géomètres, des tacticiens, des chimistes, etc. ; mais ce qu'on appelle *l'homme*, c'est-à-dire l'homme *moral*, est peut-être formé à dix ans ; et s'il ne l'a pas été sur les genoux de sa mère, ce sera toujours un grand malheur. Rien ne peut remplacer cette éducation. Si la mère, surtout, s'est fait un devoir d'imprimer profondément sur le front de son fils le caractère divin, on peut être à peu près sûr que la main du vice ne l'effacera jamais. Le jeune homme pourra s'écarter sans doute ; mais il décrira, si vous voulez me permettre cette expression, une *courbe rentrante* qui le ramènera au point d'où il était parti[1]. »

M. Claude Bernard exprime sous une autre forme des idées analogues[2] : « Mais ce ne sont pas seulement les mouvements de nos organes extérieurs qui deviennent automatiques ; la formation de nos idées est soumise à la même loi, et lorsqu'une idée a traversé le cerveau durant un certain temps, elle s'y grave, s'y creuse un centre et devient comme une idée innée.

« Ici la physiologie vient donc justifier le sentiment du poëte latin en démontrant que pendant le jeune âge le cerveau, en voie de développement, est, semblable à la cire molle, apte à recevoir toutes les empreintes qu'on lui communique, comme la jeune pousse de l'arbre prend également toutes les directions qu'on lui imprime. Plus tard, alors que l'organisation est plus avancée, les idées et les habitudes sont, ainsi qu'on le dit, enracinées, et nous ne sommes plus maîtres ni de faire disparaître immédiatement les empreintes anciennes ni d'en former de nouvelles. »

[1] *Soirées de Saint-Pétersbourg*, Ent. III.
[2] *Discours de réception à l'Académie française*, 27 mai 1869.

VIII

Nous sommes ainsi naturellement amené à faire quelques réflexions sur une question des plus graves, des plus sérieuses, des plus émouvantes, qui se développe devant l'Académie de médecine depuis 1866.

Elle renferme des faits effrayants, et s'ils n'étaient évidents, jamais en France ni dans aucun pays du monde on ne les croirait vraisemblables.

Il est question de l'homicide presque organisé des enfants qui viennent de naître, de manière que dans certaines circonscriptions, sur 100 nouveau-nés, 95 meurent dans l'espace de la première année : et ce n'est pas en Chine que cela se passe, c'est en France ! c'est dans notre beau et généreux pays de France !

Dans les contrées barbares où les lois permettent de jeter au fleuve les nouveau-nés, que nos missionnaires émus vont sauver avec le denier de la France, il doit en mourir bien moins, et ces chétifs petits êtres sont moins malheureux que ceux dont nous parlons. Hélas ! si les Chinois étaient bien au courant de ce qui se passe chez nous, ils nous enverraient peut-être, eux aussi, des missionnaires pour sauver nos pauvres enfants.

Nous n'exagérons pas, oh ! non ; il nous serait impossible de dépasser la réalité navrante dans le sujet qui nous occupe. Le lecteur en jugera après le faible et pâle résumé que nous allons donner de quelques séances de l'Académie de médecine :

« ...... Indépendamment des considérations d'humanité, dit M. Boudet, l'intérêt de la grandeur nationale se trouve lié plus que jamais à la question de la mortalité et en particulier à la mortalité des nourrissons.

« Chez nos voisins, les recensements signalent un mouvement de progression continue et rapide dans le nombre des habitants; cette progression est d'une lenteur effrayante sur notre territoire, et nous sommes menacés de descendre, dans un prochain avenir, du rang supérieur que nous occupons depuis tant de siècles.

« La population française n'est-elle pas menacée d'entrer bientôt dans une période de décroissance, si dans une partie considérable de l'empire, les trois quarts des enfants nés viables sont voués à une mort certaine dans la première année de leur existence, et si les autres sont plus ou moins débiles et valétudinaires, par suite de l'insouciance des mères, de l'incurie et de la cupidité des nourrices mercenaires auxquelles ils sont abandonnés? Dans la Seine-Inférieure la mortalité des enfants de Paris qui y sont envoyés en nourrice est de 95 sur 100 dans la première année!

« Tandis que l'on prodigue des primes d'encouragement pour l'amélioration des races de nos animaux domestiques, tandis que de bonnes âmes recueillent avec ardeur des souscriptions pour les petits Chinois, n'est-il pas déplorable de voir le triste sort réservé aux enfants du peuple le plus civilisé de l'univers, et l'aveuglement avec lequel des cœurs généreux s'intéressent à ces misères lointaines, au lieu de songer à ces misères si présentes et si grandes, qu'on se refuserait à croire, si les preuves n'en étaient pas surabondantes. »

IX

Dans une autre séance, M. Boudet continue :

« .... L'Académie est en présence de la question la plus grave qui ait jamais été soumise à ses délibérations ; elle n'a jamais eu, elle n'aura jamais l'occasion de rendre d'aussi grands services, de prendre une position aussi éminente, si elle veut s'élever à toute la hauteur de la mission dont elle est saisie.

« Il ne s'agit pas d'une doctrine médicale plus ou moins féconde, d'une épidémie plus ou moins meurtrière, mais toujours passagère, la population française diminue ou reste stationnaire, la vie nationale est en péril ; l'opinion publique émue par le retentissement de cette tribune, est inquiète et attentive, l'Académie est en demeure de répondre à ses justes alarmes. »

Ici, M. Boudet, rappelant le discours de M. Husson, « qui est venu, dit-il, l'inexorable statistique à la main, confirmer et assombrir encore la vérité du tableau que j'avais tracé à grands traits, » et celui de M. Devilliers, qui a donné des renseignements si précieux sur ce qui se passe dans plusieurs départements, il s'attache à faire ressortir l'importance des chiffres indiqués par ce dernier, chiffres qui jettent une sinistre mais importante lumière sur la question.

À propos du chiffre de 18 pour 100, donné comme la moyenne de la mortalité des enfants en France, M. Boudet s'exprime ainsi : « Gardons-nous d'accepter ce mot de mortalité normale qui a été appliqué à cette mortalité moyenne. Cette prétendue mortalité normale est une immense violation des lois de la nature. S'il y a quelque part en France une mortalité normale, c'est celle des enfants des cultivateurs du département du Rhône, cette mortalité de 5 pour 100, dont M. Devilliers a fait l'heureuse découverte..... Que l'on compare ce chiffre de 5 pour 100, à celui de 18 pour 100 qui représente la mortalité moyenne dans toute la France, à celui de 80 pour 100, des départements de l'ancienne Normandie, à celui de 75 pour 100 des 20,000 nourrissons de Paris, à celui de 90 pour 100 du département de la Loire-Inférieure, et on pourra se faire une idée réelle de cette mortalité monstrueuse qui anéantit au berceau la plus grande partie de la population française. Sur 922,704 naissances, la mortalité qui devrait être de 46,135, est de 166,811 ; ainsi, 120,656 enfants sont victimes chaque année des systèmes barbares qui sont mis en pratique dans notre pays pour élever les enfants du premier âge.

Après avoir rappelé les travaux restés jusqu'ici

infructueux de MM. Donné, Gaubert, Boys de Loury, Brochard et Monot, M. Boudet exprime l'espoir que tant d'efforts ne resteront pas impuissants, et que l'*Académie de médecine* ne se contentera pas, après tant de vœux stériles et tant d'espérances déçues, de signaler à l'autorité le mal qu'elle connaît et de lui abandonner l'étude des moyens propres à y remédier. Il faut d'abord rappeler les mères à leurs devoirs et leur faire connaître toutes les funestes conséquences de l'allaitement par les nourrices.

En terminant un éloquent plaidoyer, M. Husson dit : « Aujourd'hui on ne saurait se le dissimuler, la population, cette première richesse des pays civilisés, cette première force des nations puissantes, diminue en France ou y reste stationnaire. Les mariages sont atteints dans leur fécondité. Autrefois on comptait cinq enfants pour un mariage; au commencement de ce siècle il naissait encore plus de quatre enfants (4,20) par union légitime. Aujourd'hui c'est à peine si chaque mariage produit trois enfants dans la France entière, et à Paris on ne compte qu'un peu plus de deux enfants par ménage.

« Les mariages sont atteints dans leur fécondité, la mortalité des nouveau-nés est plus grande chez nous qu'ailleurs. » C'est donc avec raison que M. Boudet s'écrie : « Le mal est arrivé à ce point, que la patrie est en danger et qu'il faut le vaincre à tout prix. »

X

Le pays tout entier est justement et profondément ému d'un pareil état de chose; l'Académie de médecine fait preuve du plus grand zèle, de la plus grande sollicitude; une commission a été nommée, on a procédé à une enquête, un rapport a été fait, et cependant on paraît aussi embarrassé après qu'auparavant.

Dans la séance de l'Académie de médecine du 28 septembre dernier, M. Boudet a dit : « Munie des éléments d'appréciation contradictoires produits dans la discussion de 1866, la commission ne s'est pas trouvée suffisamment éclairée; elle a demandé au gouvernement une enquête, dont les résultats doivent servir de base à ses délibérations... Pour ce qui est de l'enquête administrative, l'Académie en a vu le dossier; elle connaît le chiffre total de mortalité qu'elle a fourni, mais rien de plus. »

M. Boudet donne ensuite quelques-uns des chiffres d'après l'enquête, cite quelques exemples pour faire voir que les faits de l'enquête, devraient être discutés. « L'Académie, dit-il, ne peut pas trouver dans le rapport le moyen de se rendre un compte exact de l'état des choses. Si l'Académie doit se borner à proposer des modifications réglementaires, une simple réforme de l'organisation actuelle, son intervention ne sera pas plus efficace que celle des commissions administratives qui ont étudié la question avec elle. »

Dans la séance de l'Académie de médecine du 26 octobre dernier, M. Husson s'exprime ainsi : « La discussion qui s'est ouverte à cette tribune sur la mortalité des enfants a inspiré à plusieurs de nos collègues de savants et chaleureux discours, mais elle n'a point fait avancer d'un pas la solution cherchée. »

Nul effet sans cause, et les causes sont proportionnelles aux effets : vérités banales, sans doute, mais incontestables. Or, la mortalité des nouveau-nés telle qu'elle est constatée, de l'avis de tous les hommes compétents, est une maladie mortelle pour la nation, si on n'y porte un prompt remède. Une pareille maladie nationale ne peut être produite que par un régime malsain, par des lois factices subies par la nation et contraires à ses instincts les plus vivaces, à ce qu'il y a de plus intime et de plus énergique dans sa constitution, qu'elles étouffent. La commission, aidée de l'enquête, a fait ce qu'elle a pu, et l'on doit être reconnaissant de ses efforts ; mais, effrayée par le mal, elle a cherché les moyens les plus prompts pour l'arrêter, elle a formulé des règlements qui nous paraissent être des palliatifs tout à fait insuffisants, nous dirions presque insignifiants, vu la grandeur du péril.

Cependant, plusieurs savants de l'Académie de médecine ont été bien inspirés : ils se sont élevés au-dessus des causes secondaires, ils ont indiqué plusieurs des vraies sources de la plaie envahissante.

De ce nombre est M. Em. Chauffard. Nous avons lu avec un vif intérêt son discours, aussi éloquent que bien pensé; nous allons en extraire quelques passages.

M. Em. Chauffard s'exprime ainsi : « Il ne s'agit pas seulement de dire et de faire vite, comme on le voulait de nous; il ne s'agit plus d'offrir promptement et sans le faire attendre irrévérencieusement un projet de règlement à une commission officielle, laquelle n'a sans doute pas besoin de tant de hâte, et saura bien réglementer d'elle-même.

« Le rôle de l'Académie me paraît tout autre; elle a devant elle la plus haute question de médecine sociale qui puisse la préoccuper; elle ne doit pas la laisser passer sans la scruter dans ses redoutables profondeurs; elle ne doit pas laisser croire au monde savant qui l'écoute, à l'autorité qui recueillera ses avis, que tout sera dit et fixé par la présentation et l'acceptation d'un règlement de police, que cette grande misère sociale ira en s'éteignant sous la mise en pratique de simples mesures administratives, et que cette dernière œuvre faite la réparation est accomplie, qu'une tache honteuse ne déshonore plus notre civilisation. »

M. Chauffard touche ensuite aux vraies causes du mal, et signale surtout celles qui ont un caractère accusé de permanence et de généralité.

Il faut, suivant lui, placer en tête des causes qui pèsent le plus sur la mortalité des nouveau-nés dans les grandes villes, la faiblesse native. Mais cette faiblesse n'est elle-même qu'un effet; elle reconnaît un ensemble de causes que l'on peut résumer pour la plupart en ces simples mots : mauvais état de la maternité, mauvais état de la paternité, produits eux-mêmes par la misère physique et la misère morale. La misère passée et la misère présente préparent, expliquent le triste état de la maternité dans les unions légitimes; dans les unions illégitimes, la maternité est plus profondément déchue, et la mortalité des enfants nouveau-nés plus effrayante. Ces unions n'engendrent pour la plupart que des produits marqués d'une faiblesse native, irrémédiable, ce qui est facile à comprendre si l'on examine les misères de toutes sortes qui entourent les filles-mères.

Mais la cause principale, la cause qui engendre la plupart des causes, ce sont les grandes armées permanentes.

Plutôt que de donner une sèche analyse de ces importants passages, nous allons extraire textuellement les parties qui nous paraissent les plus frappantes. Le souffle de vie original s'y conservera mieux...

« Il y a de grandes institutions dirigées contre le mariage; il y a de grandes agglomérations d'hommes jeunes et valides; le plus ardent, le plus pur de notre race, auxquels on ne laisse d'autres ressources que les unions de passage, la pire espèce des unions illégitimes. Je veux parler des grandes armées permanentes. On ne saura jamais le mal qu'a fait à notre pays l'institution des armées permanentes, ces conscriptions impitoyables qui tous les ans arrachent au foyer le meilleur choix de la jeunesse française, pour le livrer aux encombrements malsains de la caserne, à la vie oisive et corrompue de garnison.

« ..... Enivrés de gloire militaire, nous n'avons pas regardé à quel prix nous l'achetions, au prix du dépérissement futur de notre race. Pour nous en tenir au point spécial qui nous occupe, pensez, messieurs, à la situation de quatre à cinq cent mille hommes jeunes et vigoureux, à qui le mariage est interdit, sans qu'ils aient fait vœu de continence, et que l'on jette sur le pavé des grandes villes, livrés et nécessairement adonnés à toutes les séductions! N'est-ce pas décréter en quelque sorte la prostitution ou les unions illégitimes? Cela est si vrai que partout, ainsi que le dit M. Legoyt, le nombre des naissances naturelles s'accroît en raison directe des effectifs militaires. Triste mais instructive solidarité !

« ... Je ne veux pas porter atteinte à la gloire légitime qui revient à l'armée de mon pays ; je parle uniquement de son organisation et des conséquences sociales de cette organisation. Autrement organisée, notre armée eût su acquérir et conserver toutes ses gloires : c'est le sang français qui coule dans ses veines, et non la vertu de la conscription qui lui donne son indomptable élan, son patriotique dévouement. C'est là ce qu'il faut admirer en elle et personne ne lui paye plus que moi ce tribut d'admiration.

« ..... Nulle institution n'a plus fatalement miné la paternité que celle des armées permanentes. Elle enlève tous les ans, depuis le second empire, cent mille hommes pour les vouer au célibat, et surtout à la prostitution et aux unions illégitimes. Ce sont cent mille hommes robustes, arrachés pour la plupart au foyer rural, à l'agriculture, la plus féconde, la plus morale, la plus salubre des industries, enlevés au mariage, qui seul donne à la population l'accroissement et la force.......

«.... Sur ces cinq cent mille hommes, il est vrai, un certain nombre tous les ans est rendu à la vie civile. Mais ceux-là même rentrent rarement au foyer domestique ; presque tous sont perdus pour le village, pour le hameau natal ; ils viennent augmenter la population des grandes villes, où ils rapportent trop souvent une santé ruinée par les exigences et la dépravation de la vie de caserne et de garnison. Qui ne sait les ravages exercés dans l'armée par la tuberculose et la syphilis? Et ces tuberculeux et ces syphilitiques libérés ou réformés deviennent ensuite des pères qui lèguent à leur descendance, parfois même transmettent à leurs femmes des débilités incurables, des affections contagieuses et héréditaires qui se traduisent toujours en augmentation de mortalité dans le bas âge.

« Vous le voyez, messieurs, à quelque point de vue qu'on l'envisage, l'institution des armées permanentes est condamnée par l'hygiène sociale ; c'est une plaie dévorante attachée aux flancs du pays. Une société, comme un individu, ne peut impunément braver les lois de l'hygiène imposées par la nature. On peut craindre que nous ne résistions pas à la durée indéfinie des armées permanentes. C'est ma conviction profonde. Aussi la science ne doit cesser de montrer au législateur tous les dangers que recèle cette simple loi, si rapidement votée tous les ans, d'un appel de cent mille hommes.

« Le législateur entendra et comprendra peut-être un jour, et il méditera les institutions militaires de cette race qui nous donne tant de salutaires exemples, et qui a su, mieux que nous, concilier les exigences de l'hygiène sociale ; il interrogera la raison de cette fécondité intarissable des peuples anglo-saxons, qui non-seulement voient leur population territoriale progresser régulièrement, mais encore déversent un trop-plein incessant vers le Nouveau-Monde, lequel devient à son tour le plus énergique représentant de la forte race qui émigre vers lui.

« J'ai l'espoir que, sous le souffle libéral qui est venu le ranimer, notre pouvoir législatif hésitera dorénavant à demander au pays le sacrifice personnel de ses enfants, qu'il le diminuera d'abord pour le supprimer ensuite, et instituer à sa place un service accepté ou subi par tous, capable de défendre et de soutenir notre honneur national, sans imposer le long abandon du foyer et l'émigration définitive dans les casernes d'une grande ville. En attendant, l'Académie peut le dire hautement, l'affaiblissement de la paternité, la pénurie des nourrices, la mortalité des nourrissons, le pays les doit en partie à ses institutions militaires. »

Nous partageons complétement l'avis de M. Chauffard.

Tout se tient, s'unit et s'enchaîne chez une nation ; le mal signalé d'un côté peut faire connaître le mal caché qui existe ailleurs, et la connaissance de quelques faits fondamentaux suffit à l'habile philosophe pour faire l'histoire d'une nation, de même qu'il suffit à l'habile naturaliste de la dent ou de quelques vestiges d'un animal pour faire l'histoire de cet animal. En effet, pourquoi les mariages sont-ils atteints dans leur fécondité ? Pourquoi la moralité des nouveau-nés est-elle plus grande chez nous qu'ailleurs, etc., etc. ? De pourquoi en pourquoi on ferait l'histoire complète de la nation.

Il résulte des études des économistes et des savants les plus autorisés, des statistiques les plus rigoureuses :

1° Que les grandes armées permanentes sont une des principales causes qui engendrent la détresse agricole et la désertion des campagnes ;

2° Que la détresse agricole et la désertion des campagnes engendrent la misère physique ;

3° Que la misère physique engendre la misère morale ou l'immoralité ;

4° Que la misère physique et la misère morale engendrent l'infécondité des mariages et la mortalité des nouveau-nés.

Les faits les mieux constatés, les statistiques les plus rigoureuses, démontrent que les éléments exprimés par ces termes augmentent ou diminuent simultanément et proportionnellement.

Ainsi, la première des causes funestes, celle qui engendre toutes les misères, toutes les dégradations dans un pays civilisé, quelque fortuné qu'il soit d'ailleurs, se trouve dans les grandes armées permanentes.

C'est donc le point culminant qui doit spécialement attirer l'attention de ceux qui président aux destinées de la France.

On voit également que la cause immédiate de l'infécondité des mariages et de la mortalité des nouveau-nés et, suivant l'expression d'un savant illustre, *l'infanticide presque organisé*, c'est l'immoralité ; en effet, comment la nourrice qui ne croit qu'à la matière, qui n'a ni morale, ni conscience, pourrait-elle posséder dans ses entrailles quelque chose de la mère qui lui a confié ce qu'elle a de plus cher au monde ? et quel scrupule se fera-t-elle d'abréger des jours qu'elle ne compte que parce qu'ils peuvent lui rapporter ? On prêche le matérialisme, pourquoi se plaindre d'en recueillir les fruits monstrueux ? Ces tristes résultats ne suffiraient-ils pas pour démontrer que cette doctrine désolante est fausse ? Toutes les vérités, toutes les lois de la nature sont fécondes dans leurs applications ; sur son passage le matérialisme ne laisse que destruction, décomposition et mort, et la vérité se trouverait dans lui !

Pour nous, si nous avions un avis à émettre dans le but d'arrêter le mal au plus tôt, nous dirions : Fortifiez la croyance en Dieu, en l'immortalité de l'âme, en un mot en toutes les grandes et saintes vérités qui désertent notre pays, autrefois si religieux. Quand la religion, la morale disparaissent, que peuvent faire les mesures les plus sages, les règlements les plus sévères, la police la plus ingénieuse ? — Non, ce ne sont pas là des moyens propres à inspirer aux nourrices les sentiments maternels qui doivent les animer, les sentiments de dévouement plus grands, plus élevés que ceux même de la plus haute probité, d'autant plus méritoires qu'ils sont plus cachés, plus obscurs et qu'ils ne tombent sous aucune sanction humaine ; ce ne sont pas là surtout les moyens de rendre la sainteté et la fécondité au mariage.

Il n'y a plus un instant à perdre, le moment suprême d'apporter un remède immédiat et souverain à un pareil état de chose est venu : l'essence de la vie est atteinte ; si l'on retardait, il n'y aurait plus qu'à sonner le glas funèbre d'un grand peuple à l'agonie. Mais nous avons la ferme confiance que des efforts aussi intelligents, aussi généreux, aussi dévoués que ceux qui animent les personnes qui prennent cette question à cœur apporteront un remède efficace à cette plaie dévorante.

DE LA VIEILLESSE

ET DE LA MORT

DE LA VIEILLESSE

ET DE LA MORT

CHAPITRE I

Phénomènes que présentent la vieillesse et la mort.

I

Lorsque les poëtes et les philosophes parlent de la brièveté de la vie humaine, les comparaisons graves, douces et mélancoliques abondent sous leur plume : c'est l'ombre d'une vapeur, un nuage qui passe, un rêve qui s'évanouit, l'eau qui s'écoule, la rosée qui s'évapore, l'herbe qui se flétrit, la fleur qui se fane, les feuilles qui succèdent aux feuilles emportées par la tourmente.

« Toute chair se fane comme l'herbe et comme les feuilles qui croissent sur les arbres verts. Les unes naissent et les autres tombent : ainsi, dans cette génération de chair et de sang, les uns meurent et les autres naissent [1]. »

Homère parle comme la Bible :

« Les hommes se succèdent comme les feuilles des bois. Le souffle de l'hiver répand sur la terre ces feuilles desséchées; mais bientôt la forêt reverdissante en pousse de nouvelles, car l'heure du printemps arrive de nouveau. Tel est aussi le sort des humains. Une génération est produite et l'autre disparaît [2]. »

Ossian nous rappelle, en quelques mots étincelants de magnificence, la rapidité de la vie humaine et ses désenchantements :

« Notre jeunesse ressemble au rêve du chasseur : il s'endort sur la colline, aux doux rayons du soleil; il se réveille au milieu de l'orage; l'éclair vole autour de lui, et les vents déchaînés secouent violemment la tête des arbres. Alors son âme se reporte au moment où il s'est endormi, et se rappelle les rêves paisibles de son sommeil [3]. »

Les troubles, les agitations perpétuelles de la vie sont admirablement décrites dans une strophe de Métastase, dont voici la traduction libre :

« De la mer, l'onde divisée baigne la ville et la campagne; elle va, passagère en fleuve, prisonnière en fontaine, toujours murmurant, toujours gémissant, jusqu'à ce qu'enfin elle retourne à la mer, à la

[1] *Eccle.*, XIX.
[2] *Iliade*, VI.
[3] *Guerre d'Inistona.*

mer d'où elle naquit et qui alimente son cours, et où, après avoir longtemps erré, elle espère trouver le repos. »

II

L'arbre dont le germe s'est développé dans le roc, dont les vigoureuses racines ont fait éclater leur étroite prison afin d'aller, selon leur instinct, chercher leur nourriture avare dans quelques recoins cachés qui les entourent; l'arbre dont les branchages, touffus et féconds, ont été secoués et brisés par l'ouragan et le tronc antique brûlé et lézardé par la foudre, et qui, malgré les tourmentes a fourni depuis nombre d'années des fleurs, des fruits, des parfums et de l'ombre. Cet arbre, lorsqu'il se balance encore sur le noir rocher, et que nous nous souvenons de son long passé, dans lequel il a lutté en vainqueur, nous l'admirons, et nous, venons avec une douce et mélancolique sympathie, nous reposer encore auprès du vieux tronc qui a protégé nos ancêtres.

Voilà une faible image, un faible symbole de l'honnête homme qui touche à la vieillesse; car lui du moins a lutté par choix, avec intelligence et avec sentiment.

Quels que soient les dons de la nature et de la fortune, quelle terrible bataille n'a pas dû soutenir l'homme toujours loyal qui touche à la fin de ses ans! Que de forces héroïques n'a-t-il pas dû dépenser pour demeurer dans la voie droite et résister à tous les enivrements, à tous les désenchantements de la vie! Sans compter les combats ordinaires de ceux qui parcourent une carrière quelconque, il a vu sa noble franchise payée par l'âpre venin d'une hideuse calomnie, son dévouement le plus désintéressé par d'infâmes trahisons, celui même qui mangeait à sa table l'a méconnu, et peut-être a-t-il surpris un baiser de Judas sous le baiser qu'il adorait. Toutes les fibres de son cœur ont été tordues et brisées par les félonies de toutes sortes répondant à ses démarches les plus pures et les plus dévouées. Il a vu la bassesse intrigante, la nullité brillante et flétrie, l'insolence du faquin fortuné, l'ignominie couronnée jetant le défi vainqueur à son noble front tout poudreux, tout ruisselant de la sueur et du sang de la lutte vaillante. Le champ de bataille fumant de carnage, les effrayants combats des vastes mers, pâlissent devant ce qui s'est passé dans ce cœur d'homme!

Oh oui! venez, vénérable vieillard arrivant à ce seuil couronné d'une longue vie de bien, venez recevoir nos hommages sincères et notre vénération profonde, car en vous est la vertu mâle et éprouvée; en vous est la beauté sublime qui emprunte son divin reflet au monde meilleur pour lequel vous êtes mûr :

« Quand les anciens, nos maîtres en tout, parce qu'ils ont marché les premiers, voulurent exprimer en une seule figure la beauté physique de l'homme, ils ne sculptèrent pas un enfant, ils sculptèrent Apollon, le Dieu de la beauté, à trente ans; ils sculptèrent Hercule, le Dieu de la force à quarante. Et quand ils voulurent exprimer dans une seule figure la suprême beauté intellectuelle et morale, ils sculptèrent la figure d'un vieillard, le vieil Homère, visage presque sépulcral, sur lequel la cécité même, infirmité des sens, ajoute à la beauté intellectuelle, morale et recueillie en dedans du vieillard; car s'il est beau d'être jeune, s'il est beau d'être mûr, il est peut-être plus beau encore de vieillir avec les fruits amers, mais sains, de la vie dans l'esprit, dans le cœur et dans la main [1]. »

III

Tout le monde sait qu'une heureuse vieillesse est un fruit qui ne se produit pas spontanément, mais qui se prépare, se mûrit tous les jours par une vie sage et intelligente; cependant presque personne n'y pense dans la pratique. Perse exprime très-bien cette idée, et nous pouvons ici reproduire sa plume incisive et pittoresque : « Mille variétés dans l'homme et dans les divers emplois de la vie : et nos vœux ne se ressemblent pas. L'un court échanger aux lieux où le soleil se lève les produits de l'Italie contre les grains ridés du poivre et le pâle cumin; l'autre préfère

[1] Lamartine, *Cours de littérature*, P. 414.

s'engraisser à table et dans les bras du sommeil ; cet autre s'adonne au champ de Mars ; celui-ci se ruine au jeu ; celui-là sèche d'amour. Mais quand la goutte vient ronger les articulations et briser les rameaux de l'arbre desséché, ils regrettent alors ces jours passés dans la fange et les ténèbres ; ils gémissent d'avoir oublié de vivre ; hélas ! il n'est plus temps.... Venez, jeunes et vieux, venez tous apprendre quel est le but de la vie, et faire vos provisions de route pour la triste vieillesse. — Demain j'étudierai. — Demain comme aujourd'hui. — Est-ce trop que de demander un jour, un seul ? — Mais quand ce jour sera venu, celui-ci sera passé : ainsi de jour en jour vos jeunes années s'écoulent, et vous êtes toujours en retard. Vous courez dans une ornière après vous-même ; vous êtes la seconde roue du char qui roule près de la première, mais sans pouvoir jamais l'atteindre [1].

Naturellement, l'homme arrivé au dernier âge, repasse sans cesse son passé, auquel il emprunte toute la paix, toute la tranquillité, toutes les douceurs de son présent et toute l'espérance de son avenir, ou toutes ses inquiétudes et toutes ses appréhensions. Sous ce rapport on se rappelle naturellement l'histoire touchante et pittoresque des derniers jours de Confucius, citée dans le *Cours de littérature* par M. de Lamartine.

Sortant un jour avec trois de ses disciples favoris,

---

[1] *Satire X*, trad. Perreau.

par la porte orientale de la ville, pour aller prier dans la campagne, près d'un édifice en ruine situé sur une colline, Confucius répondit à ses disciples qui furent frappés de sa gravité triste :

« Rassurez-vous sur moi, ce n'est point ma propre décadence qui m'inspire cette mélancolie, c'est la décadence et la vicissitude des choses de la terre. Voyez ce monument qui s'écroule à quelques siècles du jour où il a été construit. Il contenait pourtant pour les hommes une idée éternelle. Apportez-moi mon *Kin*. »

Il accorda son instrument, et chanta, en improvisant, les vers suivants :

« Quand les chaleurs finissent, le froid de l'hiver les remplace; après le printemps, l'automne s'avance, quand l'automne se lève, c'est pour marcher rapidement vers le bord du ciel où il se couche. Les fleuves de la Chine ne coulent du côté de l'orient que pour aller s'engloutir dans le lit sans fond de la vaste mer.

« Cependant, le printemps, l'été, l'hiver, l'automne, recommencent et finissent ainsi chaque année; le soleil reparaît chaque matin où nous le vîmes se lever hier, de nouvelles ondes remplacent sans cesse celles qui viennent de s'écouler; mais le héros qui fit construire ce monument sur cette colline, où est-il? Ses guerriers qui triomphèrent avec lui où sont-ils? Son cheval de bataille où est-il? Qui les a revus? Qui les reverra? Hélas! pour tout souvenir de leur existence, il ne reste que ce monument de pierres écroulées sur la colline, que les plantes sauvages, les ronces et les horties recouvrent indifféremment de leur feuillage. »

Peu de jours après un de ses disciples chéris étant venu le voir, Confucius, déjà malade de sa dernière maladie, s'avançant avec peine jusqu'au seuil de sa demeure pour l'accueillir : « Mes forces s'affaiblissent, lui dit-il, et ne reviendront peut-être jamais. » Il versa des larmes, et continua dans un langage poétique et rhythmé, en s'accompagnant de sa lyre :

« O mon cher *Tsée!* la montagne de Faïj (la tête) s'écroule, et je ne puis plus lever le front pour la contempler ; les poutres qui soutiennent le bâtiment (les muscles) sont plus qu'à demi pourries, et je ne sais plus où me retirer ! L'herbe sans suc (la barbe) est entièrement desséchée, je n'ai plus de place où m'asseoir pour me reposer ! »

Puis il jette un dernier regard sur sa vie écoulée, et il ajoute : « La saine doctrine avait disparu, elle était entièrement oubliée ; j'ai tâché de la restaurer et de rétablir l'empire du vrai et du bien ; je n'ai pu y réussir ! Se trouvera-t-il après ma mort quelqu'un qui reprendra la rude tâche après moi ? »

Le résumé de toute vie qui n'est pas un chagrin ou un désespoir est une douce mélancolie et une espérance sereine.

IV

Abordons maintenant, au point de vue scientifique, l'importante question de la vieillesse et de la mort.

La vie de l'homme se partage en deux moitiés à peu près égales : l'une de croissance et l'autre de décroissance.

Chacune de ces deux moitiés se subdivise en deux autres, et de là les quatre âges de la vie : l'enfance, la jeunesse, l'âge viril et la vieillesse.

Enfin, chacun de ces âges se subdivise de même en deux ; il y a une première et une seconde enfance, une première et une seconde jeunesse, un premier et un second âge viril, une première et une dernière vieillesse. Il n'est pas facile de déterminer la durée précise de chacun de ces âges et de ces sous-âges.

Pythagore divisait la vie de l'homme en quatre parties égales : l'enfance, qui se prolonge jusqu'à vingt ans ; la jeunesse, qui cesse à quarante ; l'âge mûr, qui dure jusqu'à soixante ; enfin, la vieillesse, qui finit à quatre-vingts. Au delà de ce dernier âge, Pythagore ne comptait plus un homme au nombre des vivants, quelque loin qu'il poussât sa carrière.

M. Flourens, qui a spécialement étudié cette question, propose les durées suivantes :

Pour la première enfance, de la naissance à dix ans, c'est l'enfance proprement dite ; et pour la seconde, de dix à vingt ans, c'est l'adolescence.

Pour la première jeunesse de vingt à trente, et pour la seconde de trente à quarante.

Pour le premier âge viril, de quarante à cinquante-cinq, et pour le second de cinquante-cinq à soixante-dix.

A soixante-dix ans commence la première vieillesse, qui s'étend jusqu'à quatre-vingt-cinq ans ; à quatre-vingt-cinq ans commence la seconde et dernière vieillesse.

M. Flourens prolonge la durée de la première enfance jusqu'à dix ans parce que ce n'est que de neuf à dix ans que se termine la seconde dentition, et ce que l'on pourrait appeler la *période dentaire*.

L'adolescence est prolongée jusqu'à vingt ans parce que ce n'est qu'à vingt ans que se termine le développement des os, et par suite l'accroissement du corps en longueur.

La jeunesse, enfin, est prolongée jusqu'à quarante ans parce que ce n'est qu'à quarante ans que se termine l'accroissement du corps en grosseur.

V

L'augmentation de volume qui survient après quarante ans n'est point un véritable développement organique, ce n'est qu'une accumulation de graisse. C'est une simple addition de matière surabondante, dit Buffon, qui enfle le volume du corps et le charge d'un poids inutile.

Cependant il y a des constitutions nerveuses, entièrement réfractaires à la polysarcie, c'est-à-dire à la production de la graisse ; la maigreur en forme le caractère spécial. « Doués de cette organisation privilégiée, dit M. le docteur Deschamps, les vieillards sont agiles, dispos et conservent toute leur intelligence, mais malheur à eux s'ils écoutent encore et trop longtemps les conseils perfides de Vénus [1] ! »

Après l'accroissement, c'est-à-dire après le développement en longueur et le développement en grosseur, M. Flourens indique un troisième développement, qui consiste dans le travail intérieur, profond, qui agit dans le tissu le plus intime de nos parties, et qui, rendant toutes ces parties plus achevées, plus fermes, rend aussi toutes les fonctions plus assurées et l'organisme entier plus complet. Ce dernier travail, qu'il appelle travail d'invigoration, se fait de quarante à cinquante ans; et une fois fait, il se maintient ensuite plus ou moins jusqu'à soixante-cinq et soixante-dix ans, et alors la vieillesse commence.

On distingue dans nos organes deux provisions de force : les forces en *réserve* et les forces en *usage;* dans la jeunesse, il y a beaucoup de force en réserve; c'est la diminution progressive de ce fonds disponible qui constitue le caractère physiologique de la vieillesse. Lorsque l'individu n'a plus que ses forces agissantes, pour peu qu'il fasse d'excès, il est fatigué, épuisé ; il sent facilement qu'il n'a plus les forces réservées de la jeunesse. Ainsi, la vieillesse ne part pas d'un organe, ce n'est point un phénomène local, c'est un phénomène général. Tous les organes vieil-

[1] *Du signe certain de la mort,* p. 60.

lissent à la fois ou à peu de distance les uns des autres.

Chez le vieillard c'est une force invisible qui semble dépouiller l'homme par degrés, de ses sens et de son intelligence, et qui le pousse ensuite lentement vers la décrépitude et vers le tombeau. Chez l'adulte, au contraire, c'est un violent effort qui doit briser l'existence. Dans les morts que l'on appelle *subites*, et qui résultent d'une lésion instantanée du cerveau ou du cœur, comme dans l'hémorragie cérébrale, l'hémorragie du cœur par suite de rupture des gros vaisseaux, l'entrée de l'air dans les veines, la décapitation, etc., l'agonie dure à peine quelques minutes.

VI

Nous ne saurions mieux faire pour expliquer les phénomènes qui amènent la vieillesse et la mort que de prendre M. Édouard Robin pour guide. Il a fait sur ce sujet un travail des plus remarquables, que nous allons résumer.

L'air que nous respirons, les liquides qui nous désaltèrent, les solides que nous digérons, en un mot tous nos aliments, contiennent et transportent avec eux, dans toutes les parties de l'organisation, des matières minérales, qui dans l'enfance et la jeunesse servent principalement à l'entretenir et à la développer; mais avec le temps elles finissent par l'incruster et la minéraliser.

Les recherches anatomiques nous apprennent qu'un nombre considérable de vaisseaux qui existaient chez l'enfant finissent par disparaître dans un âge plus avancé. Cette disparition augmente avec le temps, et quelquefois les injections anatomiques montrent que la plupart des capillaires artériels sont tout à fait oblitérés chez les vieillards.

Les gros vaisseaux, les valvules, les vaisseaux lymphatiques, les glandes, les tendons, les membranes, sont plus ou moins atteints par cette cristallisation. Tout le monde sait que la chair des animaux est d'autant plus dure qu'ils sont plus âgés.

Les analyses d'un chimiste belge, M. Martens, présentent comme croissant avec l'âge la proportion des *matières minérales insolubles,* contenues dans les tissus du cœur de l'homme.

Cette incrustation produite par les matières minérales insolubles que les aliments transportent dans l'économie, et qui paraît être la cause principale de la vieillesse et de la mort sénile, est lente jusqu'à quarante ans environ. A partir de là elle devient assez rapide. Voici le résumé de nombreuses expériences :

De 12 à 42 ans, elle a été dans le rapport de 226 à 261 ; de 42 à 60 ans, de 261 à 360 ; de 60 à 84 ans, de 360 à 433.

Par suite de cette incrustation et de cette minéralisation, le sternum arrive à ne plus former qu'une seule pièce osseuse, et les côtes soudées pour ainsi dire au sternum, n'éprouvent plus qu'imparfaitement les mouvements nécessaires au complet déploiement de la poitrine et à une large respiration. Les ligaments des articulations postérieures des côtes eux-mêmes, devenus rigides, rendent plus difficiles encore les mouvements respiratoires.

Ainsi, la respiration devient de plus en plus rare, de plus en plus lente, de moins en moins étendue : elle arrive à être presque entièrement diaphragmatique.

VII

D'autre part, continue M. Ed. Robin, l'ossification des vaisseaux et de leurs valvules, la diminution de calibre des artères, la déchirure des parois des vésicules et l'agrandissement des cellules pulmonaires, l'oblitération des capillaires et la diminution dans la quantité de ceux qui restent libres, rendent la circulation de plus en plus difficile et diminuent la surface respiratoire.

La fréquence du pouls diminue d'une manière très-notable chez les vieillards : en général, le sujet qui présentait 75 pulsations par minute dans l'âge moyen, n'en offre plus que 70 à 65 dans un âge plus avancé, et 60 à 50 dans l'extrême vieillesse.

Enfin, l'espèce d'atonie des bronches, leur état catarrhal habituel, entretiennent des mucosités dans l'appareil respiratoire qui s'opposent plus ou moins à l'absorption de l'oxygène et à la revivification du sang, et le système veineux s'engorge jusqu'à un certain point, comme dans l'état d'asphyxie.

Ainsi, une combustion graduellement moins abondante se produit à partir de *l'âge de retour*.

Les expériences de MM. Andral et Gavarret le montrent en effet : « Chez l'homme, la quantité d'acide carbonique exhalé va sans cesse croissant de 8 à 30 ans, et cet accroissement continu devient subitement très-grand à l'époque de la puberté. A partir de 30 ans l'exhalation d'acide carbonique commence à décroître, et ce décroissement a lieu par degrés d'autant plus marqués que l'homme s'approche davantage de l'extrême vieillesse, à tel point, qu'à la dernière limite de la vie l'exhalation de l'acide carbonique par le poumon peut redevenir ce qu'elle était à l'âge de huit ans[1]. »

Les variations que la température animale subit avec l'âge confirment les variations de la combustion. Chez les vieillards, les extrémités sont plus ou moins froides, et la température générale est plus basse que celle des adultes. D'après M. W. Edwards, elle serait en général de 35 à 36 degrés chez les sexagénaires de 34 à 35 chez les octogénaires, tandis qu'elle est de 37°, 14 environ chez l'adulte.

Avec le ralentissement de la combustion et de production de chaleur, diminue également la production d'électricité, de fluide nerveux, etc., etc., par conséquent la sensibilité et la contractilité, la force

---

[1] *Annal. de chim. et de phys.*, 3e série, t. 8, p. 148.

et la vitesse des mouvements, l'activité générale de la vie.

Ce ralentissement joint à l'absence de nutrition qui se manifeste dans certains points entraîne la diminution de volume des nerfs, et même la disparition de ramuscules.

Tous ces phénomènes de destruction s'aident mutuellement, et augmentent progressivement d'intensité, jusqu'à ce qu'enfin un léger souffle vienne éteindre la flamme de la vie peu à peu privée de son éclat et de sa puissance.

Il est vrai que l'on a vu des personnes d'un grand âge chez lesquelles n'avaient pas eu lieu les phénomènes d'incrustation, mais ces mêmes personnes n'avaient pas été atteintes de vieillesse sénile : par conséquent ces observations confirment le principe énoncé.

VIII

On ne saurait exprimer avec une science plus précise les causes qui amènent la vieillesse que ne l'a fait M. Ed. Robin. Le savant chimiste fait remarquer à l'appui de ses idées que nous venons d'exposer, que la vie est d'autant plus courte, les phénomènes de la vieillesse d'autant plus précoces dans l'ensemble des animaux, que les nécessités de la combustion contraignent à introduire dans l'organisation plus d'aliments, par conséquent plus de matière minérale incrustante.

Il dit que chez les animaux d'un même ordre, à sang froid ou à sang chaud, mais ayant un cœur, la taille est un des caractères manifestant le mieux l'intensité de la combustion intérieure : petite, elle entraîne une grande activité de combustion, une différence peu prononcée entre le sang veineux et le sang artériel, une grande consommation d'aliments, une faible résistance à l'abstinence; grande , elle entraîne une combustion relativement faible, et un pouvoir plus grand de résister à l'abstinence.

« Eh bien, ajoute-t-il, j'ai étudié avec soin, et dans toute la série des animaux, le rapport existant entre la durée de la vie et le développement de la taille; dès lors entre la durée de la vie et la quantité d'aliments nécessaire pour soutenir l'activité; il se trouve que dans chaque ordre du règne animal les grandes espèces qui brûlent moins, qui vivent plus lentement, qui consomment moins, qui introduisent moins de matière minérale que les petites, ont aussi une vieillesse moins précoce, et arrivent à un âge plus avancé.

« Au lieu de comparer seulement les uns aux autres les animaux d'un même ordre, vient-on à comparer ceux d'une classe à ceux d'une autre classe analogue, on trouve des anomalies qui auraient pu empêcher de voir le fait général. D'après moi, les anomalies sont soumises à des règles, et, par ces règles, elles viennent en confirmation de la loi générale. »

Ainsi, les aliments nécessaires à la vie, même les

plus sains, renferment donc un poison qui agit lentement il est vrai, mais qui amène la mort d'une manière inévitable. On voit également qu'en ralentissant les phénomènes de combustion on peut retarder la vieillesse et la mort.

Telle est la doctrine d'un maître savant et des mieux autorisés, elle vient parfaitement à l'appui d'une étude que nous avons publiée précédemment sur les lois qui président à la destruction et à la restauration de l'organisme.

La vie amène elle-même sa propre cessation, c'est-à-dire la mort naturelle. Voici, d'après les meilleures observations, par quels procédés.

Les facultés soumises à l'empire de la volonté sont les premières qui s'affaiblissent; ensuite diminuent les mouvements involontaires. Le cœur a de la peine à faire parvenir le sang jusqu'aux parties les plus éloignées de lui. Le pouls et la chaleur s'éteignent dans les mains et dans les pieds. Cependant, le cœur et les gros vaisseaux entretiennent encore le mouvement du sang, de sorte que la flamme vitale, quoique faible, dure encore quelque temps. Mais bientôt l'impulsion du cœur n'est plus assez puissante pour envoyer le sang même à travers le tissu des poumons; la nature déploie alors le peu de force qui lui reste pour activer la respiration et faciliter ainsi le passage du fluide circulatoire.

Enfin, un moment arrive où cette dernière ressource se trouve elle-même épuisée; il résulte de là que le ventricule gauche du cœur ne reçoit plus de sang, et que n'étant plus irrité il cesse d'agir ; le ventricule droit en reçoit encore un peu que lui envoient les parties à demi mortes déjà. Mais bientôt ces parties se refroidissent entièrement, les humeurs se coagulent, il n'arrive plus de sang au cœur, tout mouvement s'arrête et la mort devient complète.

IX

Grand nombre de faits viennent démontrer que l'on peut passer de vie à trépas sans en avoir aucun pressentiment, instantanément, sans agonie, sans transition, sans avoir un instant la conscience que le moment suprême est là.

Dans son beau travail sur les signes de la mort, M. Deschamps rapporte le fait suivant : « Le docteur Franklin fit passer un choc électrique au travers du cerveau de six hommes : ils tombèrent tous à l'instant sans connaissance. Leurs muscles furent subitement relâchés et leur chute ne fut précédée d'aucune titubation, d'aucun signe précurseur de chancellement. Ils affirmèrent n'avoir reçu aucun coup, ni vu ni entendu l'étincelle. L'état de mort apparent se dissipa graduellement : il serait devenu définitif si le choc eût été d'une plus grande intensité [1]. »

Beaucoup de faits analogues ont été remarqués ; ainsi, dans une relation du cas de foudre arrivé le 13

[1] *Les signes certains de la mort*, P. 30.

juillet 1869, au pont de Kehl, communiqué à l'Académie des sciences par M. Tourdes, il est dit que trois militaires assis sur un banc placé sous un marronnier, ont été renversés en même temps : l'un est mort sur le coup, le second en quelques minutes, et le troisième a survécu. Ce que nous devons spécialement noter ici, c'est que le militaire survivant ayant repris connaissance, ne savait pas qu'il avait été foudroyé, et ne se souvenait d'aucune impression, d'aucune sensation.

L'examen de l'attitude des morts sur le champ de bataille a également conduit à cette conclusion, que l'on peut passer de vie à trépas instantanément, sans agonie, sans convulsion.

Ce sont les blessures à la tête et au cœur principalement, qui donnent la mort instantanée; dans les cas de blessures mortelles au bas ventre, amenant plus ou moins lentement la mort, l'agonie se prolonge dans d'intolérables douleurs, le faciès des morts est crispé, les mains et les avant-bras sont croisés et serrés sur le ventre, le corps plié et couché sur le côté.

La campagne de Crimée a donné lieu à d'importantes remarques, à des leçons fécondes dont l'avenir recueillera les fruits, grâce surtout à un travail de bénédictin que nous devons à M. le docteur Chenu[1]. Nous allons y puiser un certain nombre de faits aussi instructifs que curieux et qui rentrent dans

---

[1] *Considérations sur le service et la santé des armées.*

notre sujet. Nous laisserons habituellement la parole
à l'auteur.

X

M. Armand, médecin major, est-il dit dans l'ouvrage que nous venons de mentionner, a remarqué
à la bataille de Magenta qu'un grand nombre de
morts conservaient l'attitude qu'ils avaient eue au
moment fatal. Ainsi, les morts frappés à la tête
étaient généralement face contre terre ; étendus à
plat ventre et couchés tels quels sur le sol ; la roideur
cadavérique n'avait rien changé à la position de résolution complète des membres. Aussi, la plupart
avaient-ils encore leur arme à la main.

Les plaies de tête offrent encore cette particularité
que souvent, lorsque l'on croit un blessé hors de
danger, il meurt subitement, on pourrait dire par
surprise. Pendant la bataille de Solférino, à l'ambu-
lance de Médole, un chasseur à pied fut blessé d'une
balle à la tête : il y avait perforation du crâne, le
projectile était profondément logé dans la pulpe cérébrale. Cependant, le blessé avait toute son intelligence ; il parlait presque avec indifférence de sa
blessure, à tel point, que le pansement terminé, il
s'étendit sur la paille comme ses compagnons d'infortune, la tête haussée sur son sac appuyé au mur de
la ferme, il bourra sa pipe et la fuma. Mais quelques
temps après on le trouva mort d'hémorrhagie céré-

brale foudroyante, sans un cri, sans un mouvement, la pipe encore à la bouche.

Les hommes frappés au cœur tombent et restent de la même manière que ceux qui sont frappés à la tête; cependant, leur mort, quoique prompte, n'est pas si instantanée qu'elle ne permette une attitude, on pourrait dire active. On a pu remarquer un zouave frappé en pleine poitrine, couché sur son fusil qu'il tenait dans la position de la charge à la baïonnette; sa face énergique était projetée en avant et dans une attitude menaçante.

Non loin de ce zouave était un fantassin autrichien, qui avait eu les vaisseaux cruraux du côté gauche coupés par une balle; il était mort d'hémorragie, il baignait dans son sang. Pendant son agonie, quelle qu'ait pu être sa durée, il avait pris l'attitude de la supplication. Couché sur le dos, un peu penché à droite, il avait la face et les yeux tournés vers le ciel, les deux mains jointes, les doigts entrelacés et crispés. Il semblait être mort en faisant une prière.

XI

Voici quelques cas d'attitudes particulières observées à l'Alma, à Inkermann et à Magenta.

M. Perrier, dit M. Chenu, fut grandement étonné, alors que, parcourant le champ de bataille de l'Alma, le surlendemain de l'action, il aperçut çà et là bon nombre de cadavres russes qui conservaient des attitudes et une expression de figure offrant encore l'image de la vie. Quelques-uns paraissaient se tordre dans les angoisses de la douleur et du désespoir, mais la plupart avaient l'air empreint de calme et de pieuse résignation. Quelques autres semblaient avoir la parole sur les lèvres et sourire au ciel avec une sorte de béatitude exaltée. L'un de ceux-ci surtout attira toute son attention : il était couché un peu sur le côté, les genoux fléchis, les mains levées et jointes, la tête renversée en arrière, et l'on eût dit qu'il murmurait une prière.

Il résulte également de nombreuses observations de M. Boudin, médecin principal, qu'après la bataille d'Inkermann plusieurs figures semblaient sourire ; d'autres étaient encore menaçantes. Quelques cadavres avaient des poses funèbres : on aurait dit que des mains amies les avaient disposés pour la tombe. D'autres étaient restés le genou en terre, serrant convulsivement leur arme et mordant la cartouche. Plusieurs avaient le bras levé, soit qu'ils eussent cherché à parer un coup, soit qu'ils eussent formulé une prière suprême en rendant le dernier soupir. Toutes ces figures étaient pâles, et le vent soufflant avec force semblait ranimer ces cadavres : on eût dit que ces longues files de morts allaient se relever pour recommencer la lutte.

A Magenta, on a remarqué un chasseur à pied qui avait les bras levés en avant, l'un en raccourci, l'autre projeté et les poings fermés ; il avait combattu corps à corps dans une lutte suprême. — Un hussard hongrois, tué en même temps que son cheval, était resté à peu près en selle, couché sur le côté droit, portant la pointe du sabre en avant, dans la position du cavalier qui charge. — A Melegnano, théâtre du combat du 8 juin au soir; plusieurs soldats français chargeant à la baïonnette étaient tombés mortellement frappés par la mitraille, et restés tels quels, c'est-à-dire face contre terre, arme au poing, baïonnette en avant. — Parmi les cadavres qui jonchaient le sol de la rive gauche du Tessin, à Magenta, on a remarqué plusieurs officiers autrichiens. Quelques-uns avaient une physionomie distinguée; ils étaient mis avec recherche et une exquise propreté. Ces belles têtes blondes, bien différentes par la régularité de leurs traits de la plupart de celles de leurs soldats, avaient une expression de bravoure résignée.

De tous les spectacles, le plus saisissant se trouvait dans la contemplation, le soir, à Magenta, des amoncellements de cadavres apportés au bord de longues et profondes tranchées qu'on creusait pour les inhumer. La plupart de ces figures d'hommes exsangues étaient pâles sans doute, mais elles n'étaient pas livides. Il y avait chez nos Français, fantassins, cavaliers, chasseurs à pied, artilleurs, zouaves, tant d'énergique expression sur leurs mâles figures, tant de vie dans la mort, si l'on peut parler ainsi, qu'on eût été tenté de crier à leurs camarades qui creusaient les fosses : Pas encore! Attendez, attendez!...

Quand on a été témoin de ces lugubres mais émouvants spectacles, ajoute M. Chenu, on voit quelle lacune, quel défaut entachent la plupart des tableaux des peintres de bataille. Leurs morts venant d'être frappés sont quelquefois représentés livides et verdâtres, pour ne pas dire putréfiés, ou dans un affaissement physique indiquant l'affaissement moral et le désespoir, alors que le plus souvent un héroïque courage, les ayant soutenus jusqu'à leur dernier soupir, a fait taire sur leur physionomie jusqu'à la moindre trace de douleur physique.

L'étude de l'aspect et de l'attitude des morts sur le champ de bataille offre, comme on le voit, de l'intérêt à plusieurs titres. Au point de vue physiologique, elle peut expliquer si la mort a été instantanée ou non; au point de vue psychologique, elle peut souvent permettre de reconnaître la dernière pensée de la victime; et au point de vue de l'art, elle ne présente pas moins de fécondes observations.

CHAPITRE II

De la vieillesse et de la mort au point de vue hygiénique et philosophique.

I

La vieillesse doit être entourée de soin et être soumise à une hygiène rigoureuse aussi bien physique que morale. Un chef-d'œuvre existe sur ce sujet; nous le devons à Cicéron. Il ne sera jamais trop connu, rappelons en quelques passages [1].

Dans cet éloquent plaidoyer en faveur de la vieillesse, Cicéron suppose une conversation entre Caton le censeur, âgé de quatre-vingt-quatre ans, le second Scipion, surnommé l'Africain, et son ami Lélius.

Après avoir fait remarquer que la sagesse consiste à suivre la nature, le meilleur des guides, et à lui obéir comme à un dieu, que combattre ses lois c'est faire la guerre aux dieux mêmes, il rappelle les plaintes ordinaires des vieillards, plaintes qui le plus souvent ont leur source dans le caractère de l'individu et non dans l'âge, puis il fait ainsi parler Caton :

« Les armes les plus convenables pour la vieillesse, Scipion et Lélius, ce sont les lettres et la pratique de

---

[1] *Dialogue sur la vieillesse*; trad. de M. Paret et Legouez.

la vertu : cultivées à tout âge, elles produisent sur la fin d'une vie longue et bien remplie, des fruits merveilleux, non-seulement parce qu'elles ne font jamais défaut, même à nos derniers jours (ce qui est déjà une grande consolation), mais aussi parce que la plus douce des jouissances est la conscience d'une vie honorablement passée et le souvenir de nos bonnes actions[1]. »

Il cite à l'appui de sa manière de voir des traits remarquables de la vie de Fabius Maximus, vieillard vertueux et illustre, puis il ajoute : « Je sais bien que tous les hommes ne peuvent pas être des Scipions et des Maximus pour avoir à se rappeler des prises de villes, des victoires sur terre et sur mer, des guerres et des triomphes ; mais une vie calme, digne, pure, est suivie d'une vieillesse paisible et douce : telle fut, à ce que l'on nous apprend, celle de Platon, qui mourut en écrivant à quatre-vingt-un ans ; telle fut celle d'Isocrate, qui nous dit avoir composé le livre intitulé *Panathénaïque*, à l'âge de quatre-vingt-quatorze ans, et vécut cinq ans encore ; le maître de ce dernier, Gorgias de Leontium, atteignit sa cent septième année, sans avoir un seul instant cessé d'étudier et de travailler. Comme on lui demandait quel plaisir il trouvait à vivre si long-temps : « Je n'ai, dit-il, aucun motif de me plaindre de la vieillesse. » Belle réponse, bien digne d'un homme éclairé [2]. »

[1] V, 9.
[2] V, 13.

Quand on lit ces beaux passages de Cicéron on est porté à dire, avec Buffon, que la vieillesse est un préjugé. Buffon pouvait dire cela avec toute autorité, car il avait alors soixante-dix ans, il était plein de force et de santé, et son talent n'avait pas encore atteint toute sa puissance.

Le fait suivant vient naturellement se placer sous notre plume : Quelqu'un demandait à Fontenelle, âgé de quatre-vingt-quinze ans, quelles étaient les vingt années de sa vie qu'il regrettait le plus : il répondit qu'il regrettait peu de chose; que néanmoins l'âge où il avait été le plus heureux était de cinquante-cinq à soixante-quinze ans. L'illustre vieillard prouva ce qu'il avançait par des considérations aussi vraies que consolantes.

II

Cicéron parle ensuite du célèbre Ennius, qui comparait sa vieillesse à celle du coursier généreux et vainqueur. A l'âge de soixante-dix ans il supportait si facilement la vieillesse et la pauvreté, qu'on eût dit que ces deux choses, si pénibles en général lorsqu'elles sont réunies, lui étaient comme naturelles.

Puis il répond méthodiquement à ceux qui rejettent sur la vieillesse leurs défauts et leurs vices; entre autres passages nous remarquons le suivant : « Mais la mémoire s'affaiblit, dira-t-on?.... Oui, si vous ne l'exercez pas, ou si elle est naturellement paresseuse. Thémistocle savait le nom de tous ses concitoyens. Croyez-vous donc que, parvenu à la vieillesse, il lui soit arrivé souvent de saluer Aristide du nom de Lysimaque ? Moi-même je connais non-seulement ceux de vos concitoyens qui sont aujourd'hui vivants, mais aussi leurs pères et leurs grands-pères. Et je ne crains pas, malgré le proverbe, de perdre la mémoire en lisant leurs épitaphes : cette lecture, au contraire, me rappelle le souvenir de ceux qui ne sont plus... [1] »

« Et les jurisconsultes, les pontifes, les augures, les philosophes, que de choses retient leur mémoire, même dans un âge avancé ! Les vieillards conservent donc leur esprit pourvu qu'ils conservent le goût de l'étude et du travail, et cela est vrai non-seulement dans l'éclat de la gloire et des honneurs, mais aussi dans le calme de la vie privée. Sophocle composa des tragédies jusque dans son extrême vieillesse. Comme son goût pour la poésie paraissait lui faire négliger son patrimoine, ses fils le citèrent en justice et demandèrent aux juges qu'on lui ôtât l'administration de ses biens, comme chez nous l'on interdit les pères qui gouvernent mal leurs affaires ; on dit qu'alors le vieillard lut aux juges cette belle pièce d'*OEdipe à Colone*, qu'il venait de composer et à laquelle il travaillait encore, puis il leur demanda si ce poëme leur semblait être l'œuvre d'un fou ; la lecture achevée, les juges le renvoyèrent absous. [2] »

[1] V, 21.
[2] V, 225.

Il rappelle nombre d'illustrations dont l'ardeur pour l'étude et pour les travaux divers a duré autant que leur longue vie; puis : «..... Vous voyez donc que la vieillesse, loin d'être inactive, est au contraire laborieuse, agissant toujours et revenant avec plaisir aux occupations de sa vie passée. Bien plus, elle peut encore s'instruire; ainsi, nous voyons Solon se glorifier, dans ses vers, de vieillir en apprenant tous les jours quelque chose; ainsi, moi-même, j'ai appris dans ma vieillesse les lettres grecques, et je me suis livré à cette étude avec toute l'ardeur d'un homme qui cherche à étancher une longue soif, tant j'étais impatient de connaître ces belles maximes que je vous cite aujourd'hui en exemples. Quand j'ai su que Socrate avait appris de même à jouer de la lyre, j'aurais voulu le faire aussi à l'imitation des anciens; mais du moins je me suis appliqué tout entier à l'étude des lettres. [1] »

Un admirable récit de Lucien trouve sa place ici. Nous l'empruntons à un ouvrage aussi bien pensé que bien écrit[2] :

« Un jour, un des plus célèbres parleurs de la Grèce, Lucien lui-même passa par la Gaule; il vit avec étonnement, dans un temple, un tableau qu'il regarda longtemps, et voici ce qu'il a raconté à cet égard :

[1] V, 26.

[2] *Histoire nationale de la littérature française*, par Émile Chasles. — Ce remarquable ouvrage est composé sur un plan nouveau; c'est le premier dessein d'une histoire générale de notre littérature, comparée à l'histoire générale de notre nation.

« Les Gaulois, dit-il, ont donné à Hercule le nom d'Ogmius et une figure très-singulière. C'est un vieillard d'un âge très-avancé, fort chauve; le peu de cheveux qui lui reste est blanc; sa peau est noire et brûlée comme celle d'un vieux matelot. Vous diriez Japet ou Charon, sortant du fond de l'enfer; c'est tout ce que l'on voudra, excepté un Hercule. Cependant, tel qu'il est il n'en porte pas moins l'attirail d'Hercule; couvert de la peau de lion, tenant une massue dans la main droite, l'arc tendu dans la main gauche, le carquois sur l'épaule; il est Hercule par les attributs.

« Je croyais voir dans cette représentation d'Hercule par les Gaulois une ironie contre les divinités grecques. Ils se vengent, me disais-je, de celui qui a envahi leur pays, qui ramassa du butin, et qui en poursuivant les troupeaux de Géryon traversa tant de races occidentales.

« Autre singularité, que je n'ai pas dite encore, et qui est la plus grande; derrière ce vieil Hercule vient une multitude d'hommes qu'il entraîne, et qui sont attachés par les oreilles. Les liens qui les retiennent sont des chaînes fines, garnies d'or et d'ambre, et d'un travail qui rappelle les plus beaux colliers. Eh bien, malgré la fragilité de pareilles chaînes, ces hommes ne songent pas à la fuite, qui serait facile; ils ne font aucune résistance; leurs pieds ne se refusent pas à la marche, ils ne se rejettent pas en arrière.

« Au contraire, ils ont plaisir à suivre, ils sont

heureux ; admirant leur guide, ils se pressent tous autour de lui, et, dans leur empressement à le devancer, ils laissent leur chaîne détendue ; ils ont l'air de gens qui seraient bien fâchés si elle se brisait.

« Le détail le plus bizarre à mon sens, et que je veux dire tout de suite, est celui-ci : le peintre ne pouvait attacher nulle part les bouts de ces liens, la main droite du dieu étant occupée par la massue, et la gauche tenant l'arc : il lui a percé la langue. C'est ainsi que les hommes sont retenus ; et le dieu, se tournant vers eux, sourit à ceux qu'il entraîne.

« Pendant longtemps je regardai cette image, avec un mélange de surprise, de doute et d'indignation. Alors un Gaulois qui se trouvait là m'adressa la parole ; il n'était pas étranger à notre littérature, comme je le vis, et il parlait bien la langue grecque ; c'était un philosophe, je crois, dans le genre du pays.

« — Je vous expliquerai, ô étranger, le secret de cette peinture, car elle paraît vous mettre dans un grand embarras d'esprit.

« L'éloquence pour nous autres Gaulois n'est pas comme chez vous, les Grecs, l'attribut de Mercure ; Hercule pour nous la représente, parce qu'il est beaucoup plus fort que Mercure. Qu'on le peigne vieux, cela n'est pas étonnant ; l'éloquence seule peut déployer dans la vieillesse sa perfection. Vos poètes n'ont-ils pas dit : « L'esprit du jeune homme « est flottant, » et encore : « Le vieillard parle « mieux que le jeune homme. »

« Chez vous aussi le miel découle de la langue de Nestor...

« Maintenant, que ces hommes soient attachés par les oreilles à la langue du vieil Hercule, c'est-à-dire de l'éloquence, vous n'en serez pas surpris, vous qui connaissez la parenté de l'oreille et de la langue. Il n'y a point d'ironie dans la manière dont la langue est percée...

« Nous pensons que c'est par sa parole que le dieu a accompli tous ses travaux, grâce à la sagesse qu'il possédait ; et que c'est par la persuasion qu'il a tout forcé. Les paroles ne sont-elles pas des traits qui ont la pointe aiguë, qui vont à leur but, qui arrivent rapidement, et qui pénètrent les âmes ? Vous-même vous dites que les paroles ont des ailes.

« Ainsi s'exprima le Gaulois. Et moi, un jour que je m'interrogeais moi-même, me demandant si à mon âge, après avoir abandonné l'exercice public de la parole, je devais m'exposer de nouveau au jugement de la foule, le souvenir me revint à l'esprit de cette image gauloise. Jusqu'alors j'avais redouté d'avoir l'air d'un enfant si j'allais encore sur les brisées de la jeunesse, quand la saison en était passée... Mais je me suis rappelé ce vieil Hercule ; je sens revenir en moi toute mon activité, et je ne rougis pas de mon entreprise : aussi bien j'ai quelque ressemblance avec cette peinture gauloise.

« Eh bien, adieu à tous les biens du corps, à la vigueur, à la légèreté, à la beauté, et à ton dieu, ô Anacréon... C'est par la parole que je veux rajeunir

et fleurir, et donner mon dernier fruit. Non, cela
n'est pas hors de saison ; je veux entraîner par les
oreilles le plus d'hommes que je pourrai, et lancer
beaucoup de flèches ; mon carquois n'est pas vide ! »

III

Cicéron fait répondre à ceux qui disent qu'il y a
beaucoup de vieillards infirmes qui ne sauraient remplir le moindre devoir, la moindre fonction de la vie,
que ce n'est point là un défaut particulier à la vieillesse, que c'est l'effet ordinaire de la mauvaise santé,
et que les jeunes gens eux-mêmes n'en sont pas
exempts, cependant il convient que cet âge a besoin de
soins particuliers. «... Il faut lutter contre la vieillesse, mes chers amis ; il faut réparer à force d'activité les pertes qu'elle nous fait subir et la combattre
comme on combat une maladie [1]. »

On nous dira peut-être que ces paroles sont belles,
mais que la pratique est difficile, le moment fatal
étant si près et la mort vous touchant déjà de son
ombre. Sans doute que cela demande quelques efforts, mais cela n'est pas impossible. Les puissances
morales se décuplent lorsque l'on a pris la mâle habitude d'en faire usage pendant sa vie ; une heureuse
vieillesse ne doit pas être le lot des lâches. Rappelons
ici les derniers jours, jours d'héroïsme, de M. le

---

[1] V, 35.

docteur Trousseau. Sa haute science avait fait disparaître pour lui toute illusion, tout espoir, en lui indiquant l'approche du moment suprême avec une précision absolue.

« Il suivait, dit la chronique, les progrès du mal qui devait l'emporter avec autant de sang-froid que s'il s'était agi d'un étranger, et communiquait ses observations à un de ses plus chers élèves avec autant de calme que s'il eût fait une clinique d'hôpital. Parfois, prenant la main de son confrère, il lui faisait toucher le siége du mal, et disait : « Sentez-vous « comme la tumeur a grossi depuis la dernière fois? « Il y en a encore pour quinze jours... pour huit « jours... pour deux jours. » — Il avait été visiter la tombe où ses restes devaient reposer, et s'était montré satisfait de la façon dont on avait exécuté ses instructions. C'est lui qui était allé aux pompes funèbres donner ses ordres pour son enterrement. « La douleur des parents, disait-il, ne leur permet « pas de discuter froidement ces choses-là, » et il les avait discutées lui-même. — Quelque temps avant sa mort un malade vint le consulter. — Ma santé m'inquiète, disait le pauvre homme à Trousseau, et je ne trouve plus la force de m'occuper de mes affaires. — Bah! lui répondit l'illustre médecin, dans deux mois, moi qui vous parle, je serai mort, est-ce que cela m'empêche de vous donner une consultation [1] ?

---

[1] *Le Temps.*

« Calme et résigné, dit M. Jules Béclard, il attendit le moment suprême avec la fermeté du sage. Sa force d'âme ne se démentit pas un seul instant, et il supporta sans une plainte les lentes approches d'une mort cruelle[1] . »

On ne saurait donner de plus sages conseils d'hygiène que ceux qui suivent : « Un vieillard doit toujours soigner sa santé, user d'exercice modéré, ne boire et ne manger qu'autant qu'il est nécessaire pour soutenir les forces sans charger le corps. Et ce n'est pas seulement du corps dont il faut prendre soin, il faut aussi s'occuper de l'esprit, et surtout de l'âme : car cette double lumière de notre être s'éteint facilement dans un vieillard, si on ne l'entretient en y versant de l'huile. Trop d'exercice alourdit le corps; l'âme n'en devient que plus légère. Quand Cécilius parle de « ces stupides vieillards de comédie, » il désigne ces vieillards crédules, oublieux, indifférents à tout : et ces défauts ne sont point ceux de la vieillesse, mais d'une vieillesse inerte, lâche et engourdie[2]..... »

C'est l'ensemble des bonnes habitudes physiques qui fait la santé, comme c'est l'ensemble des bonnes habitudes morales qui fait le bonheur. Les vieillards qui vaquent tous les jours à des occupations qui exercent modérément leurs forces et qui y vaquent avec goût, en évitant tout excès, peuvent prolonger leur existence d'une manière surprenante. « Mon miracle

[1] Éloge de M. Trousseau.
[2] V, 36.

est d'exister, disait Voltaire; » et s'il n'avait pas fait imprudemment le voyage de Paris à quatre-vingts ans, son miracle aurait duré un siècle, comme celui de Fontenelle. « On ne saurait croire, dit M. Reveillé-Parise, combien une petite santé, bien conduite, peut aller loin. »

IV

A l'appui de ce que peut une vieillesse énergique et intelligente : « Appius Claudius était vieux et aveugle, et pourtant il gouvernait très-bien quatre fils robustes, cinq filles, une grande maison et une foule de clients. En effet, son esprit, tendu comme un arc et toujours actif, soutenait sans fléchir le fardeau de la vieillesse. Aussi maintenait-il non-seulement son autorité, mais même son empire sur les siens : ses esclaves le craignaient, ses enfants le révéraient, tous le chérissaient ; dans sa maison les mœurs et la discipline antiques avaient conservé leur vigueur [1].

Cet exemple nous rappelle les derniers jours de la vie du maréchal Castellane. Sentant sa fin approcher, il retint dans lui toute son âme afin de ne laisser paraître aucune faiblesse, aucun amoindrissement, même à ses intimes, à ses serviteurs les plus dévoués, et de quitter la terre pour ainsi dire tout à coup et plein de vie. Lorsque le public soupçonnait qu'il était malade, il se faisait conduire en voiture découverte,

[1] V, 37.

il parcourait la ville qu'il gouvernait en composant son extérieur afin que tous les regards pussent se convaincre qu'il était en santé florissante, quoiqu'il fût presque à l'agonie. Quand il ne peut plus douter de l'approche de l'heure fatale, il donna rendez-vous au curé de sa paroisse comme pour une simple affaire, remplit ses devoirs de chrétien et expira dans la plénitude de son autorité. On apprit plus tôt la nouvelle de sa mort que celle de sa maladie.

Bien que ce fait nous paraisse digne d'être rappelé, il est évident que nous devons nous abstenir ici de toute appréciation des actes et de la vie de ce rude militaire.

« Christophe Colomb approchait de soixante et dix ans lorsqu'il prit le commandement d'une quatrième expédition, fait remarquer M. de Lamartine ; sa verte vieillesse avait résisté par la vigueur de l'âme au poids des années ; ni ses maladies douloureuses ni la mort ne le détournaient de son but. L'homme, disait-il, « est un outil qui doit se briser à l'œuvre dans les mains de la Providence, qui s'en sert pour ses desseins. Aussi longtemps que le corps peut, l'esprit doit vouloir [1]. »

Revenons à notre grand philosophe : « La vieillesse est donc honorée toutes les fois qu'elle se défend elle-même, qu'elle maintient son droit, qu'elle ne se fait l'esclave de personne et que jusqu'au dernier soupir elle garde son empire sur tout ce qui l'entoure ;

[1] *Le Civilisateur.*

comme j'estime un jeune homme dans lequel je trouve quelque chose du vieillard, j'estime aussi un vieillard qui a quelque chose du jeune homme. De cette manière, le corps peut vieillir, mais l'âme ne vieillira jamais. »

On voit que Cicéron parlait déjà à peu près comme M. Flourens : « Le côté moral, dit M. Flourens, est le beau côté de la vieillesse. Nous ne pouvons vieillir sans que notre physique y perde, mais aussi sans que notre moral y gagne : c'est une noble compensation [1]. »

Il est évident que l'on ne peut pas dire cela de toute vieillesse; pour que les paroles du philosophe ancien et celles du savant moderne se réalisent, il faut que la jeunesse prépare sa vieillesse.

Dans une récente conférence sur la vieillesse et les moyens de la combattre, M. Piorry dit, en s'adressant à la jeunesse : « A quoi bon aller engloutir dans des excès encore plus tristes que coupables tout ce que la nature nous a donné de beau, de bien, d'utile, de pur, de généreux? Pourquoi chercher si loin et si mal un plaisir dont le cœur est banni, quand on peut être si heureux purement, saintement? Ils sont bien à plaindre ceux qui ne savent plus ou ne sauront jamais le nom du sentiment céleste qui verse l'ivresse mystérieuse aux âmes dignes de le goûter. » Il a dit à tous : « Combien nous sommes fous ou ennemis de nous-mêmes quand nous nous livrons

[1] *Longévité humaine*, p. 53.

aux toutes-puissances des alcools, de l'affreuse absinthe, du tabac et autres poisons à la mode, quand nous allons plonger notre jeunesse dans de honteux plaisirs. » Il a dit aux vieillards : « Ne vous croyez pas plus vieux que vous n'êtes; ne soyez pas trop défiants de vous-mêmes; ne vous abandonnez pas au découragement qui mène à un égoïsme qui ferait le vide autour de vous. Conservez les sentiments affectueux qui sont encore la consolation de la vieillesse, après avoir été l'ornement de la jeunesse et le charme de l'âge mûr. Gardez l'activité de votre esprit, la santé de votre corps, la pureté de votre conscience, et votre vieillesse sera douce, et la mort sera impuissante à vous effrayer[1] ! »

V

Rien n'est plus ravissant que le spectacle de la campagne, et aucune distraction n'est plus élevée et en même temps plus variée et plus agréable que celle que l'on trouve dans l'agriculture. Toutes ces choses conviennent parfaitement aux vieillards.

« ..... Pour faire comprendre que rien ne lui semble plus royal que le goût de l'agriculture, Xénophon nous montre Socrate conversant avec Critobule et lui faisant ce récit : « Cyrus le jeune, roi des Perses, « aussi grand par son génie que par la gloire de « son empire, ayant reçu à Sardes le Spartiate Ly-

[1] *Les Mondes scientifiques*, 13 janvier 1870.

« sandre, homme d'un rare mérite, qui lui appor-
« tait des présents de la part de ses alliés, le traita
« avec beaucoup de politesse et de distinction, et lui
« montra lui-même son parc, qui était planté avec le
« plus grand soin. Lysandre admirait la hauteur prodi-
« gieuse des arbres, les allées disposées en quinconce,
« la terre bien ameublée et parfaitement nette, la dou-
« ceur des parfums que la terre exhalait ; mais ce qui
« le frappait le plus, disait-il, ce n'était pas tant le
« soin avec lequel ce parc était entretenu, que l'intel-
« ligence de celui qui en avait tracé le plan. » Cyrus
« lui répondit : « C'est moi qui ai conçu ce plan, qui
« ai dessiné ces allées, qui ai tracé ces divisions, beau-
« coup même de ces arbres ont été plantés de ma main. »
Alors Lysandre, considérant la pourpre dont ce prince
était revêtu, l'or et les pierreries qui étincelaient sur
sa robe persane et rehaussaient sa beauté naturelle :
« C'est avec raison, ô Cyrus, lui dit-il, qu'on vous
« appelle heureux, puisqu'en vous le bonheur se
« joint à la vertu [1]. » — Ce bonheur, les vieillards
peuvent en jouir, et l'âge ne leur empêche pas de
conserver jusqu'au dernier moment le goût de toutes
les choses et surtout celui de l'agriculture [2]. »

Il répond à ceux qui croient que l'on a peu de
plaisir à planter des arbres dont on n'espère pas récolter les fruits :

« ... Je puis nommer, dans notre Sabine, des
agriculteurs romains, mes voisins et mes amis, qui

______

[1] V, 59. — [2] V, 60.

ne souffrent jamais qu'en leur absence un travail important se fasse sur leurs terres, qu'on s'occupe soit de faire des semailles, soit de récolter ou de serrer les grains. Ceci peut-être n'a rien d'étonnant, car il n'est personne, si vieux qu'il soit, qui ne pense pouvoir vivre encore un an; mais ces mêmes vieillards s'occupent de choses dont ils savent parfaitement qu'ils ne recueilleront point le fruit : tel est le vieillard dont notre ami Cécilius parle dans les *Synéphèbes* : « Il plante des arbres, mais pour ceux d'un autre âge [1]. » — Aussi, un laboureur, quelque vieux qu'il soit, n'hésite point à répondre, si on lui demande pour qui il plante : « Pour les « Dieux immortels, qui ont voulu non-seulement « que je reçusse ces biens de mes ancêtres, mais « encore que je les transmisse à mes descendants [2]. »

Les vieillards ne doivent pas se montrer trop avides des quelques jours qui leur restent, mais ils ne doivent pas non plus les mépriser : « Pythagore défend en effet d'abandonner le poste de la vie sans l'ordre du général, c'est-à-dire de Dieu. Nous avons une épitaphe de Solon où le sage déclare « qu'il ne veut pas que sa mort soit privée des larmes et des gémissements de ses amis ». « Sans doute, Solon voulait vivre dans le cœur des siens; mais j'aime mieux la pensée qui dicta ces vers à Ennius : « Que personne n'honore mes funérailles ni de ses larmes ni de son deuil [3]. » « C'est qu'il n'est pas d'avis que

---

[1] V, 24. — [2] V, 25. — [3] V, 73.

l'on doive pleurer une mort que va suivre l'immortalité.... Ce dont il faut bien se pénétrer dans la jeunesse, c'est que l'on doit mépriser la mort : sans cela il est impossible d'avoir l'esprit en repos. Nous devons mourir, voilà qui est sûr; mais ce qui ne l'est pas, c'est si ce ne sera pas aujourd'hui même. Est-ce donc vivre tranquille que de craindre ce qui nous menace à tout instant[1]. »

Marc-Aurèle, le philosophe de l'antiquité qui a résumé de la manière la plus complète les idées sur la mort volontaire, s'exprime ainsi : « La vie est courte, fais en sorte que la dernière heure te trouve dans la paix d'une bonne conscience. Ne sois ni léger, ni emporté, ni fier, ni dédaigneux, envers la mort; attends le jour où ton âme doit rompre son enveloppe, comme tu attends celui où l'enfant sortira du sein de sa mère[2] ! »

VI

Que les passages suivants sont sublimes! que les pensées en sont douces et sereines! que la piété en est pure et élevée! Ils sont dignes des philosophes chrétiens, mais il semble que les grandes vérités ont quelque chose de plus frappant, de plus touchant lorsqu'elles sortent de la bouche des philosophes anciens, car ils n'avaient pas l'avantage, eux, d'avoir un soleil divin pour lumière, soleil qui éclaire maintenant tout homme qui vient au monde; ils n'arrivaient aux hautes

[1] V, 74. — [2] N. Ebrard, *le Suicide*, p. 9.

régions morales que par le travail et la lutte de l'intelligence, cela donne à leur assertion un cachet de sincérité et pour ainsi dire de science exacte tout particulier.

« Je ne vois pas pourquoi je n'oserais pas vous dire ce que je pense de la mort, puisqu'il me semble la voir d'autant mieux que j'en suis plus près que vous. Je crois P. Scipion, et vous C. Lélius, que vos pères, ces hommes illustres qui m'étaient si chers, vivent toujours, et vivent de cette vie qui seule mérite ce nom. Tant que nous sommes enfermés dans les entraves du corps, nous ne faisons que remplir un devoir pénible, qui nous est imposé par la nécessité. Notre âme, en effet, d'origine céleste, a été précipitée des hauteurs du ciel et comme plongée dans la fange terrestre, séjour tout à fait contraire à sa nature éternelle et divine. Mais je crois que les Dieux immortels ont dispersé les âmes dans les corps humains pour donner à la terre des protecteurs, des maîtres intelligents qui, frappés de l'ordre merveilleux des choses célestes, cherchassent à l'imiter par la constante régularité de leur vie. Cette croyance n'est pas seulement le résultat de mes méditations et de mes entretiens sur ce sujet ; elle s'appuie aussi sur l'autorité et sur le nom des plus grands philosophes [1]. »

Il rappelle les doctrines si pures et si élevées de Pythagore, de Socrate, de Platon, puis il cite Xénophon : « Dans Xénophon, Cyrus l'ancien, sur le point de mourir, tient ce discours : N'allez pas croire, mes

[1] V, 77.

chers enfants, qu'après vous avoir quittés, je ne serai nulle part, ou que je ne serai plus. Tant que j'étais avec vous, vous ne voyiez pas non plus mon âme; mais en me voyant agir vous compreniez qu'elle était présente dans ce corps. Croyez donc toujours que cette même âme existe, lors même quevous ne la verrez pas [1].

« Les honneurs que l'on rend aux grands hommes après leur mort ne dureraient certainement pas longtemps si cette conviction où nous sommes que leurs âmes existent ne nous en faisait conserver le souvenir : pour moi, je n'ai jamais pu me persuader que l'âme vive complétement, tant qu'elle est dans le corps de l'homme, et qu'elle meure lorsqu'elle en est sortie, ni qu'elle perde toute intelligence en s'é-chappant d'un corps inintelligent; je crois plutôt qu'une fois délivrée de tout mélange du corps, et désormais libre et pure, elle retrouve alors l'intelligence parfaite. Bien plus, lorsque la mort amène la dissolution du corps, on voit ce que deviennent les parties matérielles; elles retournent toutes là d'où elles sont venues : l'âme seule, et quand elle est présente et quand elle se retire, reste invisible [2]. »

Quels touchants arguments à l'appui de l'immortalité de l'âme il tire ensuite du souvenir des personnes aimées et des hommes illustres : « Jamais personne ne me persuadera, mon cher Scipion, que Paul-Émile, votre père, que vos deux aïeux, Paul et l'Africain, que le père de l'Africain, que son

[1] V, 79. — [2] V, 80.

oncle, et tant d'autres hommes supérieurs dont je n'ai pas besoin de rappeler ici les noms, eussent tant fait pour mériter le souvenir de la postérité si leur âme n'eût prévu que ce souvenir devait avoir pour elle quelque intérêt. Et pour me flatter un peu moi-même, à la manière des vieillards, pensez-vous que j'aurais supporté tant de fatigues, et le jour et la nuit, pendant la paix et la guerre, si j'avais cru que ma gloire dût être renfermée dans les mêmes bornes que ma vie? N'eût-il pas mieux valu, loin des fatigues et des rivalités, mener une vie calme et tranquille? Mais je ne sais pourquoi, mon âme, s'élevant toujours, portait au loin ses regards dans la postérité, comme si elle ne devait vraiment vivre que quand elle serait sortie de la vie. Non certes, s'il n'était pas vrai que les âmes fussent immortelles, on ne verrait pas les hommes les plus vertueux aspirer si vivement à l'immortalité de la gloire[1]. »

VII

Quand on lit les magnifiques pages qui suivent, on se souvient involontairement de ce passage de Lucain, et on ne le trouve point exagéré : « Il n'y a que ceux qui touchent à leur terme qui sentent combien il est doux de mourir. Les dieux le cachent à ceux qu'ils condamnent à vivre, afin qu'ils se résignent à vivre[2]. »

Le *Dialogue sur la vieillesse* continue : « Pourquoi la mort du sage est-elle si calme, et celle de l'in-

[1] V, 82. — *La Pharsale*, liv. IV.

sensé si agitée? Ne vous semble-t-il pas que celle du premier, voyant mieux et plus loin, s'aperçoit déjà qu'elle part pour une meilleure vie, et que celle du second, dont la vue est plus trouble ne s'en aperçoit pas? Pour moi, je suis transporté du désir de revoir vos pères que j'ai tant honorés et chéris; mais ce n'est pas seulement à ceux que j'ai connus que je souhaite ardemment de me réunir, c'est aussi à ceux dont j'ai entendu parler, dont j'ai lu ou écrit moi-même la vie. Quand je partirai pour aller les rejoindre, il ne serait pas facile de me retenir, et je ne me laisserais pas volontiers rajeunir comme Pelias. Si quelque Dieu m'accordait le privilége, à moi vieillard, de redevenir enfant, et de crier de nouveau dans un berceau, je le refuserais certainement, et je ne voudrais pas, après avoir achevé la course de la vie, être rappelé de la borne au point de départ[1]. »

« … Ce n'est pas que je veuille médire de la vie, comme l'ont fait beaucoup de gens, et même des sages : je ne me repens pas d'avoir vécu, parce que je pense avoir vécu de telle sorte que ma vie n'a pas été inutile; mais j'en sortirai comme d'une hôtellerie, et non comme d'une demeure à moi. Car la nature ne nous a donné ici-bas qu'un pied-à-terre pour y séjourner quelque temps et non une demeure pour y habiter toujours[2]. Oh le beau jour que celui où je partirai pour cette assemblée divine, pour ce céleste conseil des âmes, où je m'éloignerai

[1] V, 83. — [2] V, 84.

de cette foule terrestre, de cette fange impure !
J'irai retrouver, outre ceux dont je viens de parler,
mon cher Caton, le meilleur homme qui fut jamais,
le plus tendre des fils ; c'est moi qui ai mis son
corps sur le bûcher, quand, au contraire, il aurait
dû y mettre le mien. Mais son âme ne m'a point
abandonné, elle est partie sans doute, en se retour-
nant pour me jeter un regard de tendresse, vers ces
lieux où elle voyait que je viendrais aussi un jour.
Si j'ai paru supporter cette perte avec courage, ce
n'est pas que je la supportasse de sang-froid, mais
je me consolais en pensant que notre séparation ne
serait point de longue durée[1]. »

« Tels sont les motifs, mon cher Scipion (car vous
avez témoigné le même étonnement que Lélius),
qui me rendent la vieillesse si légère, et qui même
me la font trouver agréable, bien loin qu'elle me
soit pénible[2]... »

Ces idées si belles, si fécondes, si consolantes,
devraient être reçues avec enthousiasme par tous.
Cependant il n'en est pas ainsi, mais heureuses les
âmes qui les goûtent, car les sympathies indiquent
une parenté morale et intellectuelle ; celle de Cicéron, de Pythagore, de Socrate, de Platon, de
Cyrus et on peut dire de presque toutes les intelligences d'élite de toutes les époques, car la plupart
ont professé et ont été inspirés par ces doctrines :
cette parenté, dis-je, n'est pas à dédaigner.

[1] V, 85. — [2] V, 86.

VIIIe PARTIE

DES INHUMATIONS PRÉCIPITÉES

ET DES MOYENS DE LES PRÉVENIR.

DES INHUMATIONS PRÉCIPITÉES

ET DES MOYENS DE LES PRÉVENIR.

CHAPITRE I.

De la mort apparente. — Résurection dans la mort apparente.

I

Les inhumations précipitées sont depuis quelque temps une des grandes questions à l'ordre du jour. Elles préoccupent les intelligences de premier ordre, les savants et les législateurs principalement.

Nous allons l'étudier avec quelques détails, et mettre nos lecteurs au courant de ce qu'il leur importe le plus d'en connaître.

On a vu des semences passer plus d'un siècle sans perdre leur propriété germinative, c'est-à-dire sans cesser de vivre, quoique ne présentant aux sens aucun signe de vie. Les graines de céréales trouvées près des momies d'Égypte, mises en terre, ont re-produit des végétaux.

Un grand nombre d'animalcules, entre autres l'anguillule, le tardigrade et le rotifère peuvent être contractés, déformés, en un mot, dans un état de mort, dont les apparences sont complètes, pendant plusieurs années, et revenir ensuite pleins de vie. On a vu des quadrupèdes gelés et immobiles, au milieu des glaces, reprendre la vie lorsqu'ils ont été soumis à des conditions favorables.

Ce n'est pas seulement les graines, les chrysalides, les insectes, les animaux en général, qui peuvent conserver la vie à l'état latent et sans la manifester aucunement : l'homme est soumis aux mêmes lois sous ce rapport, la vie peut être renfermée dans son sein, l'organisation lui servir de tombeau, sans qu'aucune manifestation extérieure la révèle spontanément.

« L'individu, dit Bichat, vit encore quelquefois plusieurs jours au dedans, tandis qu'il cesse tout à coup d'exister au dehors. L'interruption des phénomènes externes de la vie étant un signe presque constamment infidèle de la réalité de la mort, on ne peut se prononcer sur l'existence de celle-ci qu'après la cessation des phénomènes de la vie intérieure. »

Ce sont ces états de mort apparente qui donnent lieu aux effrayantes inhumations de vivants que l'on prend pour des morts.

> Qui tôt ensevelit bien souvent assassine,
> Et tel est cru défunt qui n'en a que la mine[1].

[1] *L'Étourdi*, acte II, scène II.

Thomassin, avec un rare talent du diagnostic de la mort, s'exprime de la manière suivante :

« Si rien n'est plus certain que la nécessité de la mort, rien ne l'est moins que l'extinction totale du principe de la vie. L'art de ne point confondre les vivants avec les morts a encore ses incertitudes. Enfin, je laisse échapper une vérité cruelle, le diagnostique de la mort est équivoque en plusieurs cas, et nous courons les risques, malgré les leçons de quelques savants recommandables, d'être ensevelis et même enterrés avant que nous ayons entièrement cessé d'être. »

L'imagination même est épouvantée lorsque l'on songe que l'on peut posséder toute son intelligence, une sensibilité exquise, avoir parfaitement la conscience de soi-même et de son état, et présenter tous les phénomènes de la mort, de manière à tromper l'œil le plus exercé, sans qu'il soit possible de manifester le moindre signe de vie.

Parmi les ressuscités de la mort apparente, plusieurs ont raconté ce qu'ils éprouvaient. Ils assurent avoir entendu les discours que l'on tenait à côté d'eux, tandis qu'ils sentaient leurs membres liés et entièrement immobiles.

Il est en effet bien prouvé que l'on peut entendre les sanglots déchirants des parents qui vous pleurent, des amis qui vous sont chers, le glas de l'airain qui annonce votre mort, le chant funèbre de l'église qui vous accompagne à votre dernière demeure, les pelletées de terre qui bruissent sur les planches du cercueil, sans pouvoir s'écrier : Je suis vivant, je suis plein de vie , et vous me faites descendre dans la sombre demeure des morts !

Voilà cependant ce qui a lieu, et qui a lieu tous les jours.

Le génie qui a inspiré l'Enfer de Dante aurait difficilement trouvé un supplice plus affreux.

II

Il n'est pas étonnant que ceux qui ont médité ce sujet funèbre aient jeté un cri d'alarme, cri pourtant qui n'a pas retenti encore assez haut pour être suffisamment entendu de la société, car il reste à prendre des mesures efficaces pour que chacun puisse se dire : Je ne serai pas enterré plein de vie !

Cependant, à plusieurs reprises , les premiers corps de l'État ont sollicité du gouvernement des mesures rigoureuses pour prévenir ces méprises irréparables.

Dans la séance du 27 février 1866 , plusieurs membres du Sénat ont pris la parole à ce sujet, et ont raconté des faits authentiques qui étaient à leur connaissance personnelle et dont nous allons parler :

S. E. Mgr le cardinal Donnet, pour s'exprimer avec une éloquence peu commune, n'a eu qu'à raconter sa propre histoire; car il est revenu lui-même des ombres de la mort, pendant que se faisaient entendre le glas funèbre, les graves accents du *De profundis*, et tous les apprêts de la sépulture. Il s'est exprimé ainsi :

« J'ai acquis la conviction, par des faits incontestables, que les victimes des inhumations précipitées sont beaucoup plus nombreuses qu'on ne le pense communément. Or, y a-t-il rien de plus terrible que de mourir en imputant sa mort au peu de vigilance et à l'imprévoyante préoccupation de ceux que l'on appelait, quelques heures auparavant, des plus doux noms qu'on puisse donner ici-bas?

« J'ai, pour ma part, empêché deux inhumations de vivants dans un village que j'ai desservi au début de ma carrière pastorale. Le premier était un vieillard, qui vécut douze heures de plus que ne l'avait permis le billet délivré par l'officier de l'état civil; le second revint tout à fait à la vie.

« Plus tard, c'était à Bordeaux, une fille unique achevait ce que l'on croyait être son agonie; elle avait toutes les apparences de la mort, et la garde s'apprêtait à couvrir son visage... Devenue épouse et mère, elle fait encore aujourd'hui le bonheur de deux respectables familles.

« Une autre fois, en 1826, un jeune prêtre, étant en chaire, tomba subitement, et fut déclaré mort par le médecin qui l'examina. Il entendit le glas funèbre, le *De profundis* récité auprès de son lit, et tous les préparatifs de son enterrement, sans pouvoir remuer ni proférer un seul mot. Un hasard providentiel le fit sortir à temps de son engourdissement. Aujourd'hui devenu le cardinal Donnet, il vient demander aux dépositaires du pouvoir non-seulement de veiller à ce que les prescriptions légales qui regardent les inhumations soient strictement observées, mais à en formuler de nouvelles pour prévenir d'irréparables malheurs! »

Dans la même séance, M. le sénateur Tourangin dit que des faits nombreux ont été constatés; il cite le suivant :

« Dans la classe qui a le plus de respect pour les morts, une jeune femme étant très-malade, le médecin de la famille la croit morte, et fait appeler trois autres honorables médecins pour constater le décès. On fait les expériences les plus énergiques, et les plus cruelles, pour savoir si la mort était apparente ou réelle. Enfin, au bout de trente heures, aucun signe de vie n'apparaissant, la morte allait être mise dans le cercueil. Sa sœur se jette aux genoux des médecins pour obtenir que l'on attende encore quelques heures. Au bout de ce temps, la prétendue morte était vivante, et il a fallu soigner pendant trois mois les plaies cruelles qu'on lui avait faites pour constater sa mort. »

De son côté, M. de Barral a également cité quelques faits :

« Dans l'Indre, dit-il, une institutrice est enterrée. La fosse était voisine de la cure; au milieu de la nuit, on entend des cris lamentables; on la déterre, et elle expire lorsque la fosse est ouverte.

« Dans l'Isère, à Voiron, un charpentier que j'ai

employé, avait été mis vivant dans la fosse, mais il s'est réveillé de sa léthargie avant qu'on l'ait recouverte. »

Nous avons de même remarqué ce passage de M. de la Guéronnière :

« Chacun de nous, disait-il dans son rapport, a senti sa compassion s'émouvoir à cette pensée qu'un homme fût cloué vivant dans un cercueil. La raison se trouble à l'idée de cette lutte horrible d'un malheureux qui se réveille enseveli, qui renaît un instant à la vie, pour succomber dans les douleurs du supplice le plus affreux qu'ait jamais enfanté la plus cruelle barbarie. La tombe nous a redit l'épouvante de ces drames monstrueux.

« En fouillant d'anciens cimetières, on a trouvé enfermés dans des cercueils des squelettes aux attitudes désespérées; leurs membres, horriblement contractés, trahissaient la révolte suprême de la vie, l'angoisse d'une effrayante agonie, dont pas un cri, pas un gémissement n'avaient pu être entendus des vivants. »

En effet, Touret, ancien doyen de la Faculté de médecine de Paris, chargé de présider aux exhumations du cimetière des Innocents, ayant observé qu'un grand nombre de cadavres et d'ossements se trouvaient dans une position nouvelle et opposée à l'ordre régulier de l'ensevelissement, fut pénétré de l'idée que de prétendus morts étaient revenus à la vie dans la tombe. Pour éviter qu'il ne lui arrivât une fin tragique, il voulut, par testament, qu'on ne procédât à ses funérailles qu'après la putréfaction avancée de son corps [1].

III

L'histoire des résurrections, dans la mort apparente, se compose de faits authentiques tellement nombreux, qu'il faudrait plusieurs volumes pour les renfermer.

Il est incontestable que des sujets, livrés trop brusquement au couteau anatomique, ont donné, par leurs cris désespérés, des marques certaines de vie.

Des faits très-nombreux, entourés de toutes les preuves de l'authenticité, démontrent que de prétendus morts se sont retournés dans leurs cercueils, qu'ils se sont levés de leurs sépulcres; que d'autres ont été trouvés loin de leurs bières, ayant expiré sur les degrés de leurs caveaux funéraires.

Quelques-uns, après être parvenus à déchirer leurs linceuls, se sont dévoré les membres. Chose affreuse! des femmes ont accouché dans la tombe, et chez les anciens où l'on brûlait les morts, plusieurs revinrent à la vie sur le bûcher funéraire, tels que Acilius Aviola et les préteurs Tubéron et Lamia, à Rome.

Il est certainement impossible que, dans le nombre de ces relations funèbres, il n'y en ait pas de fausses, de controuvées, d'inexactes; mais il s'en trouve

[1] Deschamps.

aussi une multitude dont le sceptique le plus obs-
tiné et l'homme le plus compétent et le plus sévère
sur les preuves sont obligés d'admettre l'affreuse
réalité; et d'ailleurs, triste compensation! que de
cas épouvantables resteront à jamais ensevelis dans
le secret impénétrable du tombeau!

On ne peut lire sans frémir l'ouvrage de Bruhier,
écrit en 1740, sur l'incertitude des signes de la
mort. Il rapporte avec détails 181 faits, parmi lesquels
il cite 52 personnes enterrées vivantes, 53 revenues
à la vie après avoir été enfermées dans le cercueil,
72 réputées mortes sans l'être et qui sont sorties de
leur sommeil léthargique avant qu'on les ensevelît,
4 enfin ouvertes par le chirurgien avant leur mort.

Il existait autrefois en Allemagne une croyance
populaire qui n'était que trop fondée, fait remarquer
le docteur Crimotel : on racontait que plusieurs personnes, les femmes surtout, grincent des dents, mâchent leur linceul et tout ce qui est à leur portée,
quelquefois même leur propre chair; et l'on ajoutait
que c'était là un présage annonçant la mort de
quelque proche parent. Dans certaines localités, la
déchirure des linceuls et la morsure des bras étaient
attribuées aux vampires, dont l'idée seule faisait
frémir. On vit des auteurs, sans chercher à expliquer ce fait qu'ils ne pouvaient pas nier, se livrer à
des dissertations ayant pour but seulement de
démontrer que cette mastication ne cause point
la mort des parents, et que, si elle arrive dans
l'année, elle en est indépendante [1]. Afin de l'é-

viter, toutefois, on conseillait de mettre une motte de terre sous le menton de la personne que l'on enterrait, ou bien une petite pièce d'argent dans la bouche, ou mieux encore, de lui serrer le cou avec un mouchoir, ce qui, comme le fait remarquer un auteur contemporain plus judicieux, était l'expédient le plus propre à empêcher la mastication, en empêchant le retour à la vie ; car il ne doute pas, dit-il, que ceux qui mâchent dans le tombeau n'y aient été mis vivants. Il fait aussi cette réflexion qu'en France le nombre des morts qui mâchent doit être beaucoup plus considérable qu'en Allemagne, parce qu'on y prend beaucoup moins de précautions pour s'assurer de la réalité du décès. Et si cela arrive plus souvent aux femmes qu'aux hommes, ajoute-t-il, c'est que les femmes, ayant le système nerveux plus sensible, sont beaucoup plus exposées aux accidents qui simulent la mort.

IV

M. le docteur Josat s'exprime ainsi :

« La plus grande partie de la France, dépourvue des mesures les plus élémentaires en cette matière (constatation des décès), se trouve exposée à voir réaliser la plus épouvantable de toutes les tragédies, trente ou quarante fois par an, et des crimes affreux commis avec impunité.

[1] *De Masticone mortuorum*, 1728.

« Si l'on en juge par le nombre de ceux qui ont été présumés après l'inhumation des victimes, les criminels qui ont pu échapper à la vigilance de la justice doivent être plus nombreux qu'on ne le pense[1]. »

Dans la plupart des petites communes rurales, il n'y a ni docteur en médecine, ni officier de santé; la constatation des décès est laissée entièrement à l'appréciation du maire ou de son adjoint, et les choses se passent généralement avec une déplorable légèreté. Le maire délivre ordinairement le permis d'inhumer sans se conformer à la loi, qui veut qu'il s'assure par lui-même de la réalité du décès; d'ailleurs, il est le plus souvent incompétent pour le faire consciencieusement dans beaucoup de cas.

Et même dans un grand nombre de circonstances, fait remarquer M. Josat, des parents, des amis, des hôteliers, impatients de se débarrasser d'un sujet agonisant depuis longtemps déjà, et voué à une mort inévitable, vont déclarer son décès plusieurs heures avant qu'il soit consommé, et peuvent ainsi gagner sur la loi la moitié au moins du temps qu'elle prescrit comme délai.

A plus forte raison agiront de la sorte de criminels héritiers, impatients d'enfouir leur victime pour s'assurer l'impunité et jouir à leur aise du fruit de leur crime. Les déclarations anticipées ne sont pas rares dans les campagnes, encore moins dans les villes et surtout à Paris. Et si la visite du

[1] *De la Mort et de ses caractères*, p. 235, 236.

médecin n'a lieu, par exemple, que dix, douze ou quinze heures après la déclaration, comme cela peut très-bien se faire, alors ce ne sera pas même après le délai si insuffisant de vingt-quatre heures que se fera l'inhumation, mais en réalité après quatorze, douze, ou neuf heures du décès constaté.

« En vérité, ajoute le docteur Josat, quand je pense, d'un côté, à l'incertitude de la plupart des signes de la mort, à la difficulté qu'on éprouve si souvent à les reconnaître, à l'influence de l'habitude sur les hommes les plus capables et les plus consciencieux; de l'autre côté, au nombre si considérable des cas où la mort reste apparente accidentellement, ou même naturellement, pendant douze, quinze, vingt et trente heures, l'effroi me gagne malgré moi en écrivant ces lignes. Je me représente tous les crimes qui peuvent être impunément commis, tous les infortunés qui peuvent être ensevelis vivants [1].

« Tout se passe dans les hôpitaux de Paris, sous ce rapport (inhumation), avec une incurie qui affecte péniblement tout observateur ami de l'humanité [2].

« Maintenant, si Paris, malgré tout ce qu'il a fait pour empêcher les inhumations avant décès, n'en est pas et ne s'en croit pas encore absolument à l'abri, voyez ce qui se passe dans les campagnes, dans les prisons, dans les hôpitaux. Là, ni visite de

[1] *De la Mort et de ses caractères*, p. 230.
[2] *Id.*, p. 231, publication de 1854.

médecin vérificateur, ni inspecteur des décès, ni prescription concernant les opérations préliminaires de l'enterrement; rien de particulier aux enfants mort-nés ou réputés tels, à bien plus forte raison aux décès par suite de maladies contagieuses. Un homme présumé mort est incontinent caché sous ses draps, puis enlevé de son lit, mis en bière, sans que l'autorité de la loi ou les règlements de l'administration locale viennent contrôler, punir ou dénoncer l'œuvre de la routine, de l'insouciance, de l'ignorance, et quelquefois le fait d'une intention coupable [1]. »

Il serait difficile à l'imagination la plus féconde de créer des faits plus sinistres, entourés de circonstances plus sombres, que ceux que nous ont conservés les annales de la mort apparente.

En voici un certain nombre. Il est inutile de dire que, dans le choix que nous allons faire, nous serons moins déterminés par les plus extraordinaires ou les plus effrayants que par ceux qui nous paraissent les plus exacts.

V

Plutarque rapporte qu'une personne, étant tombée d'une certaine hauteur, mourut de sa chute sans qu'il y eût la moindre apparence de blessure.

[1] *De la Mort et de ses caractères*, p. 324.

Comme on le portait en terre au bout de trois jours, il reprit tout à coup ses forces et revint à lui.

Pline, au chapitre 32 du septième livre de son *Histoire naturelle* intitulé : *De ceux qui sont revenus à la vie dans le temps qu'on leur rendait les derniers devoirs*, dit qu'Acilius Aviola, homme de distinction, puisqu'il avait été consul, revint à lui ayant été sur le bûcher, mais que n'ayant pu être secouru à cause des progrès que la flamme avait faits, il fut brûlé vif. Le même accident arriva aussi à Lucius Lamia, qui avait été préteur. Ces deux événements cruels sont aussi rapportés par Valère Maxime.

Célius Tubéron fut plus heureux, au rapport du naturaliste que nous venons de citer. Il donna assez à temps des signes de vie pour n'avoir pas le funeste sort de ses concitoyens ; mais il n'avait plus un moment à perdre, il était déjà sur le bûcher.

Un jeune garçon tomba dans une cour, de la hauteur d'un second étage ; il fut relevé mort en apparence. En l'examinant, on ne découvrit aucune trace de violence extérieure, ni sur la tête ni sur aucune autre partie du corps. Un chirurgien lui donna sur-le-champ des secours, mais leur inutilité l'engagea à prononcer qu'il était réellement mort. Un homme instruit le soumit à l'électricité et lui donna des chocs fort légers. Au quatrième, on aperçut quelques signes de vie, et, en continuant ce moyen de guérison pendant quelque temps, on parvint graduellement à guérir l'enfant,

au point que deux heures après, il fut en état de
marcher [1].

Péclin raconte l'histoire d'un jardinier qui resta
dans l'eau, sous la glace pendant seize heures, et
qu'on parvint à ramener à la vie.

Perrégaud, mendiant de profession, fut trouvé
mort-ivre, en novembre 1843, sur la route de
Nantes à Vannes, près de Soutrou. Le lendemain,
au moment où on allait l'ensevelir, il s'agite, ques-
tionne ceux qui l'entourent, se lève et s'enfuit à
toutes jambes [2].

« Un homme peut tomber en syncope et y
rester trois et même huit jours ; on a vu dans ce
cas des gens recouvrer la vie après avoir été déposés parmi les morts. Tandis que j'étais en Allemagne, l'infirmier, garçon de pharmacie de l'hôpital militaire de Cassel, parut avoir rendu le dernier soupir. On le porta dans la salle des morts, où
on l'enveloppa d'une simple serpillière. Quelque
temps après, revenu de sa léthargie, il reconnut
l'endroit où on l'avait déposé. Il se traîne jusqu'à
la porte, qu'il frappe de ses deux pieds. Ce bruit
fut heureusement entendu de la sentinelle, qui, s'é-
tant bientôt aperçue du mouvement de la serpillière, appela du secours. On porta le moribond
dans un lit bien chaud ; et j'ai vu cet homme continuer, jusqu'à la paix, le service de l'hôpital. S'il
eût été serré par des bandes et des ligatures étroites,

[1] Cury, *Obs. sur les morts apparentes*, p. 98.
[2] *Gazette des tribunaux*, du 15 novembre 1843.

il n'aurait pu se faire entendre : ses efforts inutiles l'eussent fait tomber dans une nouvelle syncope; on l'eût enterré tout vivant [1]. »

« Je puis certifier de bonne foi, dit Lusitanus, un événement surprenant dont j'ai été témoin. Un pêcheur, frappé d'apoplexie depuis vingt heures, ayant tout le corps froid, fut enveloppé et cousu dans un suaire, et laissé par terre jusqu'au temps de l'enterrement. Pendant qu'on le portait en terre, on trouva le suaire mouillé et plein d'écume à la partie qui touchait la bouche. Pendant qu'on découvrait le corps, le hasard voulut que je passasse avec deux de mes confrères en allant à une consultation. On nous appelle à grands cris pour juger de la vie de cet homme. Nous lui prîmes le bras, et trouvâmes que le pouls battait au poignet. Il fut rapporté chez lui, où, par le secours des moyens révulsifs, tels que les ventouses sèches, les lavements, il commença à revenir un peu à lui, et fut guéri en peu de jours. »

Voici quelques autres faits rapportés par le docteur Josat :

« Le 24 février 1848, trois cadavres (dont l'un était celui de l'infortuné Jolivet, membre de la Chambre des députés) se trouvaient sur le passage du roi quand il allait monter dans la voiture qui l'attendait place de la Concorde. Quelques gardes nationaux (l'un était M. Vaillant, frère du

[1] Durande, p. 68.

général, c'est de lui que nous tenons ce récit), par égard pour une grande infortune, s'empressèrent de les dérober à la vue du roi, en les enfouissant dans un monceau de sable qui était près de la grille du jardin des Tuileries. Plusieurs heures après, quelques personnes qui cherchaient le corps du député Jolivet retirèrent les trois corps gisant sous une couche de sable de 30 centimètres d'épaisseur. L'un de ces infortunés vivait encore et donna signe de vie pendant quelques heures, offrant jusqu'à la fin la plupart des signes de la mort consommée.

« Un officier de dragons, jeune et vigoureux, est laissé pour mort d'un coup d'épée, sur le lieu du combat (à la suite d'un duel sans doute). Le chirurgien-major de son régiment le trouva sans ressource; le mouvement des artères et du cœur est arrêté; les signes de mort les moins équivoques caractérisent sa perte. Plusieurs personnes tiennent conseil près du cadavre, sur les moyens de le soustraire aux recherches de la justice : les uns sont de l'avis de l'enterrer aussitôt, les autres de le couper par morceaux pour disperser ses membres. Enfin, après une partie de la nuit écoulée en préparation de sépulture, un des amis du mort, le trouvant encore chaud, le secoue, l'agite, l'appelle, invite le chirurgien-major à lui donner des secours, et en quelques minutes on le tira de cet état. Il avait entendu tout ce qui s'était dit et fait autour de lui, mais il ne pouvait donner aucun signe de sentiment.

L'effroi et la détresse n'ont peut-être pas peu contribué à le rappeler à la vie[1]. »

Un fait remarquable est cité par Thomassin :

« Au mois de décembre 1769, dans un temps très-froid, un cavalier du régiment du roi, après avoir reçu un coup d'épée dans la poitrine et perdu beaucoup de sang, demeura depuis le mardi jusqu'au dimanche en état de mort, étendu sur l'escalier, au milieu des décombres d'un quartier démoli. Heureusement que le hasard ne conduisit personne auprès de lui dans le courant de ces cinq jours; car l'état de cet homme percé d'un coup d'épée, sans mouvement et sans sentiment, n'aurait pas laissé le moindre doute sur la certitude de sa mort, et il aurait été enterré comme tel. Il avait été précipité dans un état de mort par la perte de son sang, de ses forces, et par le froid qui était si vif que ce malheureux cavalier en eut les deux jambes gelées. Le poumon droit avait été percé et le ventricule droit du cœur ouvert; les plaies s'étaient cicatrisées pendant les cinq jours que les viscères avaient cessé leurs fonctions. Il vécut encore dix jours à l'hôpital, et s'en serait tiré, si l'on eût procédé méthodiquement au traitement de la gangrène de ses membres. »

Thomassin ajoute : « Voilà, certainement, un exemple remarquable de mort apparente. Il prouve que dans cet état le cœur cesse de battre en con-

---

[1] Durande, *Mémoire sur l'abus de l'ensevelissement des morts*, p. 32.

servant sa propriété vitale. Cet homme me semble
offrir le phénomène que Spallanzani désirait rencontrer : un animal dans lequel la vie serait suspendue parce que l'action mutuelle des solides et
des fluides serait arrêtée, et qui serait privé de ses
sens; il formerait, selon lui, l'anneau qui relierait
l'état de la plus petite vie à celui de la mort. [1] »

Pierre Jacchias, célèbre médecin de Rome, raconte
que, dans l'hôpital du Saint-Esprit, un jeune homme,
étant attaqué de la peste, tomba, par la violence
de la maladie, dans une syncope si parfaite qu'on
le crut mort. Son corps fut mis au nombre de ceux
qui, morts de la même maladie, devaient être incessamment enterrés. Dans le temps que l'on trans-
portait les cadavres sur le Tibre, dans la barque
destinée à cet usage, le jeune homme donne quelques signes de vie, ce qui le fit reporter à l'hôpital.
Il revint tout à fait à lui. Mais deux jours après
il retomba dans une pareille syncope, et son corps,
pour cette fois, réputé mort sans retour, fut mis
sans balancer au nombre de ceux qu'on devait
ensevelir. Dans ces circonstances, il revint encore
une fois à lui : on lui donna de nouveaux soins et il
fut guéri. Jacchias ajoute : « Nous savons que, dans
cette peste, on a enterré, à Rome, d'autres personnes
comme mortes quoiqu'elles ne le fussent pas [2]. »

M. le professeur François, de l'Académie de médecine de Belgique, cite dans la *Presse médicale belge*

[1] Thomassin, *Réflexions sur quelques propriétés du principe de la vie.*
[2] Deschamps, p. 35.

un cas de mort apparente, simulé par un accès de fièvre intermittente pernicieuse, bien rare et bien curieux, qui apporte avec lui son enseignement dans la question des morts apparentes et des signes certains de la mort.

« En 1822, dit-il, au plus fort de l'épidémie des fièvres intermittentes de toute nature qui régnaient dans la ville de Mons, je fus appelé près d'une dame Lemoine, âgée de quarante ans, atteinte d'un premier accès de fièvre, mais peu prononcée et sans caractère particulier, qui se dissipa promptement. Deux jours après, on vint me chercher en toute hâte, en me disant que ma malade était peut-être morte. Elle avait été prise d'un nouvel accès, deux heures plus tôt que celui de l'avant-veille; elle avait eu quelques frissons, quelques bâillements et avait perdu connaissance presque sur-le-champ.

« A mon arrivée, madame Lemoine était sans pouls, quelle que fût l'artère que j'explorasse; les yeux étaient fermés, les pupilles immobiles lorsqu'on écartait les paupières et qu'on approchait de la lumière; les lèvres et toute la surface du corps étaient pâles; la peau était froide, sèche; la respiration était suspendue; du moins une glace approchée de la bouche ne fut pas ternie, la flamme d'une bougie ne fut pas agitée; l'oreille, appliquée sur la région du cœur, ne put me faire saisir le moindre mouvement, le moindre bruit. L'alcali volatil placé sous le nez ou employé en frictions, les sinapismes les plus énergiques, l'ail pilé, rien ne put faire soupçonner qu'il restait un signe de vie dans ce corps glacé. Voulant pousser les épreuves jusqu'aux dernières limites, j'appliquai une de ces larges plaques de fer, vulgairement nommées pelles à feu, chauffée jusqu'au rouge cerise, sur la partie interne des deux jambes, mais avec aussi peu de succès... J'interrogeais à tous moments les mouvements de la respiration et les bruits du cœur, afin de m'assurer s'il ne s'éveillait pas... Mais non, toujours même silence. » Enfin, au bout de quatre heures, M. François découvrit sur le front de la patiente quelques gouttelettes de rosée. On continua ces moyens excitants, et peu à peu la vie revint. Un nouvel accès eut lieu le surlendemain, mais ce fut le dernier et cette dame vécut encore plus de trente ans.

Amatus Lusitanus dit qu'une dame de Ferrare, qui aimait tendrement sa fille, ne voulut pas qu'on l'enterrât, parce qu'elle avait entendu dire que des personnes mortes d'une attaque d'apoplexie étaient revenues à la vie. Au bout de trois jours elle eut le bonheur de lui voir faire quelques mouvements, et bientôt la santé fut recouvrée.

Après une attaque d'hystérie des plus violentes, milady Roussel tomba dans un état de mort apparente : son mari, qui en était fort épris, menaça de tuer quiconque toucherait à sa femme, et s'en constitua le vigilant gardien pendant huit jours consécutifs. Le bruit des cloches termina cet accès le neuvième jour; la malade se leva en disant : « Voilà le dernier coup de la prière, allons, il faut partir [1]. »

J. Fontenelle rapporte qu'une dame, à la suite d'un accès de catalepsie, resta sans pouls et sans respiration. Ne pouvant lui tirer du sang en lui ouvrant la veine, on la crut morte et l'on fit les apprêts de son enterrement. Cependant, soupçonnant que tout espoir n'était pas éteint, on tenta divers moyens de rappel à la vie; les stimulants réussirent parfaitement. Lorsqu'elle fut complétement rétablie, elle déclara qu'elle avait vu tous les apprêts qu'on avait faits pour l'ensevelir, et qu'elle se trouvait dans une anxiété inexprimable, qu'elle ne pouvait absolument faire connaître par aucun moyen. Elle comparait sa situation à celle où l'on se trouve dans certains songes quand on ne peut ni parler ni marcher [2].

L'abbé Prévost, auteur de *Manon Lescaut*, fut frappé d'apoplexie en traversant la forêt de Chantilly; la justice ordonna qu'il fût ouvert, afin de constater positivement le genre de mort auquel il avait succombé. Une incision elliptique, faite sur la poitrine et le ventre, fit jaillir un flot de sang, et le malheureux, poussant un cri déchirant, expira sous les yeux du médecin épouvanté.

Le cardinal Spinosa, ministre de Philippe II, roi d'Espagne, étant tombé en syncope, porta la main au rasoir d'un chirurgien qui l'ouvrait pour l'embaumer.

Vésale, médecin de Charles-Quint, eut deux fois

<hr>

[1] *Journal des savants*, 1746.
[2] Deschamps.

le malheur, en faisant des autopsies, de reconnaître que le cœur palpitait encore. Une femme, tombée en syncope, se mit à crier au premier coup de scalpel, et il fut obligé, pour expier cette faute involontaire, de faire un voyage en terre sainte en 1564.

Terelli mentionne une noble dame espagnole morte à la suite de convulsions, et qui, au deuxième coup de scalpel, poussa un cri et expira.

Rigaudeau, accoucheur à Douai, parle d'une dame qu'on crut morte dans les efforts d'un enfantement laborieux. Il l'accouche d'un enfant né mort, qu'avec des soins il ramène à la vie. Il quitte la maison, et, le surlendemain matin, il apprend avec étonnement que la mère, elle aussi, est sortie de sa léthargie.

VI

« Les corps que l'Hôtel-Dieu vomit journellement, écrivait Mercier en 1789, sont portés à Clamart.

« C'est un vaste cimetière dont le gouffre est toujours ouvert. Ces corps n'ont point de bière : ils sont cousus dans une serpillière. On se dépêche de les enlever de leur lit, et plus d'un malade réputé mort s'est réveillé sous la main hâtive qui l'enfermait dans ce grossier linceul ; d'autres ont crié qu'ils étaient vivants dans le chariot même qui les conduisait à la sépulture. »

Voici un fait qui peut défier l'imagination la plus romanesque :

« Deux marchands de Paris, amis intimes, avaient deux enfants qui, dès leur bas âge, avaient été destinés l'un à l'autre. Ces jeunes gens, élevés ensemble, avaient senti peu à peu leur amitié réciproque se changer en amour, et bientôt ils allaient être unis, lorsque l'intérêt vint en un instant renverser tous leurs plans de bonheur. Un riche financier devint épris de la jeune fille, qui fut sacrifiée à l'avarice de son père. La nouvelle épouse, malheureuse malgré ses richesses, tomba dans une maladie de langueur qui la conduisit au tombeau en quelques mois. Son ancien fiancé, qui l'aimait toujours et qui n'avait point quitté Paris, s'abandonna au désespoir en apprenant cette triste nouvelle ; puis, se rappelant que celle qu'il aimait était sujette à de longs et profonds évanouissements, il se laissa aller à des espérances chimériques en apparence. Après avoir séduit le fossoyeur, il exhuma la jeune femme, l'emporta chez lui et eut le bonheur de la rappeler à la vie. Celle-ci, cédant à un amour doublé par la reconnaissance, consentit à suivre son sauveur, et tous deux se retirèrent en Angleterre, où ils restèrent dix années. Après cet intervalle, ils revinrent en France, persuadés que personne n'avait de soupçons, mais ils furent bientôt reconnus. Le financier réclama sa femme devant les tribunaux, et, comme il ne ménageait point l'argent et que sa cause d'ailleurs était fort soutenable, les deux amants jugèrent utile de ne point attendre le jugement à intervenir, et s'enfuirent de nouveau à l'étranger après avoir dit adieu à Paris pour toujours [1]. »

« Un officier en retraite, qui habitait Pont-à-Mousson, tomba dans une profonde léthargie, et, soit que l'on eût rempli les formalités voulues par les lois pour s'assurer de son décès, soit que l'immobilité de ses membres et la pâleur de ses traits l'eussent fait supposer mort, on l'enterra au bout de trente-six heures seulement. Après que les prières d'usage eurent été prononcées, on le transporta au cimetière, où l'inhumation devait avoir lieu; mais à peine ceux qui assistaient à cette triste et malheureuse cérémonie étaient-ils retirés, à peine la moitié de la fosse était-elle comblée, que des bruits sourds provenant du cercueil se firent entendre et vinrent frapper l'attention des fossoyeurs : l'un d'eux, n'osant rien faire par lui-même, courut appeler un commissaire de police et un médecin, pour les rendre témoins du fait qui avait lieu; enfin, trois quarts d'heure s'écoulèrent avant qu'on pût ouvrir le cercueil. On trouva le malheureux officier une main derrière la tête, la bouche ensanglantée; le médecin voulut opérer la saignée et fit jaillir quelques gouttes de sang; il le brûla ensuite au doigt; mais plus de signe d'une vie qui s'était éteinte de la manière la plus horrible [2]. »

M. Caunière rappelle que l'amiral Dumont-d'Urville s'extasiait devant l'habileté des sauvages de Taïti, dans l'application de leurs remèdes et les succès

---

[1] *Causes célèbres.* — [2] Richard, *De la léthargie*, p. 15.

qu'ils en obtenaient ; Humboldt a souvent reproché aux érudits prussiens d'en savoir moins sur les propriétés des sucs végétaux que le dernier Indien de la Cordillère des Andes.

Le fait suivant, que nous lisons dans la biographie du marquis de Commandère Saint-Genier, vient à l'appui de l'opinion de ceux qui croient que les nègres de traite possèdent le secret de certains remèdes qui ont fait de tout temps le désespoir de tous les docteurs européens.

« Je mourus, ou du moins on me mit dans la bière, on me descendit dans une fosse, et trente-deux hommes chargeaient leurs armes pour me rendre les derniers honneurs, quand tout à coup je fis un certain bruit dans mon cercueil. On me remonta pour voir quelle observation je pouvais présenter ; j'en avais de fort importantes, je vous le jure. Je n'étais qu'en léthargie. On me débarrassa de mon linceul. C'est alors qu'Alexandrine, une jeune négresse qui m'était affectionnée, me mit dans la bouche je ne sais quelle herbe des nègres. J'ouvris de grands yeux, je me levai sur mon séant, et ma première parole fut de demander un réconfortant. Deux jours après, je faisais parader ma compagnie sur la grande place du Cap. »

Lancisi, premier médecin du pape Clément XI, parle d'une dame de distinction qui recouvra le sentiment et le mouvement dans l'église pendant qu'on y célébrait son service. Saint Augustin et saint Cyrille citent deux faits semblables arrivés de leur temps.

Un étrange exemple de léthargie est arrivé à

Moscou il y a peu d'années. La femme d'un riche négociant, après une courte maladie, fut considérée comme morte, son corps enseveli et transporté au cimetière. Au moment où les fossoyeurs remplissaient leur office, qui consistait à descendre le cercueil, la bière glissa et se trouva gravement endommagée dans sa chute. On s'occupa de la réparer ; mais quel ne fut pas l'étonnement de l'assistance en voyant la prétendue trépassée remuer légèrement les yeux et les bras ! Quelques jours de traitement ont suffi pour rendre la santé à la malade. Elle a déclaré depuis se rappeler fort bien les circonstances qui l'avaient le plus frappée : le dépôt de son corps dans le cercueil, l'entrée du cortége à l'église, enfin le moment suprême de la descente dans la fosse.

A la fin d'octobre 1806, le sieur Deschamps, de la Guillotière, près Lyon, mourut, et ses funérailles n'ayant pu avoir lieu au bout de vingt-quatre heures, furent remises au surlendemain. Ce jour-là les assistants, frappés d'effroi, virent le corps se dresser dans son suaire et demander à manger.

Plusieurs journaux ont rapporté des faits semblables à ceux que nous venons de citer[1].

Bruhier, dans ses *Additions*, p. 141, raconte qu'une dame ayant été enterrée dans l'église des Jacobins avec un diamant au doigt, un de ses domestiques se laissa enfermer dans l'église, et, la nuit étant venue, descendit dans le caveau où l'on avait

---

[1] Voy. la *Science populaire*, p. 250, 1re année.

déposé le cercueil. L'ayant ouvert et le gonflement du doigt empêchant la bague de couler, il se mit en devoir de le couper. La douleur ayant fait jeter un cri à la prétendue morte, le domestique, saisi de frayeur, tomba sans connaissance. Cependant la dame continuait de se plaindre. Le temps de matines arrivant heureusement, les plaintes se firent entendre à quelques religieux qui, guidés par le bruit, descendirent dans le caveau, où ils virent la dame sur son séant et le domestique à demi mort. On courut éveiller le mari, qui fit rapporter sa femme chez lui. Elle guérit de cette maladie; mais le saisissement du domestique fut si violent qu'on ne put le rappeler à la vie. Il mourut dans les vingt-quatre heures, et dédommagea la mort de la victime qu'il lui avait enlevée.

Le R. P. Leclerc raconte un fait analogue : la sœur de la première femme de son père ayant été enterrée dans le cimetière public d'Orléans avec une bague au doigt, un domestique, attiré par l'appât du gain, découvrit le cercueil la nuit suivante, et, ne pouvant parvenir à ôter la bague, il se disposa à couper le doigt. La douleur fit jeter un grand cri à cette femme, ce qui effraya et mit en fuite le voleur; elle se débarrassa des linges qui l'enveloppaient, et revint à la maison. Elle n'est morte que dix ans après, ayant survécu à son mari, dont elle eut un enfant depuis cet accident [1].

___

[1] Thèse de Winslow, § 1.

M. Bénard, chirurgien de Paris, assure qu'étant jeune il a vu dans la paroisse de Réol, en présence de son père et de plusieurs personnes, tirer du tombeau un religieux de l'ordre de Saint-François qui était enterré depuis trois ou quatre jours. Il était encore vivant, mais il mourut un instant après son exhumation. Elle fut faite sur l'avis d'un de ses amis, qui manda qu'il était sujet à des attaques de catalepsie [1].

François de Civille, gentilhomme normand, avait coutume d'ajouter à sa griffe cette formule : *Trois fois mort, trois fois enterré et trois fois ressuscité, par la grâce de Dieu.* On rapporte que la mère de Civille étant enceinte mourut ; qu'elle fut enterrée sans qu'on songeât à sauver l'enfant par l'opération césarienne. Elle fut exhumée, opérée par ordre du mari, qui obtint un enfant, gage de son amour et de sa prévoyante tendresse. François de Civille avait vingt-six ans lorsque Charles IX vint mettre le siége devant Rouen. Blessé à mort à la fin d'un assaut, il tomba des remparts dans un fossé ; des pionniers l'y trouvèrent et le mirent dans une fosse après l'avoir dépouillé de ses vêtements. Il demeura sous une légère couche de terre depuis onze heures du matin jusqu'à six heures et demie du soir. Un domestique fidèle le déterra, et en l'embrassant s'aperçut qu'il vivait encore. Apporté au logis, le malade resta cinq jours et cinq nuits dans un état de

[1] Thèse de Winslow, § I.

mort apparente. Il se ranima un peu, la chaleur ardente de la fièvre ayant succédé au froid de la fosse. Dans un second assaut, des valets d'un officier de l'armée victorieuse placèrent le moribond sur une paillasse dans une chambre, d'où les ennemis de son frère le jetèrent par la fenêtre. Il tomba heureusement sur un tas de fumier, où il resta plus de soixante-douze heures sans recevoir de secours et presque nu. Un de ses parents, étonné de le trouver vivant, le fit transporter à la campagne, où il fut soigné et guéri [1].

VII

Le cercueil de Zénon l'Isaurien, empereur d'Orient, ayant été ouvert après sa mort, on découvrit qu'il s'était mangé les bras.

On lit dans le *Voyage d'Italie* de Maximilien Misson, t. Iᵉʳ, lettre Vᵉ : « Le nombre des personnes qui ont été enterrées comme mortes sans l'être, est grand en comparaison de celles qui ont été heureusement tirées de leurs tombeaux. Mais sans sortir de Cologne, je vous ferai souvenir de l'archevêque Géron, qui, au rapport d'Albert Krautzius, fut enterré et ne put être assez tôt secouru ; et vous savez sans doute que le même accident arriva dans la même ville au docteur Scot, *qui se rongea les mains et se cassa la tête dans son tombeau.* »

[1] Bruhier, *Additions*, p. 107.

Le docteur Bresson a fait connaître qu'à Clairvaux un carme, nommé Renaud, eut un accès d'épilepsie si long que, le croyant mort, son corps fut déposé dans le caveau du couvent. Le lendemain, on reconnut que la pierre qui en fermait l'entrée était dérangée. On s'empressa de l'ouvrir, et l'on trouva ce malheureux mort et couché sur l'escalier, près de l'ouverture du caveau, ayant les doigts très-écorchés.

On lit dans Bruhier que des femmes, étant mortes sur le point d'accoucher et ayant plus tard été exhumées, furent retrouvées ayant dans les bras un enfant qui avait vécu.

En décembre 1842, un habitant de la commune d'Eymet (Dordogne), ayant pris par ignorance une trop grande quantité d'opium, fut empoisonné. Deux saignées pratiquées sur lui ne donnèrent que quelques gouttes de sang épais et noir. On le crut mort, et il fut enterré. L'exhumation faite quelques jours après prouva que le malheureux avait été enterré vivant; le sang avait baigné tout son cercueil, et il fut trouvé les traits horriblement convulsionnés et les membres crispés.

Le prince L.... possédait près de Florence une habitation où chaque année il allait passer l'été avec sa famille. C'était un antique et noble château, avec ses tours, fossés et chapelle, appartenant depuis plusieurs siècles à la famille de L...., qui, comme beau-

[1] Julia Fontenelle, *Rec. Med. lég.*, etc., b. 168. Cité par Deschamps.

coup de maisons princières, avait fait construire sous la chapelle un caveau de sépulture. Ce caveau, profondément creusé dans un sol sablonneux, était voûté et revêtu intérieurement de larges dalles de pierre; de sorte que son état hygrométrique était tel que les corps que l'on y déposait étaient préservés de la putréfaction et s'y momifiaient. Il n'est point rare de trouver des terrains qui jouissent de cette singulière propriété.

Lorsqu'un membre de la famille de L... mourait, son corps, revêtu de riches habits, était déposé dans une bière ouverte, et, bientôt descendu dans le caveau; on le plaçait sur les dalles près d'une longue suite d'aïeux, sans que l'on prît d'autres soins que celui de recouvrir le cercueil d'un drap noir.

Le prince de L... mourut des suites d'une maladie de langueur et fut porté avec les cérémonies usitées dans le caveau que nous venons de décrire, et dont la lourde porte se referma vraisemblablement pour longtemps, car il n'avait qu'un fils qui sortait à peine de l'adolescence. Celui-ci avait pour son père une tendresse extrême; de sorte que, environ un mois après cet événement, il prit la résolution de voyager pour échapper à la douleur que lui causait la perte cruelle qu'il venait de faire. Mais avant de partir, avant de s'éloigner du château de sa famille, il voulut contempler encore une fois les traits d'un père si tendrement chéri; il voulut aller répandre quelques larmes sur cette tombe, où s'était brisée sa dernière affection. Seul, il marche donc vers la chapelle funéraire, et, après en avoir enlevé les barres de fer qui en assujettissaient la porte, il veut l'ouvrir, lorsqu'il sent un obstacle puissant s'opposer à ses efforts. En proie à une inexprimable anxiété, il s'écrie, de toutes parts on accourt à son aide : l'obstacle est surmonté, la porte s'ouvre, et... spectacle plein d'horreur! cet obstacle, c'était le cadavre du prince de L..., qui, les traits convulsionnés, était venu mourir de faim contre cette porte, dont les ais portaient encore les traces qu'y avaient imprimées ses mains déchirées et tordues dans les angoisses du désespoir. L'infortuné n'avait été tiré du sein de la mort que pour en trouver une mille fois plus cruelle [1]. »

Cessons cette litanie de faits horriblement effrayants, il en est temps; examinons les moyens qui peuvent nous permettre de distinguer la mort réelle de la mort apparente, et de prévenir les inhumations précipitées.

[1] Léonce Lenormant, *des Inhumations précipitées*, p. 27.

CHAPITRE II.

Moyen de prévenir les inhumations précipitées.

I

Les auteurs qui ont étudié les signes caractéristiques de la mort ont tous reconnu que l'aspect cadavéreux de la face, le refroidissement et la lividité de la peau, la flexibilité des doigts, l'insensibilité aux brûlures et aux incisions, l'obscurcissement et l'effacement des yeux, l'absence de la respiration et de la vapeur sortant de la bouche, l'absence des battements du cœur et la rigidité des membres, etc., etc., ne suffisent pas pour établir la réalité du décès, puisque, d'une part, quelques-uns de ces signes ne se rencontrent pas toujours sur le cadavre, et que, d'un autre côté, on a pu les observer chez des individus que l'on est parvenu à rappeler à la vie.

Un seul signe a été regardé par tous comme certain, ou plutôt deux intimement liés : ce sont la putréfaction et la coloration verte du ventre, qui en est le phénomène précurseur constant et infaillible.

C'est vainement que le docteur Bouchut a voulu établir, comme indices certains de la mort, les signes suivants :

1° L'absence prolongée des battements du cœur à l'auscultation ;

2° Le relâchement simultané de tous les sphincters, dû à la paralysie des muscles ;

3° Enfin l'affaissement du globe de l'œil et la perte de la transparence de la cornée.

Ces signes de la mort, donnés pour certains par M. Bouchut, dans son *Traité des signes de la mort*, ne sont pas regardés comme tels par la plupart des hommes compétents. Même le plus important, c'est-à-dire l'absence prolongée des battements du cœur à l'auscultation, peut exister dans la mort apparente. On peut dire que, malgré ses profondes recherches, M. Bouchut n'a converti personne à sa doctrine. Aujourd'hui comme autrefois, tous s'accordent à dire que la putréfaction et la coloration verte du ventre sont les seuls indices certains de la disparition complète de la vie.

Des observateurs d'une habileté spéciale, entre autres, M. Brachet, de Lyon, et M. Girbal, de Montpellier, ont déclaré n'avoir pu reconnaître aucun battement du cœur dans certaines syncopes.

M. le docteur Josat dit, en parlant de *l'absence prolongée des battements du cœur à l'auscultation* :

« L'épidémie de choléra de 1840 nous a fourni un grand nombre de sujets d'observations propres à faire contrôler la valeur de ce signe de mort. Nous l'avons trouvé infidèle trop souvent pour que, dès cette époque, nous ayons cru devoir lui attribuer l'infaillibilité proclamée par l'honorable M. Bouchut[1]. »

M. Josat ajoute que, lorsque M. Bouchut a produit son mémoire sur l'infaillibilité de l'auscultation comme moyen de constater la mort, M. le docteur Depaul, professeur des plus compétents, n'a pas hésité à lui déclarer qu'il ne partageait point son avis sur la valeur absolue de ce signe, attendu que dans maintes circonstances il l'avait trouvé en défaut.

M. le docteur Collongue, qui a étudié spécialement cette question, combat de même la doctrine de M. Bouchut : « Depuis que M. Bouchut, le premier, grâce à l'auscultation du cœur, dit-il, avait établi, dans un remarquable ouvrage couronné par l'Académie des sciences, que l'absence des battements du cœur dans la mort apparente était un signe certain de mort, il ne s'est pas trouvé une seule observation qui fût d'accord avec lui et ses résultats. Nous en trouvons la preuve dans tous les exemples de mort apparente parus depuis lors[2]. »

Une histoire très-connue est celle du colonel Fonneushem, racontée par Cheyne dans son traité des maladies anglaises. Ce colonel, malade depuis longtemps, prit un jour la fantaisie d'envoyer chercher Cheyne et Beynard, qui le traitaient, et Strine, son apothicaire, pour les rendre témoins d'une expérience singulière qu'il voulait répéter en leur pré-

[1] *De la mort et de ses caractères*, p. 76.
[2] *Dynamoscope*, p. 302.

sence : c'était de se faire mourir, et de revivre.

Il est aisé de juger de la surprise que causa cette proposition de la part d'un homme qui paraissait par ses discours jouir de tout son bon sens. Ils n'osaient l'accepter, crainte que l'expérience, poussée trop loin, ne devînt fatale au malade, dans l'état de faiblesse où il était réduit. Enfin les médecins cédèrent, peut-être autant par curiosité que pour complaire au malade. Il se coucha sur le dos; Cheyne tenait son pouls, Beynard avait la main sur le cœur, et Strine présentait un miroir à la bouche.

Un moment après, on ne sentit plus ni pulsation dans l'artère ni mouvement au cœur, et l'haleine ne ternissait pas la glace. Chacun s'assura ensuite en particulier de l'état de ces trois mouvements, et fut convaincu de leur cessation totale.

On raisonna beaucoup sur ce phénomène, et, voyant qu'il avait subsisté au-delà d'une demi-heure, les spectateurs étaient sur le point de se retirer, persuadés que le malade avait poussé trop loin son expérience, lorsqu'ils aperçurent un mouvement. En l'examinant de plus près, on sentit le pouls et le mouvement du cœur revenir par degrés, on vit la respiration devenir sensible, enfin le malade commença à parler, et laissa les spectateurs étonnés de sa mort et de sa résurrection.

Quand ils furent sortis, il fit venir un notaire, ajouta un codicille à son testament, fut administré, et expira paisiblement et sans violence sur les cinq heures du soir, huit heures après l'expérience qui avait été faite.

Fodéré assure avoir vu plusieurs fois avec surprise, chez des personnes infirmes, les mouvements du cœur et de la respiration comme anéantis et annonçant une mort prochaine, puis rétablis insensiblement, de manière à leur permettre de vivre encore plusieurs années après une répétition fréquente de ces alternatives. Holles cite dans sa grande physiologie quelques histoires analogues à celles du colonel, qu'il dit même assez familières dans certains pays, parmi le sexe. M. Fontana prétendait aussi pouvoir accélérer et rétablir son pouls à volonté.

Il est incontestable que la vie organique peut se continuer encore quand le cœur a cessé de battre. On est également obligé d'admettre que des frémissements du cœur appréciables pour les uns peuvent ne pas l'être pour d'autres.

II

La *putréfaction* et la *coloration verte* du ventre qui y est nécessairement liée, qui en est constamment le phénomène avant coureur, sont les seuls signes naturels regardés par les hommes compétents comme absolument certains de la mort réelle.

Aucune révolution physique, aucune maladie, surtout dans celles qui produisent les morts appa-

rentes, ne colorent jamais uniformément les téguments du ventre en vert.

M. le docteur Deschamps, dans un remarquable
travail couronné par l'Académie des sciences : *Du
signe certain de la mort*, a spécialement étudié ce
phénomène.

Nous allons donner très-succinctement le résultat
de ses recherches ; elles peuvent grandement aider
à la solution du problème qui nous occupe :

« La coloration verdâtre du ventre, dit M. Deschamps, n'est qu'un simple phénomène de teinture
qui précède la putréfaction ; mais ce n'est pas, ainsi
que le veulent les auteurs, la putréfaction elle-même.
Dans la fermentation des corps organisés, les tissus
ramollis, décomposés, dégagent une odeur putride.
Avec la couleur verdâtre du ventre, les téguments
abdominaux conservent toutes leurs propriétés de
tissu ; ils sont inodores ou légèrement fétides. Il y
a plus : les viscères renfermés dans la cavité ventrale
sont dans un état complet d'intégrité ; plus ternes,
il est vrai, lorsque la teinte verdâtre est très-pro-
noncée et que l'odeur de relent se fait sentir, et
même quand l'épiderme se sépare du derme, séparation qui est le premier indice de la putréfaction. »

La couleur verdâtre des autres parties du corps
n'a plus qu'une valeur secondaire, parce qu'elle n'indique pas la mort générale.

Il n'y a aucun danger à redouter du stigmate cadavérique. Nous en attendons bien l'apparition pour
les animaux destinés à notre nourriture. Ne voyons-

nous pas tous les jours les gourmets rechercher avec avidité dans le gibier ce point d'altération de la matière animale qui la rend molle et colorée en vert, point de saturation des tissus organiques nommé *viande faisandée?* La crainte des mauvaises odeurs répandues par le cadavre jusqu'au développement de la coloration abdominale serait donc absurde, puisque nous engloutissons dans notre estomac de la matière faisandée.

Le siège de la coloration verte de la peau est sous-épidermique: l'épiderme et les productions épidermoïdes ne se colorent pas encore. Il résulte de ce fait important que les lavages répétés ne diminuent pas l'intensité de la couleur verte de la peau des cadavres. Les teintures artificielles, excepté le tatouage, sont toutes sus-épidermiques; elles diminuent et disparaissent même sous l'influence des eaux acides et alcalines avec lesquelles on frotte la surface du corps; elles colorent l'eau des lévigations.

L'épiderme ne se colore pas; il se sépare du derme coloré, aussitôt que la putréfaction s'établit et qu'il y a développement de gaz putrides.

M. Deschamps a observé que dans *les animaux vertébrés, improprement nommés à sang froid, la putréfaction marche du centre vers la circonférence, tandis que dans les vertébrés à sang chaud elle va de la périphérie vers le centre.* Cette loi est fort importante, parce qu'elle prouve que pour notre espèce il n'y a pas de danger à conserver le cadavre jusqu'à la coloration ventrale.

Il n'y a rien de précis sur la cause de la coloration verte des tissus cadavériques. On ne sait s'il faut l'attribuer à des moisissures, ou à un dépôt d'infusoires, ou simplement à de nouvelles combinaisons chimiques.

La coloration ventrale n'arrive jamais à une époque fixe, déterminée pour tous également. Les variations les plus grandes sont comprises, à l'air libre, entre quelques heures et dix-huit à vingt jours ; mais à l'aide des agents physiques naturels, on peut ramener ces extrêmes à une moyenne proportionnelle suffisante pour constater régulièrement les décès, et par conséquent pour éviter les inhumations prématurées.

Pour accélérer la coloration verte du ventre, et s'assurer ainsi plus tôt de la réalité de la mort, on peut employer divers moyens : la température et l'humidité.

La température de la chambre mortuaire doit être de 20 à 25 degrés au-dessus de zéro ; en hiver, il suffit d'allumer le feu pour obtenir le degré de chaleur qu'on rencontre naturellement en été.

L'humidité, qui est une des causes nécessaires de la coloration verdâtre, s'obtient en répandant de la vapeur d'eau dans l'atmosphère.

La peau desséchée des vieillards oblige à recourir à ce moyen, qui n'est plus aussi indispensable chez les adultes et les enfants, dont les tissus sont imprégnés de fluides suffisants pour amener la coloration. Mais l'humidité trop grande retarde, au lieu de hâter ce phénomène cadavérique. On juge vite de cette saturation extrême de l'air par les gouttelettes qui se déposent sur les corps froids.

L'air, étant ainsi chaud et humide, constitue une atmosphère favorable au développement rapide de la coloration verdâtre du ventre.

Si l'on place sur une table un cadavre entièrement refroidi, et qu'on entretienne constamment des compresses imbibées d'eau froide sur le ventre, la teinte verte se manifeste au plus tard à la fin du troisième jour.

Les conclusions suivantes résument le travail de M. Deschamps sur ce *signe certain de la mort* :

La couleur du ventre est le signe certain de la mort de l'homme.

L'époque de cette coloration est très-variable dans la nature : elle arrive dans l'espace de trois jours au plus, quand elle est accélérée par les agents physiques temperature et humidité.

Le ventre est le siége d'élection choisi par la nature pour y graver le stigmate mortel.

Les morts apparentes ne peuvent plus être confondues avec la mort réelle, le *ventre* seul ne se colorant jamais uniformément en vert dans aucune d'elles.

Cette coloration, provoquée avec art, fera éviter sûrement les inhumations précipitées.

L'hygiène publique n'a rien à redouter de la présence du cadavre jusqu'à l'époque de l'apparition du signe certain de la mort réelle.

On voit que les études très-sérieuses du docteur Deschamps peuvent être d'une grande utilité dans la question qui nous occupe.

III

Depuis longtemps déjà, un grand nombre de personnages remarquables par leur science et leur position, persuadés que la putréfaction et la coloration verte du ventre étaient les seuls signes certains de la mort, ont proposé de transporter les cadavres dans une maison mortuaire isolée, pour permettre à ces signes de se manifester sans que la santé générale en fût atteinte et que les survivants en fussent trop incommodés.

L'idée première de ces constructions paraît appartenir à Thierry, qui la publia en 1785, dans un ouvrage intitulé : *La vie de l'homme défendue dans ses derniers moments*. Elle fut reproduite en France en 1791 par madame Necker, et en 1792 par le comte Berchtold, dans un mémoire présenté à l'Académie nationale.

Ces tentatives n'eurent pas de succès en France ; mais l'Allemagne s'inspira des écrits français, et prit l'initiative sous l'influence du docteur Huféland, savant hygiéniste, qui était persuadé de l'importance des maisons mortuaires. Elle en fit d'abord construire une à Weimar, patrie d'Huféland. Cette maison mortuaire, établie dans le cimetière, porte sur son frontispice l'inscription suivante : *Vitæ dubiæ asilium.* Toutes celles que l'on a élevées ensuite l'ont été sur ce modèle.

Francfort ne tarda pas à suivre l'exemple de Weimar, et fit construire en ce genre un monument remarquable. M'occupant depuis longtemps de ces questions, je l'ai visité avec le plus vif intérêt, accompagné de mon jeune et spirituel ami, M. Maistre de Roger, qui parle l'allemand comme on parle le français à Paris. Les remarques que j'ai faites et les informations que j'ai prises à ce sujet s'accordent parfaitement avec les détails minutieux donnés par M. Josat sur cet établissement.

Voici une description succincte de la partie qui nous intéresse. Cet établissement est situé sur une hauteur, à un quart de lieue de la ville ; il est attenant à un cimetière. De chaque côté d'une vaste pièce dite *salle de veille*, et dans le sens de sa longueur, se trouvent disposés huit châssis vitrés correspondant à autant de cellules. Ces châssis sont placés à hauteur convenable pour permettre de voir d'un coup d'œil ce qui se passe dans chaque cellule, dont le sol est de 1 mètre environ moins élevé que celui de la salle.

Au-dessus de chaque châssis numéroté se trouve un timbre, dit *timbre d'alarme*, qui communique avec l'intérieur de la cellule par un cylindre creux traversant la cloison. Il est mis en jeu par un poids assez lourd qui n'est retenu que par une targette dont la détente est d'une sensibilité extrême.

La forme de chaque cellule est un carré long de 1 mètre 65 centimètres de large sur 4 mètres de long et 6 de haut. Au milieu, pour supporter le cercueil, est une table de fonte fixée dans le sol, et inclinée pour favoriser l'écoulement des liquides dans des cuvettes.

Au-dessus du cercueil pendent, attachés à des fils légers, dix dés de cuivre. On fait entrer dans ces dés les cinq doigts de chaque main du mort ; au moindre mouvement qui fait remuer le fil, la targette est agitée, et le poids fait résonner le timbre. Les dés sont journellement nettoyés, les ficelles sont d'une extrême souplesse, et privées d'élasticité au moyen d'une préparation particulière. Rien enfin n'est oublié pour obtenir un jeu aussi parfait que possible.

Dans la *salle de veille* se trouve le *contrôleur*, appareil destiné à contrôler tous les instants de la vie du gardien veilleur. Il consiste en un cadran de pendule ordinaire autour duquel s'enchâsse un autre cadran mobile.

A chaque division du premier correspond sur le second une ouverture circulaire fermée par une petite plaque de tôle. La caisse qui renferme l'appareil est fermée au moyen d'une serrure dont la clef est toujours en la possession du médecin directeur. De demi-heure en demi-heure, le gardien doit peser sur une manivelle ; autrement l'ouverture circulaire du cadran mobile resterait fermée, et trahirait ainsi la négligence du veilleur. Cette salle est dénudée de tout meuble : on n'y laisse ni table, ni chaise, ni lit, rien, en un mot, qui puisse favoriser le repos ou distraire de la plus exacte vigilance.

A côté de la *salle de veille*, est établie une salle de secours où se trouvent un lit, une pharmacie, et tout ce qui peut aider aux soins à donner à ceux qui reviennent à la vie. L'établissement est parfaitement chauffé et parfaitement ventilé.

Les sujets restent dans les cellules d'exposition, sous la surveillance du gardien et la responsabilité du directeur, jusqu'à ce qu'il se présente des signes certains de la décomposition commençante. Ces signes s'offrent d'ordinaire dans le cours du troisième jour de l'exposition; néanmoins, il n'est pas sans exemple de les voir n'apparaître que bien plus tard. Lorsqu'ils ont été constatés par le médecin, on donne avis à la famille du jour et de l'heure de l'inhumation, qui se fait avec décence, mais sans pompe et sans bruit.

Ces établissements mortuaires paraissaient devoir rendre d'immenses services; cependant les résultats obtenus sont insignifiants.

En 1854, M. Josat écrivait : « L'exposition étant facultative à Francfort, la moyenne par an des personnes exposées est de 127 environ; l'établissement existe depuis vingt-trois années, soit 2,921 exposés. A Sachsenhausen, 25 par année depuis vingt-trois ans, soit 575. A Mayence, l'exposition a lieu depuis onze ans; la moyenne est égale au nombre des décès, qui est de 1,050 environ par année, soit 11,550.

A Munich, le chiffre annuel est de 1,300 à peu près depuis vingt et un ans, soit 32,500. Total général : 46,546 (un peu plus bas). Quoi qu'il en soit, il est établi que sur ce chiffre il ne semble pas qu'il y ait eu un seul cas de mort apparente.

« Nous demeurons donc convaincu, avec l'espoir de voir notre conviction partagée, que les établissements d'Allemagne, celui de Francfort par-dessus tout, sont infaillibles comme moyen de prévenir les inhumations précipitées; mais en même temps d'une valeur bien secondaire en tant que susceptibles de déceler la mort apparente. Le problème n'est nulle part parfaitement résolu [1]. »

Dans son rapport sur l'ouvrage de M. Bouchut, la commission nommée par l'Académie des sciences dit, en parlant du même sujet :

« Créer aujourd'hui en France des maisons mortuaires, pour y laisser séjourner les corps jusqu'à la putréfaction, ce serait non-seulement s'engager dans une dépense inutile, et qu'un grand nombre de villes et de communes ne pourraient supporter, mais ce serait ne tenir aucun compte des autres signes certains de la mort.

« Toutefois, ces observations critiques ne s'appliquent pas à la création désirable de locaux destinés à recevoir, peu de temps après la mort, les cadavres des pauvres, dont la famille n'a souvent qu'une chambre étroite pour habitation. »

[1] *Josat*, p. 205 à 209.

Ainsi ces établissements mortuaires, qui faisaient naître tant d'espérances, n'ont donné que des résultats presque nuls. Toutes les précautions qu'on y a prises, quelque minutieuses et intelligentes qu'elles soient, nous paraissent également insuffisantes ; car quand, dans une organisation, la vie à l'état latent vient à se manifester, ce doit être par un léger frémissement, par un léger écartement des paupières, par quelque mouvement à peine sensible, qui ne pourrait toujours retentir jusqu'au bout des doigts ; ce qui serait cependant nécessaire pour que la sonnerie, appareil principal de ces établissements, puisse être mise en jeu.

On le voit, la question n'a pas fait beaucoup de progrès ; car, à présent comme autrefois, on ne reconnaît qu'un signe naturel et certain de la mort réelle à la portée de tous : la putréfaction, dont la coloration verte du ventre est le symptôme précurseur, et pas plus maintenant qu'autrefois on n'attend le moment de sa manifestation pour confier le cadavre à la terre.

IV

M. le docteur Collongue a découvert une ingénieuse méthode, qui repose sur le bruit de la vie dans l'organisation ; mais elle nous paraît bien délicate pour pouvoir être généralement appliquée. Cependant, à cause de sa nouveauté et de son importance, nous allons l'exposer.

Il a remarqué que la vie, dans l'organisation, produit un son, un bourdonnement continu qui a pour siége les nerfs, et qui varie d'intensité suivant l'état de maladie ou de santé, mais qui ne disparaît que lorsque la mort est complète.

Ce bruit se fait entendre, même dans l'état de mort apparente le plus prononcé. C'est par l'absence de ce phénomène que M. Collongue propose de constater la mort réelle. Ce serait certainement une importante application et un grand service rendu, si l'existence ou l'absence du bourdonnement étaient faciles à constater; en tous cas, cette observation ou plutôt cette découverte, car elle a l'importance d'une découverte, mérite d'être exposée et d'intéresser le lecteur.

Voici, en l'abrégeant, comment s'exprime M. Collongue :

« Je m'offris avec empressement à passer la nuit auprès du lit de mon ami (le docteur Augé, malade). En m'appuyant sur un fauteuil, j'avais mis le creux de ma main sur mon oreille. Bientôt je fus fatigué du bourdonnement que j'y entendais. Ma curiosité s'éveilla sur la cause qui pouvait le produire. Au lieu de la main, je mis le bras et le bruit cessa ou diminua considérablement. J'appliquai mon oreille contre le fauteuil; je n'entendis plus rien. Je vis là une étrange singularité.

« Je fus porté à étudier attentivement ce singulier bourdonnement. Je le comparais au bruit de la flamme d'un foyer, à l'agitation des feuilles par le vent, au roulement d'une voiture. Je me souvins qu'une coquille univalve appliquée contre l'oreille, produisait un bruit analogue. Il s'en trouvait une sur la cheminée, je la pris, et, comparant les deux bruits, j'en constatai l'extrême différence et fus amené ainsi à conclure que le bourdonnement était un bruit *sui generis*. Pour vérifier mon sentiment, je commençai dès le lendemain des expériences à l'hôpital de Toulouse, où j'étais attaché. En portant l'oreille sur plusieurs parties du corps, je trouvai que le *maximum* du bourdonnement était dans le creux de la main et à l'extrémité des doigts. Je fis le plus grand nombre de mes premières expériences par l'introduction du doigt dans l'oreille, à cause de la facilité de cette opération.

« Après avoir ausculté de cette manière plusieurs personnes, je constatai chez toutes, à l'état de santé, une parfaite identité dans le bourdonnement. L'une d'elles était attaquée d'une paralysie au bras gauche, survenue à la suite d'une luxation non réduite. De ce côté, l'extrémité des doigts ne donnait aucune espèce de bruit, tandis que le côté non paralysé laissait entendre le bourdonnement d'une manière normale. Ce fut pour moi un trait de lumière. Des deux côtés les artères du bras marquaient le même nombre de pulsations et avec la même ampleur; les muscles étaient également développés, la température était la même au thermomètre à mercure; j'en conclus que les nerfs seuls pouvaient être la cause du phénomène que j'étudiais. Cette conjecture, non encore basée sur des expériences suffisantes, était peut-être téméraire; néanmoins, elle me fut utile, car elle fut le point de départ de tous mes travaux.

« ... Voyant dans bien des cas des inconvénients à l'introduction des doigts dans l'oreille, je cherchai un conducteur intermédiaire qui ne gênât pas l'audition du bruit et qui le rendît plus fort.

« Le premier qui me tomba sous la main, un bouchon de liége, me sembla le plus simple de tous, à cause de la facilité avec laquelle on peut le tailler, et il se trouva que ce conducteur était très-bon. Il eut l'inconvénient, plus tard, d'enflammer le conduit auditif par un usage trop fréquent; je le remplaçai avec avantage par un petit instrument en métal convenablement façonné, auquel je donnai, pour abréger, le nom de *dynamoscope*, à cause du nom de *dynamoscopie*. Dès ce moment, j'employai ce moyen d'auscultation pour le pronostic dans la plupart des maladies que j'eus à traiter[1]. »

Ainsi :

En écoutant l'extrémité des doigts des mains introduits dans l'oreille, on entend un bruit semblable à celui d'une voiture qui roule dans le lointain : c'est le bourdonnement.

En prêtant une attention de quelques instants, on remarque bientôt qu'il se produit en même temps un autre bruit; ce second bruit est intermittent,

____

[1] *Dynamoscopie*, VII.

inégal, prompt, tantôt fréquent, tantôt rare. L'auteur appelle ce bruit, *bruit de petillement*. Il n'a pas d'application importante et ne présente que très-peu d'intérêt.

Ces deux bruits deviennent plus distincts à mesure que l'on acquiert plus d'habitude dans ce genre d'expérimentation.

L'auscultation indiquée par M. Collongue diffère de toute autre en ce qu'elle n'étudie pas un bruit local, mais général, qui appartient à tout l'organisme; il est déterminé par des vibrations de même nature que l'on pourrait appeler vibrations vitales ou dynamoscopiques.

En cherchant le degré de force du bourdonnement dans l'état de santé, on a trouvé qu'il était fourni par un diapason qui donne soixante-douze vibrations par seconde.

En faisant varier la position d'un curseur adapté à ce diapason, on peut modifier le nombre de vibrations de manière à passer par une série de tons plus ou moins voisins, ce qui permet d'apprécier les différents degrés de gravité du bourdonnement.

En continuant ses études, M. le docteur Collongue ne tarda pas à remarquer que les malades qui allaient mourir n'avaient pas de bruit aux extrémités; que ceux qui étaient très-malades en avaient un intermittent; que ceux qui l'étaient peu en avaient un semblable à celui de la santé.

De ses expériences sur les membres amputés, le docteur Collongue croit pouvoir conclure :

1° Qu'il existe après la mort locale un bourdonnement comme dans la mort générale;

2° Que le bourdonnement va en faiblissant jusqu'à la mort complète depuis la première minute, jusqu'à la dixième ou quinzième.

Immédiatement après la mort, le bourdonnement est entendu partout sur le membre coupé.

De minute en minute, il suit une loi de retraite qui le force à se retirer des deux extrémités vers le centre. Cette loi a un singulier rapport avec la même loi de retraite qui existe dans la mort générale.

Les petillements sont entendus quelquefois à l'extrémité des doigts des pieds et des mains.

Après une amputation, ils ne persistent pas longtemps sur les membres coupés.

Le bourdonnement, dans les membres amputés, donne à l'oreille l'impression qu'il va finir, car il est faible, peu nourri [1].

L'épidémie cholérique de 1854 permit à l'auteur de faire un pas de plus dans ses travaux, en appliquant l'auscultation digitale à la constatation de la mort réelle et de la mort apparente.

Des nombreuses expériences d'auscultation après décès faites par M. le docteur Collongue, il résulte :

1° Qu'il existe après la mort, de quelque manière qu'elle se soit produite, un bruit qu'il désigne sous le nom de *bourdonnement ;*

2° Que ce bruit va en s'affaiblissant jusqu'à son

[1] *Dynamoscopie,* p. 302.

extinction complète, depuis la première heure après la mort jusqu'à la dixième ou seizième heure.

Il est rare que le bourdonnement soit entendu après la mort à l'extrémité des doigts des mains. Il n'est jamais entendu à l'extrémité des doigts des pieds. On l'entend toujours immédiatement après la mort aux paumes de la main, aux avant-bras, aux bras, aux jambes, aux cuisses, au ventre; il peut ne pas être aperçu à la tête ni à la figure.

Il y a un point où il est plus distinct que partout ailleurs, et ce point est indéterminé; il est tantôt à droite, tantôt à gauche, mais toujours aux régions précordiales et épigastriques.

Le bourdonnement après la mort donne à l'oreille la sensation de sa fin, car il paraît petit, de plus en plus faible et profond. Il est peu nourri, mais continu, et il baisse à mesure que l'on s'éloigne du moment de la mort.

Il disparaît d'abord des mains et des pieds, puis des avant-bras, des jambes et des cuisses, de l'abdomen, de la poitrine, et le dernier point où il est entendu est celui où il a été trouvé le plus fort, dans les régions précordiales et épigastriques.

Les petillements sont nuls après la mort.

« C'est en résumé, dit M. le docteur Collongue, le dynamoscope qui peut fournir le moyen de prévenir les enterrements prématurés; et c'est au médecin seul qu'appartient le privilége de savoir faire usage de cet instrument. Eux seuls peuvent et doivent connaître le maniement du dynamoscope, eux seuls ont l'oreille faite aux différents bruits qui peuvent être perçus[1]. »

Ainsi, on le voit, et M. Collongue le reconnaît lui-même, ce bourdonnement est quelquefois très-difficile à constater ; il faut être homme de l'art pour ne pas s'y méprendre et encore cela ne suffit-il pas. Une grande habitude, une oreille fine et délicate sont nécessaires, ce qui, à notre avis, offre un grave inconvénient pour la constatation de la mort réelle ou apparente ; mais, quoi qu'il en soit sous ce rapport, sa découverte ne présente pas moins un haut intérêt, et à un moment donné, elle peut fournir des conséquences imprévues ; l'ingénieux docteur est déjà parvenu à fonder tout un système médical sur cette base.

V

La science nous offre un autre moyen pour constater la mort réelle, depuis assez longtemps préconisé, mais dont l'application est devenue depuis peu seulement d'une facilité extrême : nous voulons parler de l'épreuve par l'électricité.

L'électricité, qui présente tant d'analogie avec le principe de la vie et qui le remplace quelquefois, a été appliquée à la constatation de la mort réelle et a donné les résultats les plus satisfaisants.

[1] *Dynamoscopie*, p. 369.

Les courants galvaniques et magnétiques, en leur qualité de stimulants spéciaux du système nerveux, ont encore l'immense avantage de rappeler à la vie mieux que tout autre moyen les personnes tombées dans un sommeil léthargique. En les employant sur des individus qui meurent subitement, sur les noyés, sur les asphyxiés par le charbon, par le chloroforme, etc., on parviendra souvent à réveiller un reste de vie qui sans cela finirait par s'éteindre complétement ou, ce qui est plus affreux, ne se manifesterait spontanément que lorsque déjà ils seraient plongés dans le sépulcre.

Les expériences faites par les praticiens les plus distingués ne laissent aucun doute sur la sûreté de l'épreuve par l'électricité pour distinguer la mort réelle de la mort apparente.

« L'épreuve par le galvanisme, dit M. Marc, membre de l'Académie de médecine, d'accord en cela avec M. Nysten, est la plus sûre de toutes, et les corps ne devraient être portés en terre qu'après que la pile de Volta n'aurait plus d'effet sur eux. »

M. Josat dit, en parlant de l'épreuve électrique :

« Voici, nous en conviendrons sans peine, un des moyens de constater la mort certaine qui offre le plus de garantie contre l'erreur[1]. »

M. Bouchut en reconnaît aussi l'excellence : « Le fait est aujourd'hui reconnu par les physiologistes, dit-il, que tous les muscles volontaires ou involontaires sont susceptibles d'être agités par les stimulants électriques. Ainsi on peut dire : l'absence de la contraction musculaire sous l'influence des stimulants électriques ou galvaniques est un signe certain de la mort [1]. »

Dans un mémoire présenté à l'Académie des sciences, dans le courant de 1869, M. Abeille fait remarquer que, sur trente-huit cas de mort apparente par suite de l'anesthésie, dans lesquels l'électricité a été employée, cinq fois les malades ont été rappelés à la vie.

Dans ces cinq cas, c'est au moyen de l'électro-poncture que l'électricité a été employée ; d'où suit la conclusion rigoureuse : nécessité de recourir à l'électro-poncture.

On appelle électro-poncture l'électricité mise en jeu au moyen d'aiguilles implantées sur divers points du corps. — On obtient spécialement des effets intenses en implantant les aiguilles sur l'axe cérébro-spinal.

Dans les cinq cas dont nous parlons, l'électro-poncture a été employée immédiatement ou peu de temps après l'explosion des accidents : d'où nouvelle conclusion rigoureuse de recourir immédiatement à ce moyen sans perdre de temps. Les trente-trois autres cas dans lesquels les malades ont succombé, ce n'est que dix minutes à une heure après que l'on a eu recours à l'électricité. Le temps perdu pa-

[1] *Traité des signes de la mort*, p. 169.

rait entrer pour une large part dans l'insuccès.

Enfin, sur un total de 94 cas, dont 77 publiés par M. Perrin dans son livre sur l'anesthésie, et 17 recueillis par l'auteur, en défalquant les 38 cas dans lesquels on s'est servi de l'électricité, il reste 56 cas où les malades ont tous fatalement succombé, quels qu'aient été les moyens employés. Donc la clinique confirme, aussi bien que des expériences faites sur des animaux, que l'électricité est le moyen le plus sûr, le seul sur lequel on puisse compter, pour rappeler les malades à la vie.

M. le docteur Crimotel, qui s'est particulièrement occupé de l'électricité pour la constatation des décès, a donné le nom de *bioscope électrique* à l'appareil dont il se sert. En une minute on peut répéter l'épreuve, et il suffit d'un quart d'heure pour apprendre à s'en servir. Il peut aisément se porter dans la poche, car il pèse à peine 500 grammes et n'est pas plus gros qu'un petit volume in-18.

L'épreuve par cet instrument est des plus simples; l'appareil étant en activité et les deux excitateurs garnis d'éponges mouillées et tenus par leur manche en bois, si on les applique sur les membres d'un individu vivant, bien portant ou malade, on obtient au même instant, selon le degré d'intensité du courant, depuis le simple frémissement de la fibre musculaire jusqu'aux mouvements de flexion et d'extension les plus prononcés. Ses effets sont absolument les mêmes dans tous les cas de mort apparente; et quelquefois même la contraction nerveuse sous l'influence électrique est plus forte alors que dans l'état de santé.

La contraction des muscles sous l'influence des courants électriques existe, chez l'homme et chez les animaux, aussi bien dans la maladie que dans l'état de santé, et dans tous les cas où cette contraction n'existe plus, on peut être certain que la mort est réelle.

Il faut cependant remarquer que l'extinction de la contractibilité n'est pas complète aussitôt après la mort ; mais, à partir de ce moment, elle diminue graduellement jusqu'à extinction complète, ce qui arrive, comme M. le docteur Crimotel est parvenu à l'établir, entre une demi-heure et deux heures quelques minutes ; après trois heures, suivant le même auteur, toute contractibilité a disparu, et lors même que ce ne serait qu'après dix, quinze et vingt heures, cela n'en serait pas moins l'épreuve certaine la plus prompte et la plus commode.

L'épreuve par l'électricité est d'autant plus précieuse, qu'elle ne change rien aux usages des pays où on peut l'appliquer et,' sans prolonger les détails d'inhumation, elle permet de les abréger en toute sécurité lorsque la santé publique ou celle de la famille l'exige : en temps d'épidémie, par exemple ; on peut, de plus, rappeler promptement à la vie lorsque la mort n'est qu'apparente.

Il se trouve bon nombre de localités où il est impossible que le médecin puisse constater tous les décès. Or l'épreuve électrique est assez simple pour qu'en l'absence du médecin le ministre de la religion, le maître d'école ou la garde-malade même puisse le faire avec sûreté. Il ne faut pas perdre de vue que l'on ne parviendra à éviter les effrayantes méprises qui nous occupent, que lorsqu'on sera en possession d'un moyen assez simple, assez facile de constater la mort réelle qui permette à la garde-malade la plus inexpérimentée de s'assurer que la vie a quitté sans espoir de retour le malade qui lui était confié.

TABLE DES MATIÈRES.

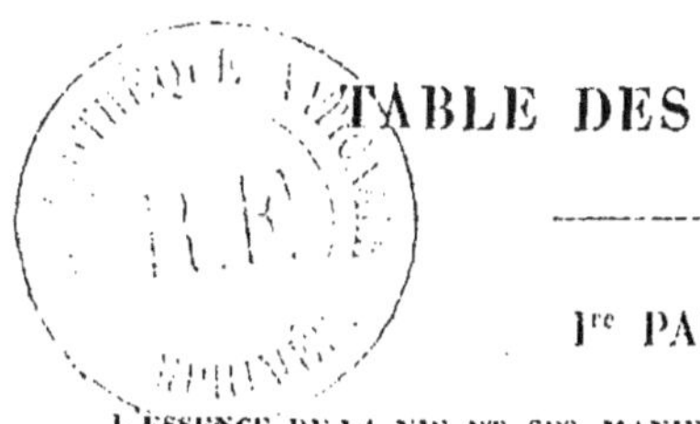

Iʳᵉ PARTIE.

L'ESSENCE DE LA VIE ET SES MANIFESTATIONS DANS LES DIFFÉRENTES PARTIES DE L'ORGANISME.

IIᵉ PARTIE.

DE LA LONGÉVITÉ HUMAINE.

IIIᵉ PARTIE.

DES MOYENS DE PROLONGER SES JOURS.

IVᵉ PARTIE.

INFLUENCE DES ALIMENTS SUR LA VIE HUMAINE.

FIN DE LA TABLE

www.ingramcontent.com/pod-product-compliance
Lightning Source LLC
LaVergne TN
LVHW021924030726
842523LV00001B/52